“十二五”职业教育国家规划教材
经全国职业教育教材审定委员会审定
浙江省高职高专重点建设教材
高职高专国家精品课程配套教材

全国优秀教材二等奖

U0259151

成衣样板设计与制作
（第2版）

张福良　主编
卓开霞　陈尚斌　隗方玲　副主编

中国纺织出版社

内 容 提 要

《成衣样板设计与制作（第2版）》是高职院校服装类专业必修的主干核心课程的同名配套教材，也是与服装技术、生产岗位直通的技术性和应用性非常突出的专业核心技术读物。该教材重点讲授服装结构设计在服装工业生产中的具体应用，引导学生和读者掌握相关服装的国家标准和成衣样板设计与制作的基础知识，熟练掌握成衣制板、推板的技术技能，养成从事服装打样和技术管理工作的能力与素质。

该教材以服装企业技术部门样板师、工艺员的工作流程为导向，以完成典型服装类别的订单、实物、设计稿、定制等生产方式的打样和样衣试制、工艺单制作所需能力与素质要求为依据，彻底打破原来服装教学的学科式体系，创新设计项目化的体例结构，梳理整合童装、女装、男装三大模块、十二大项目，归纳提炼款式分析、初板设计、初板确认和系列样板制作四大步骤任务。全书结构创新，项目齐全，方法多样，技能突出，设计独创，非常适合高职院校服装专业师生和服装企业技术、管理人员学习参考。

图书在版编目（CIP）数据

成衣样板设计与制作 / 张福良主编. --2版. --北京：中国纺织出版社，2017.3（2024.8重印）

"十二五"职业教育国家规划教材 经全国职业教育教材审定委员会审定

ISBN 978-7-5180-3124-5

Ⅰ. ①成… Ⅱ. ①张… Ⅲ. ①服装量裁—高等职业教育—教材 Ⅳ. ①TS941.631

中国版本图书馆CIP数据核字（2016）第303638号

策划编辑：张思思 张晓芳　责任编辑：张思思
特约编辑：曹昌虹　责任校对：王花妮　责任设计：何 建
责任印制：何 建

中国纺织出版社出版发行
地址：北京市朝阳区百子湾东里A407号楼　邮政编码：100124
销售电话：010—67004422　传真：010—87155801
http://www.c-textilep.com
中国纺织出版社天猫旗舰店
官方微博 http://weibo.com/2119887771
三河市宏盛印务有限公司印刷　各地新华书店经销
2011年9月第1版　2017年3月第2版　2024年8月第10次印刷
开本：787×1092　1/16　印张：20.5
字数：364千字　定价：45.00元

出版者的话

百年大计，教育为本。教育是民族振兴、社会进步的基石，是提高国民素质、促进人的全面发展的根本途径，寄托着亿万家庭对美好生活的期盼。强国必先强教。优先发展教育、提高教育现代化水平，对实现全面建设小康社会奋斗目标、建设富强民主文明和谐的社会主义现代化国家具有决定性意义。教材建设作为教学的重要组成部分，如何适应新形势下我国教学改革要求，与时俱进，编写出高质量的教材，在人才培养中发挥作用，成为院校和出版人共同努力的目标。2012年12月，教育部颁发了教职成司函[2012]237号文件《关于开展"十二五"职业教育国家规划教材选题立项工作的通知》（以下简称《通知》），明确指出我国"十二五"职业教育教材立项要体现锤炼精品，突出重点，强化衔接，产教结合，体现标准和创新形式的原则。《通知》指出全国职业教育教材审定委员会负责教材审定，审定通过并经教育部审核批准的立项教材，作为"十二五"职业教育国家规划教材发布。

2014年6月，根据《教育部关于"十二五"职业教育教材建设的若干意见》（教职成[2012]9号）和《关于开展"十二五"职业教育国家规划教材选题立项工作的通知》（教职成司函[2012]237号）要求，经出版单位申报，专家会议评审立项，组织编写（修订）和专家会议审定，全国共有4742种教材拟入选第一批"十二五"职业教育国家规划教材书目，我社共有40种教材被纳入第一批"十二五"职业教育国家规划。为在"十二五"期间切实做好教材出版工作，我社主动进行了教材创新型模式的深入策划，力求使教材出版与教学改革和课程建设发展相适应，充分体现教材的适用性、科学性、系统性和新颖性，使教材内容具有以下几个特点：

（1）坚持一个目标——服务人才培养。"十二五"职业教育教材建设，要坚持育人为本，充分发挥教材在提高人才培养质量中的基础性作用，充分体现我国改革开放30多年来经济、政治、文化、社会、科技等方面取得的成就，适应不同类型高等学校需要和不同教学对象需要，编写推介一大批符合教育规律和人才成长规律的具有科学性、先进性、适用性的优秀教材，进一步完善具有中国特色的普通高等教育本科教材体系。

（2）围绕一个核心 ——提高教材质量。根据教育规律和课程设置特点，从提高学生分析问题、解决问题的能力入手，教材附有课程设置指导，并于章首介绍本章知识点、重点、难点及专业技能，增加相关学科的最新研究理论、研究热点或历史背景，章后附形式多样的习题等，提高教材的可读性，增加学生学习兴趣和自学能力，提升学生科技素养和人文素养。

（3）突出一个环节——内容实践环节。教材出版突出应用性学科的特点，注重理论与生产实践的结合，有针对性地设置教材内容，增加实践、实验内容。

（4）实现一个立体——多元化教材建设。鼓励编写、出版适应不同类型高等学校教学需要的不同风格和特色教材；积极推进高等学校与行业合作编写实践教材；鼓励编写、出版不同载体和不同形式的教材，包括纸质教材和数字化教材，授课型教材和辅助型教材；鼓励开发中外文双语教材、汉语与少数民族语言双语教材；探索与国外或境外合作编写或改编优秀教材。

教材出版是教育发展中的重要组成部分，为出版高质量的教材，出版社严格甄选作者，组织专家评审，并对出版全过程进行过程跟踪，及时了解教材编写进度、编写质量，力求做到作者权威，编辑专业，审读严格，精品出版。我们愿与院校一起，共同探讨、完善教材出版，不断推出精品教材，以适应我国职业教育的发展要求。

中国纺织出版社
教材出版中心

第2版前言

高等职业教育以培养高素质技术技能人才为目标，教材应凸显高职教育的特征，体现职业化特色。

姜大源先生在《职业教育学研究新论》中指出，职业教育课程应以从业中实际应用的经验与策略的习得为主、以适度够用的概念和原理的理解为辅，即以过程性知识为主、陈述性知识为辅。因此，职业教育课程应以工作过程逻辑为中心的行动体系为依据进行设计。与此相配套，职业教育的教材更要以具备职业能力为目标、以职业技能训练为中心任务、以工学结合为体系的要求而编写。教材内容要以学习情景为表现形式，设计为"小型"的项目或任务，实施以项目为载体的工作过程教学。

近年来，面临国内外复杂多变的新常态，高等职业教育理念也发生很大变化，新的人才观和培养模式层出不穷，着力培养具有健全职业人格并富有创造力的职业人成为共识。相应的课程体系不断产生，以知识、技能、素质为综合目标，纵横交错、多元整合的教材建设也开始了更加深入的探索。

我院服装专业的核心课程《服装工业制板》于2005年申报为浙江省精品课程后启动项目教学体系的全面改革。我们凭借宁波得天独厚的服装产业优势，依托品牌荟萃的企业支持，对课程结构、内容教法等进行了彻底改革。主要思路是按服装产业运作模式，把服装设计开发、结构制板、生产制作等各个环节串连起来，系统整合了服装设计、成衣设计、服装工业制板、服装缝制工艺等专业课程，把服装工业制板课程分为男装、女装、童装三个模块分别放入男装、女装、童装技术项目中进行教学。教学设计根据服装企业产品开发的工作过程设置产品款式设计、成衣样板设计与制作、样衣制作、展示评价等任务环节，构建了以服装技术工作过程为主线的项目课程方案。在首轮的项目课程教学实践中，学院与浙江省十余家服装企业建立了项目合作。通过师生与企业开发团队真诚合作，探索了真实项目、任务引领、团队教学、校企评价、佳作投产等课程模式，初步形成了自己的特色。

2008年，课程团队为了适应服装业升级，针对前期的试行情况再次调整课程方案，对项目进行项目梳理和任务细分：把成衣样板设计与制作环节的任务单独精细化，深入企业一线，通过工作程序梳理、任务分析归纳，并把工作任务转换成学习情境，进一步改革建设为"成衣样板设计与制作"，2010年申报成为国家级精品课程，2012年再次升级成功建设为国家级资源共享课程。

作为同名课程的配套教材，《成衣样板设计与制作》的编写要求直接服务于我国OEM、ODM（生产、设计代工）、OBM（自主品牌经营）等服装企业，要求学生能独立设计和制作适应工业化生产的成衣样板，并能综合服装风格、相关号型规格、服装材料、缝制工艺、生产设备等因素进行试样修正，以适应不同类型的服装企业文化和相关制板工作岗位。

教材内容直接从企业对应岗位任务进行梳理重组：按企业模式、产业类别、打样方式、操作过程进行设计，主要组织了童装样板设计与制作、女装样板设计与制作和男装样板设计与制作三个模块，下设婴儿连衣裤、儿童T恤、儿童外套、裙子、女裤、连衣裙、女衬衫、女外套、男裤、男衬衫、男夹克、男西服共十二个典型服类项目，将样板设计、制板技术等知识与能力素质要求整合在一起，与服装产业岗位一一对应，进行"校企项目联动，产学深度融合"，开展校内生产性实训和企业顶岗实习，形成必备的知识链条与综合的能力素质，达到与企业共同开发课程中需要的岗位能力要求，实现高素质技术技能人才多元培养的目标，满足企业对成衣样板设计与制作、技术指导及管理等人才的综合性需求，具有很强的岗位针对性和产业适用性。

本教材的内容组织大胆打破了原有的学科体系，根据我国现有服装产业的运行模式和相关服装企业的类型、岗位任务的能力要求进行重构。按照服装企业的产品结构设置了童装、女装、男装三大模块；按照典型服类和企业打样方式设计了十二个项目；按照岗位工作步骤设立了四个主要工作任务。特别是在款式分析环节综合了相关服装类别国内外最新产品技术标准、相应材料的知识和测试技能、工艺技术参数确定使用等服装工业创新技术，在初样设计中提升了数字化设计含量，在初样确认中设计了试样假缝技术；在系列样板制作中突出了科学规范和体系管理。服装产业新技术、新工艺等尽在动态的项目载体中得以实现。

本教材教学进程的安排严格按照项目课程的设计，以学生专业能力素质培养为主，兼顾产业服务和职业技能培训鉴定，创设工学融合的学习情境。项目体例按教学规律从简单到复杂的逻缉关系进行排列：服装品种从儿童T恤到男装西服，能力培养从实物临摹到设计创作，操作过程从款式分析到系列样板，项目方式从任务安排到企业实训，技能目标从学徒新手到高级能手，最终培养出新的服装技艺匠人。

本教材由国家级精品课程负责人张福良教授任主编，女装、童装、男装各项目负责人卓开霞、隗方玲、陈尚斌任副主编。课程组全体教师都参与了编写工作，童装模块：刘瑞玲编写了项目一儿童T恤实物打样，隗方玲编写了项目二儿童连体恤订单打样和项目三儿童外套设计稿打样；女装模块：赵丽娟编写了项目四无腰褶裙实物样板设计与制作，江雪娜编写了项目五女裤订单打样，张福良编写了项目六女衬衫设计稿制板，卜彤彤编写了项目七连衣裙设计稿样板设计与制作，卓开霞编写了项目八女外套设计稿样板设计与制作；男装模块：巴桂玲编写了项目九男裤实物打样；周盈编写了项目十男衬衫设计稿打样；郑守阳编写了项目十一夹克订单打样；陈尚斌、陈浏编写了项目十二男西服量身定制打样。全书由张福良架构、修改和统稿。董礼强对全书作了格式编排和审核。

　　本教材编写得到了宁波众多企业的大力支持。许多服装类别、款式、订单都是服装企业选供，雅戈尔、杉杉、洛兹、申洲等企业的技术人员直接参与或指导了编写工作。有些知识或技能操作则采用了相关专家的成果。历时多年的编写和修订过程，不仅作者、课程组投入了大量的精力，其他有关方面的专家、学者、企业家、兄弟学院师生们都给予了宝贵的指导和大力的帮助，在此我们一并表示衷心的感谢。由于水平和能力所限，加之课程模式不断改革，书中定有许多不足之处，恳请各位师生或读者朋友批评指正。我们再次真诚地希望本教材能得到业界朋友的欢迎！

张福良

2016年3月1日

第1版前言

　　高等职业教育教材在一定程度上体现了高职教育特色，直接关系高职教育能否为企业培养出符合一线岗位要求的应用型高级技能人才。

　　姜大源先生在《职业教育学研究新论》中指出，职业教育课程应以从业中实际应用的经验与策略的习得为主、以适度够用的概念和原理的理解为辅，即以过程性知识为主、陈述性知识为辅。因此，职业教育课程应以工作过程逻辑为中心的行动体系为依据进行设计。与此相配套，职业教育的教材更要以具备职业能力为目标、以职业技能训练为中心任务、以工学结合为体系的要求而编写。教材内容要以学习情景为表现形式，设计为"小型"的项目或任务，实施以项目为载体的工作过程教学。

　　我院服装专业的核心课程"服装工业制板"于2005年申报为浙江省精品课程后启动了项目教学体系的全面改革。我们凭借宁波得天独厚的服装产业优势，依托品牌荟萃的企业支持，对课程结构、内容教法等进行了彻底改革。主要思路是按服装产业运作模式，把服装设计开发、结构制板、生产制作等各个环节串联起来，系统整合了"服装设计""成衣设计""服装工业制板""服装缝制工艺"等专业课程，把"服装工业制板"课程分为男装、女装、童装三个模块分别放入男装、女装、童装技术项目中进行教学。教学设计根据服装企业产品开发的工作过程设置产品款式设计、成衣样板设计与制作、样衣制作、展示评价等任务环节，构建了以服装技术工作过程为主线的项目课程方案。在首轮的项目课程教学实践中，学院与浙江省十余家服装企业建立了项目合作。在课内，师生与企业开发团队真诚合作，探索了真实项目、任务引领、团队教学、校企评价、佳作投产等课程模式，初步形成了自己的特色。

　　2008年，课程团队为了适应服装业升级，针对试行的情况再次调整课程方案，对项目进行项目梳理和任务细分，将成衣样板设计与制作环节的任务单独精细化，深入企业一线，通过工作程序梳理、任务分析归纳，并把工作任务转换成学习情境，进一步改革建设为"成衣样板设计与制作"，2010年申报成为国家级精品课程。

　　作为同名课程的配套教材，《成衣样板设计与制作》的编写要求直接服务于我国 OEM、ODM（生产、设计代工）、OBM（自主品牌经营）等服装企业，要求能独立设计和制作适应工业化生产的成衣样板，并能综合服装风格，相关号型规格，服装材料、缝制工艺、生产设备等因素进行试样修正，以适应不同类型的服装企业文化和相关制板工作岗位。

教材内容直接从企业对应岗位任务进行梳理重组：按企业模式、产业类别、打样方式、操作过程进行设计，主要组织了童装样板设计与制作、女装样板设计与制作和男装样板设计与制作三个模块，下设婴儿连体衣、儿童短袖T恤、儿童外套、女裙、女裤、连衣裙、女衬衫、女外套、男裤、男衬衫、男夹克、男西服十二个典型服类项目，将样板设计、制板技术等知识与能力融合在一起，与服装产业岗位一一对应，进行"校企项目联动"、生产实训和校外顶岗实习等训练，形成必备的知识链条与综合的能力素质，达到与企业共同开发课程过程中提出的岗位能力要求，实现高级技能人才培养的目标，满足企业对成衣样板设计与制作、技术指导及管理等人才的需求，具有很强的岗位针对性和产业适用性。

本教材的内容组织彻底打破了原有的学科体系，完全按照我国现有服装产业的运行模式和相关服装企业的类型、岗位任务的能力要求进行重组。按照服装企业的产品结构设置了童装、女装、男装三大模块，按照典型服类和企业打样方式设计了十二个项目，按照岗位工作步骤设立了四个主要工作任务。特别是在款式分析环节综合了相关服类国内外最新产品技术标准、相应材料的知识和测试技能、工艺技术参数确定使用等服装工业技术；在初样设计中提升了数字化设计含量；在初样确认中设计了试样假缝技术；在系列样板制作中突出了规范和管理。服装产业新技术、新工艺等尽在动态的项目载体中得以实现。

本教材教学内容的安排严格按照项目课程的设计，以学生接受能力为主，兼顾产业服务和职业技能培训鉴定，创设工学合作的学习情境。项目内容按教学规律从简单到复杂的逻辑关系进行排列：服装品种从儿童T恤到男装西服，操作模式从实物临摹到设计创作，操作过程从款式分析到系列样板，项目方式从任务安排到企业实训，技能目标从学徒新手到高级能手。

本教材由国家级精品课程负责人张福良教授任主编，女装、童装、男装各项目负责人卓开霞、隗方玲、陈尚斌任副主编。课程组全体教师都参与了编写工作，童装模块：刘瑞玲编写了项目一T恤实物样板设计与制作，隗方玲编写了项目二连体表订单样板设计与制作和项目三外套设计稿样板设计与制作；女装模块：赵丽娟编写了项目四无腰褶裙实物样板设计与制作，江雪娜编写了项目五裤子订单样板设计与制作，王益正编写了项目六衬衫设计稿样板设计与制作，卜彤彤编写了项目七连衣裙设计稿样板设计与制作，卓开霞编写了项目八外套设计稿样板设计与制作；男装模块：巴桂玲编写了项目九西裤实物样板设计与制作，周盈编写了项目十衬衫设计稿样板设计与制作，郑守阳编写了项目十一夹克设计稿样板设计与制作，陈尚斌、陈浏编写了项目十二西服量身定制样板设计与制作。全书由张福良架构、修改和统稿。董礼强对全书做了格式编排和审核。

　　本教材的编写得到了宁波众多企业的大力支持，许多服装、款式、订单都是服装企业提供，雅戈尔、杉杉、洛兹、申洲等企业的技术人员直接参与或指导了编写工作。有些知识或技能操作则采用了相关专家的成果。历时两年多的编写过程，不仅作者、课程组投入了大量的精力，其他有关方面的专家、学者、企业家、学院领导也给予了宝贵的指导和大力的支持。在此，我们一并表示衷心的感谢!由于水平和能力所限，加之项目课程尚处探索阶段，书中定有许多不足之处，恳请各位师生或读者朋友批评指正。我们真诚地希望本书能得到业界朋友的欢迎!

张福良

2011年2月26日

目录

模块一 童装样板设计与制作

项目一 T恤衫实物样板设计与制作

　　T恤衫又称T形衫，起初是内衣，实际上是翻领半开领衫，是最为基本的服装款式之一。儿童T恤衫一般为春夏季节穿着。T恤衫所用面料广泛，棉、麻、毛、丝、化纤及其混纺织物皆可，尤以纯棉、麻或麻棉混纺为佳，具有透气、柔软、舒适、凉爽、吸汗、散热等优点。T恤衫常为针织品[知识点1-1]，采用横机领[知识点1-2]、罗纹领或罗纹袖口、罗纹底边，并点缀以机绣、商标标志，既体现了设计者的独具匠心，又增添了T恤服饰的美感。儿童T恤衫常见的廓型有H型、A型、O型等。

典型款一 短袖T恤实物样板设计与制作

任务一 款式分析

步骤一：款式造型分析

　　图1-1所示实物是儿童夏季短袖T恤（号型：M，适合身高120cm的男童穿着），衣身廓型呈H型，款式简洁却不失童趣，采用180g/m²色织汗布制作。领型为横机领，袖口、底边双针卷边，前半开门襟、两粒扣，袖型为一片袖，左胸前有一贴标。

步骤二：面料测试

　　1. 测试取样：距原料端部15～20cm处取布，如幅宽为90cm，则取50cm（布样规格50cm×50cm）；幅宽大于90cm，则取100cm（布样规格100cm×100cm），并用色线在四个端点定位。

图1-1　实物图

　　2. 缩率测试：根据面料性能和款式要求做缩水、热缩测试，测试时要求用蒸汽熨烫，温度与压力根据面料的种类和性能选择。熨烫时要求左右或前后均匀熨烫，顺着丝缕的方向，待受热均匀后，要求至少冷却12h以上，然后测量布样四个定位点之间的长度和宽度，与取样的长度和宽度进行比较，计算后得到经向和纬向相应的缩率值。

$$缩率=\frac{测试前布样的长度/宽度-测试后布样的长度/宽度}{测试前布样的长度/宽度}\times100\%$$

步骤三：规格设计

1. 成品规格测量：因为有实物，所以T恤成品规格以实物T恤测量数据为制板时的依据。主要测量部位如图1-2所示。

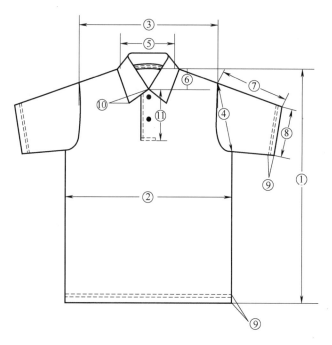

图1-2　测量部位示意图

根据国家标准（GB/T8878—2009）规定，主要针对T恤的衣长、胸围、总肩宽、领宽和袖长进行测量，测量方法说明如表1-1所示。

表1-1　成品规格测量方法说明

序号	测量部位	测量方法说明
①	衣长	由肩缝最高处（领窝颈侧点）垂直量至底边，测得数据为衣长=45cm
②	胸围	扣好纽扣，前身摊平由挂肩缝与侧缝合缝处向下2cm水平横量（周围计算），测得数据为胸围=74cm
③	总肩宽	由肩袖缝交叉点摊平横量（特殊型除外），测得数据为总肩宽=32cm
④	挂肩	如图所示④，挂肩缝到袖底角处斜量，测得数据=18cm
⑤	领宽	如图1-2所示⑤，测得数据领宽=15cm
⑥	领深	如图1-2所示⑥，测得数据为领深=5.5cm
⑦	袖长	如图所示⑦，袖子摊平，由挂肩缝外端量至袖口，测得数据为袖长=12.5cm
⑧	袖口宽	袖子平摊，折边袖口在边口处量，测得袖口宽=14cm
⑨	底边、袖口折边宽	底边、袖口折边宽如图1-2所示⑨
⑩	前领宽	如图1-2所示⑩，测得领宽=5.5cm
⑪	门襟长	指开襟款式，从领口处直量至门襟底部缉线处

经过实物测量后，形成具体的成品规格，见表1-2。

表1-2 成品规格表　　　　　　　　　　　　　　　　单位：cm

部位	衣长	胸围	肩宽	挂肩	袖长	袖口	横开领	领宽
规格（M）	45	74	32	18	12.5	14	15	5.5

2. 制板【知识点1-3】规格设计：实测T恤的数据不能直接作为制板的尺寸，还需考虑面料的回缩率、部位偏差值和工艺缝制损耗。因实物T恤面料所采用色织汗布的经、纬向回缩率均为2.5%，制板规格计算如下：

（1）衣长：$45 \times (1+2.5\%) \approx 46.2$（cm）。

（2）胸围：$74 \times (1+2.5\%) \approx 75.9$（cm）。

（3）腰围、臀围：本T恤廓型为H型，且儿童腰围、臀围与胸围基本相同，故采用胸围尺寸。

（4）袖长：$12.5 \times (1+2.5\%) \approx 12.8$（cm）。

（5）肩宽、袖口：制作时容易拉长，两者尺寸不变。

汇总后具体的制板规格见表1-3。

表1-3 制板规格　　　　　　　　　　　　　　　　单位：cm

部位	衣长	胸围	肩宽	袖长	袖口
规格（M）	46.2	75.9	32	12.8	14

任务二 初板【知识点1-4】设计

步骤一：结构设计【知识点1-5】

如图1-3所示，结构设计要点如下：

（1）以衣长、胸围/2+（4~6）cm做方形框架，画出基本型的领深线、肩斜线。

（2）根据实物款式结构确定前后领宽、胸宽和部件的位置及规格。

（3）领型结构要求按照实物绘制，初学者要注意针织横机领领宽尺寸的设计。

（4）一片袖结构应依据衣身的袖窿弧线绘制，注意吃势的控制以及袖山弧线与袖窿弧线的吻合。

步骤二：面料样板放缝（图1-4）

（1）常规情况下，侧缝、肩缝、袖缝弧线、袖山弧线、领圈弧线的缝份为0.6cm。

（2）底边折边和袖口折边宽为1.5~2.0cm。

（3）放缝时弧线部分的端角要与净缝线保持垂直。

（4）横机领需要根据尺寸提前定制。

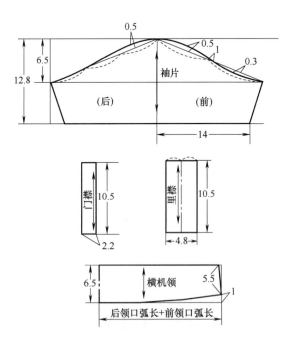

图1-3 结构制图

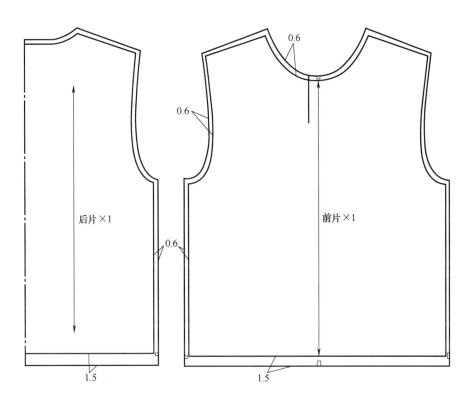

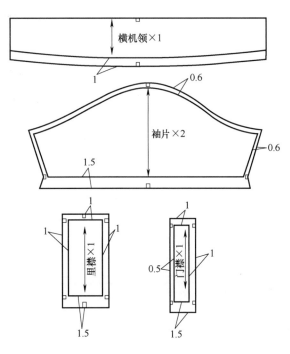

图1-4 面料样板放缝图

步骤三：样板标注

（1）样板上标出丝缕线，写上样片名称、裁片数、号型等，不对称裁片应标明上下、左右、正反等信息。

（2）做好定位、对位等相关剪口标记。

任务三　初板[知识点1-6]确认

步骤一：坯样试制

1. 排料、裁剪坯样：排料实际是一个解决材料如何使用的问题，而材料的使用方法在服装制作中是非常重要的。排料的具体要求：

（1）排料的对称性：面料的正、反面与衣片的对称，避免出现"一顺"现象。

（2）排料的方向性：一般服装的长度部分（衣长、袖长等）及零部件如门襟、嵌线等为防止拉宽变形皆采用经纱；纬纱大多用在与大身丝缕相一致的部件，如服装的领面、袋盖和贴边等；而斜纱一般用于伸缩比较大的部位，如滚条、呢料上装的领里、化纤服装的领面、领里，另外还可用于需增加美观的部位，如条、呢料的覆肩、育克、门外襟等。

表面有绒毛的面料，如灯芯绒、丝绒、人造毛皮等在排料时，首先要弄清楚倒顺毛的方向；为了节约面料，对于绒毛较短的面料，可采用一件倒画，一件顺画的两件套排画样的方法，但是在一件产品中的各部件，不论其绒毛的长短和倒顺向的程度如何，都不能有倒有顺，而应该一致（特殊设计除外）。领面的倒顺毛方向，应以成品领面翻下后保持与后身绒毛同一方向为准。

（3）对条、对格面料的排料：中华人民共和国纺织行业标准（FZ/T 81003—2003）儿童服装标准中，对面料有明显条、格且在1cm及以上的做出了对条、对格规定，具体见表1-4。

表1-4　对条、对格规定

部位	对条对格规定	备注
前身	条料对条，格料对横，互差不大于0.3cm	格子大小不一致，以前身三分之一上部为准
袋、袋盖与前身	条料对条，格料对横，互差不大于0.3cm	格子大小不一致，以袋前部的中心上部为准
领角	条格左右对称，互差不大于0.3cm	阴阳条格以明显条格为主
袖子	两袖左右顺直，条格对称，以袖山为准，互差不大于0.5cm	—

注　特别设计不受此限

（4）对花面料的排料：对花是指面料上的花型图案，经过加工成为服装后，其明显的主要部位组合处的花型仍要保持完整。

（5）节约用料：在保证达到设计和制作工艺要求的前提下，尽量减少面料的用量是排料时应遵循的重要原则。根据经验，以下一些方法对提高面料利用率、节约用料行之有效。

①先主后次。

②紧密套排。

③缺口合拼。

④大小搭配。

⑤拼接合理。

要做到充分节约面料，排料时就必须根据上述规律反复进行试排，不断改进，最终选出最合理的排料方案。同时，在裁剪时要注意裁片色差、色条、破损，注意裁片的准确性，做到两层相符，纱向顺直、刀口整齐。图1-5为S、M、L三个码面料排料图。

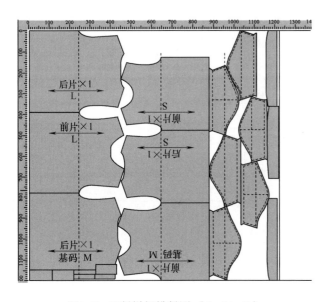

图1-5 面料样板排料图（S、M、L）

图1-6 试样图

2. 坯样缝制：试样如图1-6所示，坯样的缝制应参照样板要求和设计要求，特别是在缝制过程中缝份大小应严格按照样板操作。

（1）缝制质量要求：参照中华人民共和国国家标准（FZ/T 73008—2002）标准中关于针织T恤衫的缝制技术规定有以下几项：

①优等品、一等品、合格品按本规定执行。

②合肩缝处应加衬本料直纹条、纱带或用四线包缝机、五线包缝机缝制。

③凡四线包缝机、五线包缝机合缝，袖口处应用套结或平缝封口加固。

④领型端正，门襟平直，袖口、底边宽窄一致，熨烫平整，缝道烫出，线头修清，无杂物。

⑤针距密度规定见表1-5。

表1-5　针迹密度规定　　　　　　　　　　　　单位：针/2cm

机种	平缝	平双针	包缝	包缝卷边
针迹数（不低于）	9	8	8	8

⑥外观质量规定见表1-6所示。

表1-6　T恤外观质量规定

前、后衣身	1	门襟平挺，左右两边下摆一致，无搅豁
	2	胸部平整、无皱、无泡
领子	3	领子平服，不爬领、无荡领
	4	前领丝缕正直，领面松度适宜
肩	5	肩头平服，无皱裂形，肩缝顺直，吃势均匀
	6	肩头宽窄，左右一致
袖子	7	两袖垂直，前后一致，长短相同。左右袖口大小一致
	8	袖窿圆顺，吃势均匀，前后无吊紧曲皱
	9	袖口平服齐整，装襻左右对称
侧缝	10	侧缝顺直平服，松紧适宜，腋下不能有下沉
底边	11	底边平顺，折边宽窄一致

（2）缝制工艺流程：检查裁片→前门襟贴边粘无纺黏合衬→四线拷合前后肩缝→平车绱横机领→平车做前门襟→平车缝商标→四线拷合绱袖→四线拷合侧缝、袖底缝→双针卷下摆、袖口折边→门襟锁眼、钉扣→整理、整烫。

按以上的工序和要求完成坯样缝制。

步骤二：坯样确认与样板修正

1. 对比分析坯样与实物，主要从以下几个方面进行核对：

（1）规格核对：测量样衣坯样规格，确认规格的差别是否在工艺要求中的公差范围之内。如超出公差范围则需要分析是何种原因造成。主要部位规格允许偏差见表1-7。

表1-7　部位规格偏差值　　　　　　　　　　　　单位：cm

部位	公差
衣长	±1
胸围	±2
袖长	±0.5

（2）工艺核对：缝合时是否按照样板所放的缝份缝合，是否存在缝份缝制过大或过小等情况。如果缝分缝制过大或过小，则应严格按样板所放的缝份缝合。

（3）面料核对：核对面料缩率测试是否有误，核对有无因面料调换造成样板制板规格设定产生误差。如是以上原因，则针对实际制板规格进行调整，然后修正样板。

（4）样板核对：再次核对样板是否符合所设定的制板规格，如有出入，则对样板进行调整。

（5）款型核对：核对样衣与实物是否相符，如有不符则进行修改。

（6）合体程度核对：将样衣穿在模特上，观察哪些地方有欠缺或不够合体，然后分析原因查找纠错方法，在样板样进行修正。

（7）工艺制作核对：观察样衣上所采用的工艺是否与实物工艺相符合。不相符合的进行调整或在下一次制作时进行纠正。

2. 经对坯样与实物进行对比、分析，做样板的修正：

（1）针对弊病修正样板：针对以上分析，对样板上的错误进行修正。一般在基准样板上进行调整、改正，然后重新拷贝样板。对于改动较多、较大的样板，需要重新做试样修正。

（2）确认基准样：经过几次试样、改样，直到样衣、样板符合要求后，将基准样确定下来，然后封样。表1-8为封样单的具体格式。

表1-8　封样单格式　　　　　　　　　　　　　单位：cm

**********有限公司	首件试样封样单（制衣）		表码：		
			修改次数：		修订日期：
产品名称	儿童短袖T恤		款式		
货号			试样车间		
			试样人		
尺码：120	衣长	胸围	腰围	臀围	肩宽
指示	45	74			32
坯样	45	74			32
尺码：	袖长	袖口宽			
指示	12.5	14			
坯样	12.5	14			
封样意见：坯样尺寸符合样衣尺寸					
封样人			封样日期		
打样人		样板号		审核人	

任务四　系列样板制作

步骤一：档差与系列规格设计

参照国家号型标准中儿童号型标准【知识点1-7】，设计10.4系列规格，具体见表1-9。

单位：cm

表1-9　系列规格及档差

部位 规格	衣长	胸围	肩宽	挂肩	袖长	袖口	领口
110（S）	41	70	30.2	17	12	13.5	
120（M）	45	74	32	18	12.5	14	
130（L）	49	78	33.8	19	13	14.5	
档差	4	4	1.8	1	0.5	0.5	0.8

步骤二：推板【知识点1-8】

1. 后片推板（图1-7）：以后中心线和胸围线为坐标基准线，各部位推档量和档差分配说明如表1-10：

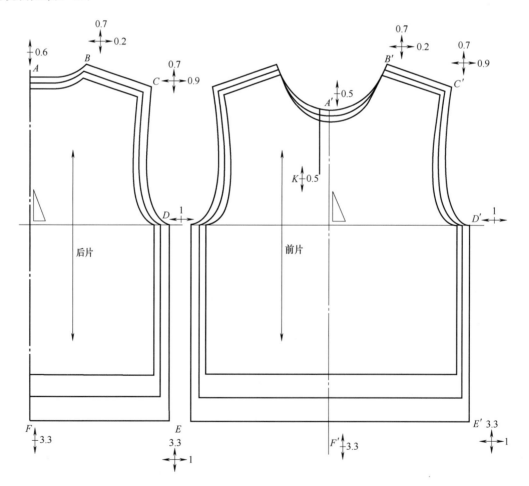

图1-7　衣身后片、前片放码值及推板图

表1-10 后片推档量与放缩说明（后片） 单位：cm

代号	推档方向	推档量（单位：cm）	放缩说明
A	↕	0.6	胸围档差/6=4/6≈0.6
B	↕	0.7	A点推档量+（领围档差/5）/3≈0.7
B	↔	0.2	领围档差1/5=0.8/5=0.16≈0.2
C	↕	0.7	肩斜量不变，同B点推档量
C	↔	0.9	肩宽档差/2=1.8/2=0.9
D	↕	0	位于横坐标基准线，不放缩
D	↔	1	胸围档差/4=4/4=1
E	↕	3.3	衣长档差-B点纵向推档量=4-0.7=3.3
E	↔	1	胸围档差/4=4/4=1
F	↕	3.3	衣长档差-B点纵向推档量=4-0.7=3.3
F	↔	0	位于纵向坐标基准线上，不放缩

2. 前片推板（图1-7）：以前中心线和胸围线为坐标基准线，各部位推档量和档差分配说明见表1-11。

表1-11 推档量与放缩说明（前片） 单位：cm

代号	推档方向	推档量（cm）	放缩说明
A′	↕	0.5	B点纵向推档量-前领深推档量=0.7-0.8/5≈0.5
B′	↕	0.7	同后片B点推档量
B′	↔	0.2	颈围档差/5=0.8/5=0.16≈0.2
C′	↕	0.7	同后片C点纵向推档量
C′	↔	0.9	肩宽档差/2=1.8/2=0.9
D′	↕	0	位于坐标基准线上，不放缩
D′	↔	1	胸围档差/4=4/4=1
E′	↕	3.3	衣长档差-B′点纵向推档量=4-0.7=3.3
E′	↔	1	胸围档差/4=4/4=1

续表

代号	推档方向	推档量（cm）	放缩说明
F'	↕	3.3	衣长档差-B'点纵向推档量=4-0.7=3.3
	↔	0	位于纵向坐标基准线上，不放缩
K	↕	0.5	同A'点

3. 袖子推板（图1-8）：以袖中心线和袖肥线为坐标基准线，各部位推档量和档差分配说明见表1-12。

表1-12　推档量与放缩说明（袖子） 单位：cm

代号	推档方向	推档量（单位：cm）	放缩说明
A	↕	0.2	袖窿深推档量的30%=0.7×30%≈0.2
	↔	0	位于纵向坐标基准线上，不放缩
B、B'	↕	0	位于坐标基准线上，不放缩
	↔	0.8	袖窿宽档差为0.8
C、C'	↕	0.3	袖长档差-A点纵向推档量=0.5-0.2=0.3
	↔	0.5	袖口档差=0.5
D	↕	0.3	袖长档差-A点纵向推档量=0.5-0.2=0.3

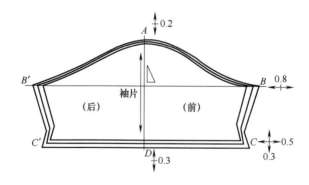

图1-8　袖片推板图

4. 领子推板（图1-9）：领子以后中线为坐标基准线，领子宽度不变，长度左右各推领围档差/2，即0.8cm/2=0.4cm。

5. 门、里襟推板（图1-9）：门、里襟宽度不变，长度单边推档0.5cm。

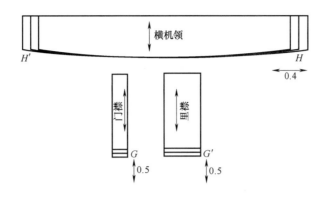

图1-9　领子和门里襟推板图

【知识点1-1】针织面料及针织面料分析

针织面料是指用一根或一组纱线为原料，以纬编机或经编机加工形成线圈，再把线圈相互穿套而成的织物。针织面料质地柔软，有较大的延展性、弹性及良好的抗皱性和透气性，且纱支细的面料容易变形。

针织面料本身所具有一些特殊性质，如脱散性、延伸性、卷边性、抗剪性、纬斜性和工艺回缩性、悬垂性等，因此了解掌握针织面料的性能特性，在使用过程中进行适当控制，以确保成品规格的准确以及服装加工质量。

针织面料是由线圈构成，因此针织面料的物理机械指标主要由线圈形态所决定。不同形态的线圈，织物的物理机械指标不同，并直接影响到织物的性能。因此针织面料的测试涉及线圈长度、密度（横向密度和纵向密度）、未充满系数、面密度（单位面积的干燥重量，用织物平方米的克重来表示）、厚度、脱散性、卷边性、延伸性、弹性、断裂强力与断裂伸长率、缩率、钩丝与起毛起球等方面。

【知识点1-2】针织横机领

针织横机领是针织厂用一种双针板舌针纬编织机将纱线编织成类似于罗纹的领子。横机领是根据T恤款式领型特征、成品规格尺寸及色彩要求定制加工而成的。

【知识点1-3】成衣制板

一、成衣制板的概念

成衣制板是提供合乎款式要求、面料要求、规格尺寸和工艺要求的一整套便于裁剪、缝制和后整理的纸样（PATTERN）或样板的过程。

款式要求是指样板的款式要与客户提供的样衣或经修改的样衣、款式图及设计师的设计稿相符合。

规格尺寸是指根据样板所制作的成衣规格需与根据服装号型系列而制定的样衣尺寸或客户提供的生产该款服装的尺寸相一致，它包括关键部位的尺寸和小部位尺寸等。

工艺要求是指缝制、熨烫、后整理的加工技术要求需在样板上标明。

二、成衣制板的工具

服装制板所用的工具有下列几种：

1. 打板纸：有一定的厚度、较强的韧性、耐磨性、防缩水性和防热缩性。

2. 铅笔、记号笔、碳素笔或圆珠笔（分不同色）：使用专用的绘图铅笔。绘图铅笔笔芯有软硬之分，标号HB为中等硬度，标号B～6B的铅芯渐软，笔色粗黑。标号H～6H的铅芯渐硬，笔色细淡。在服装结构制图中常用的有H、HB、B三种笔，根据结构图对线条的不同要求来选择使用。

3. 橡皮：一般选用绘图橡皮。

4. 尺：常用的有直尺、三角尺、软尺、袖窿尺、弯尺、多用曲线尺等。

（1）直尺：直尺的材料有钢、木、塑料、竹、有机玻璃等。材料不同，用途也不同。在布料上直接裁剪一般采用竹尺，而在纸上绘制图时一般采用有机玻璃尺，因其平直度好，刻度清晰，不遮挡制图线条（图1-10）。常用的规格有20cm、30cm、60cm、100cm等。

（2）三角尺：在服装结构制图中一般采用有机玻璃尺，且多用带量角器的成套三角尺，规格有20cm、30cm、35cm等，可根据需要选择三角尺的尺寸规格。

（3）软尺：软尺俗称皮尺，多为塑料质地，尺面涂有防缩树脂层，但长期使用会有不同程度的收缩现象，因此应经常检查、更换。软尺的规格多为150cm，常用于人体测量或结构图中曲线长度的测量等，如图1-11所示。

（4）袖窿尺：用有机玻璃制成，用于绘制袖窿弧线、袖山弧线特别方便。

（5）弯尺：用于绘制上装或下装的曲线部位，长度为50～60cm，如图1-12所示。

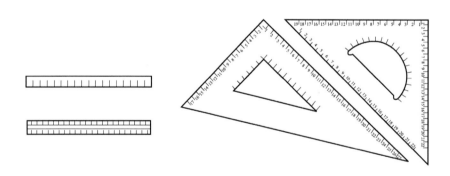

图1-10　直尺、三角尺

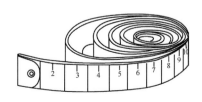

图1-11　软尺

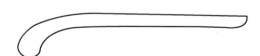

图1-12　弯尺

（6）多用曲线尺：为服装制图设计的专用尺，适合作前后窿门、前后领口、袖窿、袖肥、翻领外止口等处的弧线，如图1-13所示。

图1-13 多用曲线尺

5.剪刀：剪刀应选择缝纫专用剪刀，有24cm（9英寸）、28cm（11英寸）、30cm（12英寸）等几种规格，可根据需要选择使用，见图1-14。

图1-14 剪刀　　　　　　　　　　　　　　　图1-15 描线器

6.圆规：一般采用不锈钢制成。在服装结构制图中用于画圆、弧线及确定定长线的交点。

7.墨线笔：墨线笔根据笔尖的粗细分为0.3~0.9cm等不同的型号，0.3cm的较细，用于绘制结构线与标注尺寸线，而0.6~0.9cm的多用于绘制轮廓线。

8.描线器：描线器是通过齿轮滚动留下齿痕来拓印线迹进而复制纸样的，如图1-15所示。

9.辅助工具：刀眼钳、锥子、钉书机、胶带、打孔器、工作台、人台等。

三、成衣制板与单裁单做的区别

单裁单做是指满足某一特定人体的要求，对象是单独的个体，由一个人单独完成，常常忽略了制板的许多过程，尤其是样板的标识和裁片单。

服装工业样板研究的对象是群体化的人、具有普遍性的特点。成衣的工业生产是由许多部门共同完成的，这就要求服装工业样板详细、准确、规范，能够让各个部门（裁剪、缝制、整烫和包装）按纸样进行生产。总的来说，服装工业样板要严格按照规格标准、工艺要求进行设计与制作，裁剪纸样上必须标有纸样绘制符号和生产符号，有些还要在工艺单上详细说明。

四、成衣制板的流程（三种）

1. 既有样品，又有订单：

（1）分析订单：

①面料分析：

缩水率、热缩率（决定样板的放量）；

倒顺毛、倒顺花（决定样板的裁剪方向）；

对条、对格（如面料有条格，需在样板上标明符号、刀眼）。

②规格分析：

样板的放量大约为多少？（大批生产时如样板无一定的松量，成品后规格会造成下公差过大）；

具体的测量部位和方法。（如工艺单上没有标明某些详细的尺寸及测量方法，需根据经验值确定）；

小部件尺寸的确定。如袖山高、前后领深等。

③款式图分析：根据定单上的结构图，大致了解服装构成，并与实样进行对比分析，看是否有出入，如有区别应马上确认究竟以何者为准。

（2）分析样品：从样品中了解服装的结构、制作工艺、分割线的位置、小部件的组织、测量尺寸的大小、方法等（与定单的对比分析）。

（3）确定中间规格：中间规格是推档的基本规格，针对这一规格进行各部位尺寸分析，了解规律。

（4）确定制板方案。

（5）绘制中间规格样板：该样板有时又称为确认样板或封样样板，根据该纸样制成样品后，由客户或设计人员对比样品进行检验并提出修改意见，再由制板人员根据修改意见修改样板，该步骤有时要反复好几次才能完成一套合格的确认样板或封样样板。根据该样板制成的样衣称之为确认样或封样。

（6）推板：根据中间规格纸样推导出其他规格的服装工业纸样，一般外销型企业以中间标准号型样板为基准板。

（7）检查全套纸样是否齐全：若纸样不齐全就开裁，待裁剪后再配片会比较困难（面料存在色差），同时也浪费大量的人力和物力，最后还达不到好的效果，所以在样板送交裁剪车间前务必仔细检查、审核，并在裁片单上注明样板名称、编号，样板上也须注明裁片数量等信息。

（8）制定工艺单和绘制一定比例的排料图：工艺单是裁剪、缝制应遵循和注意的必备资料，是保证生产顺利进行的必要条件，也是质量检验的标准。

工艺单内须注明以下事项：生产部门、款号、品名、面料、订单数量、规格搭配比例、出货时间、款式图、规格单、缝制工艺说明、辅料配制、线色、包装及装箱要求。

排料图：是裁剪车间画样、排料的技术依据，它可以控制面料的耗量，对节约面料、降低成本起着积极的指导作用。

2. 只有定单和款式图或只有服装效果图和结构图，但没有样品：

（1）详细分析定单。

（2）详细分析定单中的款式图或示意图（SKETCH）。

其余步骤同流程1中（3）~（8）。

3. 仅有样品而无其他任何资料（内销）：

（1）详细分析样品的结构并制订合理的规格单。

（2）面料分析。

（3）辅料分析。

其余步骤同流程1中（3）~（8）。

【知识点1-4】成衣样板（分类、要求、管理）

一、成衣样板的分类（表1-13）

表1-13　成衣样板的分类

成衣样板									
裁剪纸样					工艺纸样				
面料样板	里料样板	衬料样板	内衬样板	辅助样板	修正样板	定位样板	定型样板	定量样板	辅助样板

1. 裁剪纸样：

（1）面料样板：要求结构准确、纸样上标识正确、清晰。

（2）里料样板：宽度一般比面料样板大0.2~0.3cm，称为坐缝量，长度一般比面料样板小一个折边，也有些服装会使用半里。如里料与面料之间还有内衬，如棉夹克，里料样板应更长些，以备绱好内衬棉后做一定的修剪。

（3）衬料样板：衬布有有纺与无纺、可缝与可粘之分，根据不同的面料、部位、效果，可有选择地使用，衬料样板一般要比面料样板小0.3cm。

（4）内衬纸样：介入面料与里料之间，主要起到保暖的作用，常用内衬有毛织物、弹力絮、起绒布、法兰绒等，内衬经常衍缝在里子上，但挂面处内衬是缝在面料上的。

（5）辅助样板：一般较少，只起到辅助裁剪的作用。例如：夹克中松紧长度样板，用于挂衣的织带长度样板等（也可归类于工艺样板中的辅助样板）。

2. 工艺样板：

（1）修正样板：主要用于校对裁片，如在缝制西服之前，裁片经过高温加压衬料后会发生热缩变形等现象，这就需要用标准的样板修剪裁片。另外，由于大批量开裁时会造成条、格面料的条、格错开，所以需要修正样板对裁片进行对条、对格修剪（有时可归类为裁剪样板）。

（2）定位样板：在缝制过程中用于确定某些部位、部件位置的样板，主要用于不宜钻孔定位的高档毛料产品的口袋、扣眼、省道等位置的定位。定位板多以邻近相关部位为基准进行定位，通常制作成漏花板的形式。定位板有净样、毛样、半净半毛样之分，主要用于半成品中某些部位的定位，定位样板与修正样板有时合用。

（3）定型样板：主要在缝制过程中，用于控制某些小部位、小部件的形状的样板。例如西服前片止口、领子，衬衫的领子、贴袋等。定型样板一般使用净样板，缝制时要求准确，不允许有误差。定型样板应选择质地较硬而又耐磨的材料。

定型板根据用法可分为三种：画线模板、缉线模板、扣边模板。

（4）定量样板：用于衡量某些部位宽度、距离的小型模板。

（5）辅助样板：在缝制与整烫过程中起辅助作用的样板。例如腰头净样板，用于整烫、定位；裤口净样板，用于校正裤口大小，以保证左右一致等。

二、成衣样板的要求

严格按照规格标准、工艺要求进行设计和制作，裁剪纸样上必须标有纸样绘制符号和纸样生产符号，总之必须详细、准确、规范。

三、成衣样板的管理

成衣样板是服装工业生产中制订技术标准的依据，是裁剪、缝制和部分后整理的技术保证，是生产质检部门进行生产管理、质量控制的重要技术依据。

样板的管理：

（1）按品种、款号和号型，区别面、里、衬各自串挂，需专人、专柜、专账管理。

（2）服装CAD样板资料库，电脑查看方便、快捷，储存时间长且节约空间。

【知识点1-5】图线知识

一、制图线条及主要用途

所谓制图线条就是服装结构制图的构成线。它具有粗细、断续等形式上的区别。一定形式的制图线条能正确表达一定的制图内容，这是制图线条的主要作用。

服装制图线的具体形式、名称及主要用途见表1-14。

表1-14　制图线条及主要用途　　　　　　　　　　　单位：mm

序号	名称	形式	粗细	用途
1	粗实线	——————	0.9	1. 主部件和零部件轮廓线 2. 部位轮廓线
2	细实线	——————	0.3	1. 图样结构的基本线 2. 尺寸线和尺寸界线 3. 引出线
3	虚线	— — — —	0.9	叠层轮廓影示线
4	点划线	—·—·—·—	0.9	对称连折的线，如领中线、背中线等
5	双点划线	—··—··—	0.3	折转线，如驳口线、袖弯线等

二、制图符号及主要用途

制图符号是指具有特定含义的约定性记号。其具体形式、名称及其用途见表1-15。

表1-15 制图符号及主要用途 单位：mm

序号	名称	形式	用途
1	等分		表示该段距离等分
2	等长		表示两线段长度相等
3	等量	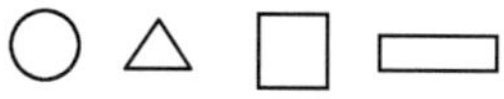	表示两个及以上部位等量
4	省缝		表示这个部位须缝去
5	裥位	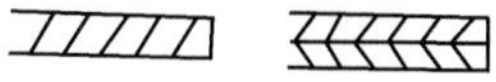	表示这一部位有规则折叠
6	皱裥		表示此部位直接收拢抽褶
7	直角		表示两线互为垂直，呈90°角
8	拼合		表示两个部分在裁片中拼合在一起
9	归拢		表示这部位经熨烫后收缩
10	拔伸		表示该部位经熨烫后伸展拔长
11	经向		两端箭头对准衣料经向
12	倒顺		表示各衣片相同取向
13	对折		表示该部位布料对折裁剪
14	拉链		表示该部位装拉链
15	花边		表示该部位装花边
16	对格	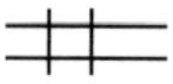	表示该部位对格纹裁制
17	对条	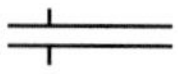	表示该部位对条纹裁制
18	间距	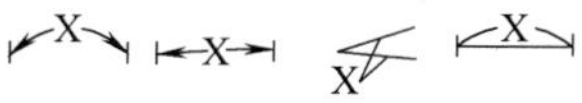	表示两点间的距离

三、部位代号及其说明

在结构制图中引进部位代号，主要是为了书写方便，同时，也为了制图画面的整洁。大部分部位代号都是以相应的英文名词首位字母（或两个首位字母的组合）表示的，见表1-16。

表1-16 服装主要部位代号

中文名	英文名	字母代号
胸围	Bust	B
腰围	Waist	W
臀围	Hip	H
腹围	Middle Hip	MH
颈围	Neck	N
线、长度	Line	L
肘线	Elbow Line	EL
乳高点	Bust Point	BP
膝线	Knee Line	KL
肩颈点	Side Neck Point	SNP
肩端点	Shoulder Point	SP
前颈窝点	Front Neck Point	FNP
后颈椎点	Back Neck Point	BNP
袖窿弧长	Arm Hole	AH
背长	Back Length	BAL
背宽	Back Width	BW
胸宽	Front Bust Width	FW
袖口宽	Cuff Width	CW

【知识点1-6】成衣制板程序

成衣制板不是简单的做一个样板，它是提供符合工业生产所依据的标准的一个过程，包含初样的设计绘制、样衣试制、样衣的审核和评价、样板修正、确认样板及系列样板制作几个步骤。若样衣评审中发现的问题较多，样板的改动较大，则需要重新试制样衣，然后再评审，直至确认无误，再制作成系列样板（图1-16）。

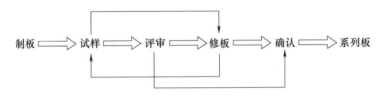

图1-16 成衣制板程序

【知识点1-7】儿童体型、号型

一、儿童的体型特征

1. 儿童体型与成人体型的差别：

（1）下肢与身长比：越年幼的腿越短，1~2岁的儿童下肢约是身长的32%。

（2）和小腿比，越年幼的儿童大腿越短。

（3）8岁以前的儿童，男女没有体型的差异，是几乎完全相同的小儿体型。

（4）从侧面观察儿童体型，腹部向前凸出明显，乍一看就像肥胖的大人一样，但是大人的后背是平的，而儿童由于腰部（正好是在脐正后的背面）最凹，因而身体向前弯曲形成弧状。

2. 儿童各时期的体型特点：

（1）婴儿期体型的身头比例是4∶1，头与整个身体相比，头较大，胸围、腰围、臀围没有什么区别。

（2）幼儿期体型特征是头部大，身体挺且腹部凸出，身头比例4.5∶1。

（3）学龄前儿童整体的身头比例为（5∶1）～（6∶1），体型特征是挺胸、凸腹、肩窄，四肢短，胸、腹、臀三围尺寸相差不大。

（4）学龄期儿童体型的身头比例已达到（6∶1）～（6.5∶1），此时女孩的发育超过男孩，并逐渐出现胸围与腰围的差值。

（5）少年期儿童体型特征逐渐与成人接近，只是正处于生长发育阶段变化较大，其身头比例为（7∶1）～（7.5∶1），较匀称，少女变成脂肪型体型，少男变成肌肉型体型。

二、儿童服装号型

1. 号：指人体的身高，以厘米为单位表示，是设计和选购服装长短的依据。

2. 型：指人体的胸围或腰围，以厘米为单位表示，是设计和选购服装肥瘦的依据。

3. 号型系列要求：

（1）身高52～80cm婴儿，身高以7cm、胸围以4cm、腰围以3cm分档，分别组成7·4（表1-17）和7·3（表1-18）系列。

（2）身高80～130cm儿童，身高以10cm分档，胸围以4cm、腰围以3cm分档，分别组成10·4（表1-19）和10·3（表1-20）系列。

4. 号型系列表：见表1-17～表1-20。

表1-17　身高52～80cm婴儿上装号型系列表

号	型		
52	40		
59	40	44	
66	40	44	48
73		44	48
80			48

表1-18　身高52~80cm婴儿下装号型系列表

号	型		
52	41		
59	41	44	
66	41	44	47
73		44	47
80			47

表1-19　身高80~130cm儿童上装号型系列表

号	型				
80	48				
90	48	52	56		
100	48	52	56		
110		52	56		
120		52	56	60	
130			56	60	64

表1-20　身高80~130cm儿童下装号型系列表

号	型				
80	47				
90	47	50			
100	47	50	53		
110		50	53		
120		50	53	56	
130			53	56	59

【知识点1-8】推板基本知识

成衣推板是成衣制版的一部分，它是以中间规格（也可以用最大规格或最小规格）的标准样板（或称基础纸样或母板）为基准，兼顾各个规格或号型系列之间的关系，进行科学的计算，正确合理的分配档差，绘制出各个规格和号型系列的裁剪用样板的方法，通称推板，也称放码、推档或扩号。

1. 推板的原理：推板原理来自于数学中的任意形相似变化，各衣片的绘制以各部位间的尺寸差数为依据，逐部位分配放缩量，但在推画时，首先应选定各规格纸样的固定坐标原点，成为统一的放缩基准点。（各个衣片有多种基准点选位，可根据需要选择）。

工业推板的放缩基准点和基准线（坐标轴）的定位与选择要注意三个方面的因素：

（1）要适应人体体形变化规律。

（2）有利于保持服装造型、结构的相似和不变。

（3）便于推画放缩和纸样的清晰。

以正方体为例：假设以以下正方形为基准样，推出任意大小的正方形，可取的坐标轴有许多种，从图1-17所示的三种坐标轴的设置来看，图（a）中的坐标设置方法不仅档差值计算方便，推档也最为简单，因此为最佳坐标轴设置（图1-17）。

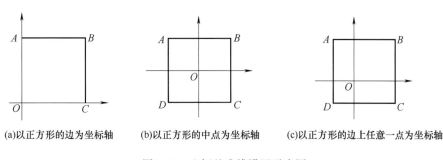

(a)以正方形的边为坐标轴　　(b)以正方形的中点为坐标轴　　(c)以正方形的边上任意一点为坐标轴

图1-17　坐标基准线设置示意图

2．推板的原则：

（1）服装的造型结构不变，是"形"的统一。

（2）推板是制板的再现，是"量"的变化。

3．推板的方法：

（1）摞剪法（需较熟练的技艺）：以最小规格为基准绘制标准样板，再把需要推板的号型规格系列样板剪成与标准样板近似的轮廓，然后将全系列规格样板大规格在下，小规格在上，按照各部位规格差数逐段推剪出需要的规格系列样板。适用于款式变化快的小批量、多品种的样板推板，目前已不多用。

（2）推画法：先绘制一件小号样板，以它为基础，上下左右平行移动，按照规格尺寸的差数，一个号型一个号型地依次推放，这种方法大多使用硬样板纸，个人单独操作，一次完成。

（3）制图法（一图全号法）：先绘制好标准样板，在标准样板的基础上，根据数学相似性原理和坐标平移的原理，按照各规格和号型系列之间的差数，将全套样板画在一张样板纸上，再依次拓画并复制出各规格或号型系列样板。

（4）企业常用的"档差推画法"有两种形式：

①以标准板为基准，把其余几个规格在同一张纸板上推放出来，然后再一个个地使用滚轮复制，最后校对一边。

②以标准板为基准，先推放出相邻的一个规格，剪下并与标准板核对，在完全正确的情况下，再以该板为基准，放出更大一号或更小一号的规格，依次类推。

4．工业推板的依据：

（1）选择和确定标准中间码：依据号型系列或定单上提供的各个规格码，选择具有代表性并能上下兼顾的规格作为基准。

（2）绘制标准中间码纸样：制板→封样→验收→讨论→修改→确定中间码样板

（3）基准线的设定：设定的常用基准线（依款式变化而变化）。

上装：前片——胸围线、前中线或搭门线。

　　　　后片——胸围线、后中线。

　　　　袖子——袖肥线、袖中线。

领子：一般以领尖作为基准线，放缩在后领中线。

下装：裤子——横档线、烫迹线（裤中线）。

　　　　裙子——臀围线、前后中线。

圆裙：以圆心为基准。

多片裙：以对折线为基准。

（4）推板的放缩约定：放大，远离基准线的方向；缩小，接近基准线的方向。

（5）档差的确定：根据订单确定或根据标准结合各地区消费者体形特征来确定。

典型款二　背心式T恤实物样板设计与制作

任务一　款式分析

步骤一：款式特点分析

此款为针织儿童背心式T恤，衣身为H廓型，前身有印花[知识点1-9]图案；无领、无袖设计[知识点1-10]，领口、袖窿部位单针双包滚边，缉0.1cm明线，底边双针卷边。款式简洁且实用性强，材质透气凉爽，穿着舒适、柔软（图1-18）。

步骤二：成品规格测量方法

1. 成品规格表：测量部位参照图1-19，具体测量方法见表1-21，成品规格见表1-22。

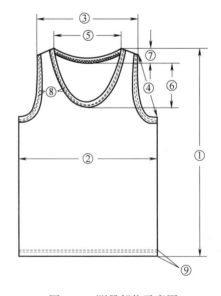

图1-18　背心实物图　　　　　　　　　图1-19　测量部位示意图

表1-21 成品规格测量表

序号	测量部位	测量方法
①	衣长	由肩缝最高处（领窝颈侧点）垂直量至底边。测得数据为衣长=44cm
②	胸围	扣好纽扣，前身摊平由挂肩缝与侧缝合缝处向下2cm水平横量（周围计算），测得数据为胸围=66cm
③	肩宽	由肩袖缝交叉点摊平横量（特殊型除外），测得数据为总肩宽=27cm
④	挂肩	挂肩缝到袖底角处斜量
⑤	领宽	如图所示⑤，测得数据宽=15cm
⑥	前领深	如图所示⑥
⑦	后领深	如图所示⑦
⑧	领口、袖窿滚边宽	如图所示⑧，测得数据为1.1cm

表1-22 成品规格表 单位：cm

部位	衣长	胸围	肩宽	挂肩	横开领	直开领
规格（M）	44	66	24	17	15	12

2．成品主要部位规格允许偏差（表1-7）。

3．制板规格设计：参照短袖T恤的面料缩率，计算M号的相关部位制板规格如下：

（1）衣长：$44 \times (1+2.5\%) \approx 45.1cm$。

（2）胸围：$66 \times (1+2.5\%) \approx 67.7cm$。

（3）肩宽、挂肩、横开领、直开领：容易拉长，不变。

汇总后具体的制板规格见表1-23。

表1-23 制板规格表 单位：cm

部位	衣长	胸围	肩宽	挂肩	领宽	领深
规格M	45.1	67.7	24	17	15	12

任务二 初板设计

步骤一：结构设计

如图1-20所示，结构设计要点：

（1）以衣长、胸围/2+4～6cm做方形框架，绘出基本型的领口、肩斜线。

（2）根据实物的款式结构进行前后衣身设计，领型结构造型要求按照实物绘制，初学者一定要注意领宽尺寸的设计。

步骤二：面料样板放缝

放缝要点同短袖T恤，在此不再赘述。需要注意的是，因无袖背心的袖窿采用滚边工艺，所以袖窿处不放缝（图1-21）。

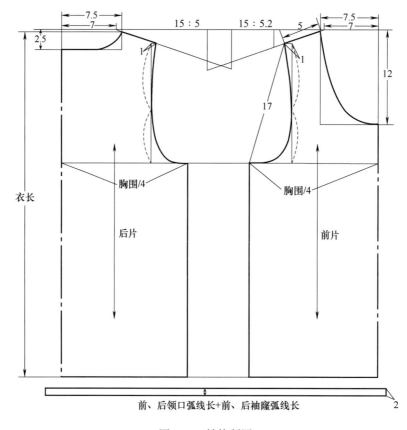

图1-20　结构制图

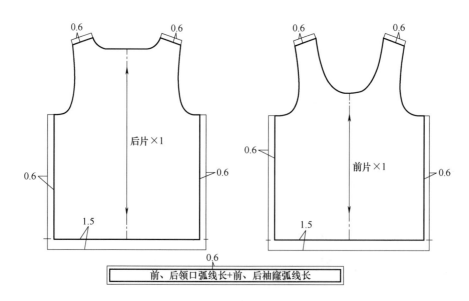

图1-21　面料样板放缝图

步骤三：样板标注

同短袖T恤，在此不再赘述。

任务三 初板确认

步骤一：坯样试制

1. 排料、裁剪坯样：排料裁剪的要点同短袖T恤，图1-22为背心式T恤排料图，图1-23为试样图。

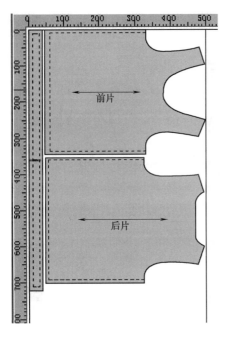

图1-22 背心T恤排料

图1-23 背心T恤试样

2. 坯样缝制：样衣缝制的要求同短袖T恤，在此不再赘述。背心T恤的具体缝制工艺流程如下：

检查裁片→四线包缝右肩缝→双针滚领口、右侧袖窿→四线包缝左肩缝→双针滚左侧袖窿→四线包缝合侧缝→双针卷下摆折边→整理、整烫。

步骤二：坯样确认及样板修正

同短袖T恤，此略。

任务四 系列样板

步骤一：档差与系列规格设计

根据国家号型标准设计系列规格，具体见表1-24。

表1-24　系列规格及档差　　　　　　　　　　　　　　　　　单位：cm

规格 ＼ 部位	衣长	胸围	肩宽	挂肩	领宽	领深	领口、袖窿滚边宽
110（S）	40	62	22.8	16	14.5	11.5	1.1
120（M）	44	66	24	17	15	12	1.1
130（L）	48	70	25.8	18	15.5	12.5	1.1
档差	4	4	1.8	1	0.5	0.5	0

步骤二：推板

1．后片推板（图1-24）：以后中心线和胸围线为坐标基准线，各部位推档量和推档分配说明见表1-25。

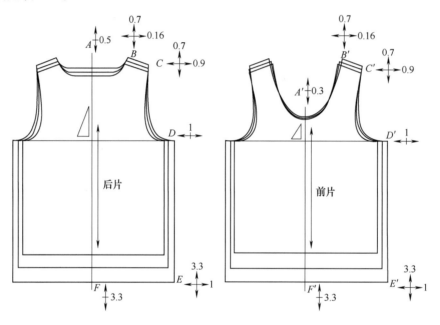

图1-24　衣身放码值及推板图

表1-25　推档量与档差分配说明（后片）　　　　　　　　　　　单位：cm

代号	推档方向	推档量（cm）	放缩说明
A	↕	0.5	（胸围档差/6）-后直开领推档量≈0.5
B	↕	0.7	A点变化量 +（领围档差/5）/3≈0.7
	↔	0.16	颈围档差/5即0.8/5=0.16
C	↕	0.7	同B点
	↔	0.9	肩宽档差/2=1.8/2=0.9
D	↕	0	位于坐标线上，不放缩
	↔	1	胸围档差/4=4/4=1

续表

代号	推档方向	推档量（cm）	放缩说明
E	↕	3.3	衣长档差−B点纵向推档量=4−0.7=3.3
	↔	1	胸围档差/4=4/4=1
F	↕	3.3	衣长档差−B点纵向推档量=4−0.7=3.3
	↔	0	位于坐标线上，不放缩

2. 前片推板（图1−24）：以前中线和胸围线为坐标基准线，各部位推档量和档差分配说明见表1−26。

表1−26 推档量与档差分配说明（前片）　　　　　　　单位：cm

代号	推档方向	推档量（cm）	放缩说明
A′	↕	0.3	B点推档量−领深变化量（取袖笼深2/3，约0.4）=0.7−0.4=0.3
B′	↕	0.7	同后片B点推档量
	↔	0.16	颈围档差/5，即0.8/5=0.16
C′	↕	0.7	同后片C点
	↔	0.9	肩宽档差/2=1.8/2=0.9
D′	↕	0	位于坐标基准线上，不放缩
	↔	1.0	胸围档差/4=4/4=1
E′	↕	3.3	同前片E点
	↔	1.0	胸围档差/4=4/4=1
F′	↕	3.3	衣长档差−B′点纵向推档量
	↔	0	位于坐标基准线上，不放缩

【知识点1−9】印花、绣花

印花、绣花是儿童T恤常采用的装饰手法。

印花：是通过一定的方式将染料或涂料印制到织物上形成花纹图案的方法。织物的印花也称织物的局部染色。将染料或涂料在织物上印制图案的方法有很多种，但其主要的方法有以下几种。

（1）直接印花：将各种颜色的花形图案直接印制在织物上的方法即为直接印花，在印制过程中，各种颜色的色浆不发生阻碍和破坏作用。印花织物中80%～90%采用此法。该法可印制白地花和满地花图案。

（2）拔染印花：染有地色的织物用含有可以破坏地色的化学品的色浆印花，拔染浆中也可以加入对化学品有抵抗力的染料。如拔染印花可以得到两种效果，即拔白和色拔。

（3）防染印花：先在织物上印制能防止染料上染的防染剂，然后轧染地色，印有花纹处可防止地色上染，该法可得到防白、色防和部分防染三种效果。

不管采用何种方法印制花纹图案都会受很多因素的影响，如图案的要求，产品的质量，成本的高低等。因此，一张图案一经被选上就要考虑在保证质量的前提下用最简单的方法、最低的成本来进行印制。

绣花：绣花有机绣（一人控制一台，只有一个机头，针法灵活，效果丰满立体，一般只有高级女装或礼服才用）、电脑绣、车骨、手摇等。

【知识点1-10】无领、无袖设计

儿童背心式T恤多为无领、无袖的结构，领口弧线和袖窿弧线的轨迹就成为背心式T恤款式设计的重点。

领口弧线设计：领口处于视觉重点区域，造型及种类应符合穿着者的脸型、个性。在线型选择上，一般有圆领口、方领口和V领口等。

袖窿曲线设计：因不涉及装袖问题，处于较自由的设计状态。

项目二　儿童连体衣订单打样

连体衣【知识点2-1】是婴儿春秋季主要着装品种，它能有效地保护婴儿的肚子不受凉。连体衣腰部有足够的放松量，裤裆低而肥，以便更换纸尿裤。面料多采用全棉织物和弹力织物，如厚平针织物、天鹅绒、毛巾棉、摇粒绒等。连体衣的开襟形式有前开扣（便于婴儿平躺），后开扣（便于婴儿爬行），肩扣、裤裆双腿内侧暗扣等。

典型款：连体衣（裆暗扣）订单样板设计与制作

任务一　款式分析

步骤一：订单分析【知识点2-2】

表2-1所示的儿童连衣裤是原始订单生产工艺单部分，下面结合订单对与制板有关的内容进行分析。

1. 款式分析：此款为罗纹领长袖连体衣，下裆开缝，左肩有五爪扣，肩部开口有斜纹带贴边，袖口、脚口双针绷缝。

2. 面辅料性能：此款采用的是180g平纹汗布，面料手感柔软，有一定的弹性。需要对面料的缩水率和热缩率做测试，具体见"步骤二：面料测试"。

3. 规格系列及测量：订单中已详细列出该款连衣裤的系列规格及测量的图示说明，在此不再做详细分析。

4. 样板的放量：结合面料缩率和工艺损耗确定样板的放量，具体见"步骤三：制板规格设计"。

步骤二：面料测试

测试取样及缩率测试方法同儿童短袖T恤，在此不再赘述。

表2-1　生产厂家原始订单

生产商：	货号：	客户：	缝制工艺说明

款式图：

左肩有五爪扣，肩部开口里有斜纹带贴边

	尺寸部位	70（S）	80（M）	90（L）	
①	肩点衣长	51	57.5	64	
②	胸围	62	64	66	
③	肩宽	24	25	26	
④	袖长	19.5	24	28.5	
⑤	袖隆（直量）	14	14.5	15	
⑥	袖肥	12.5	13	13.5	
⑦	袖口宽	7.5	8	8.5	
⑧	领宽	12.5	13	13.5	
⑨	前领深	6	6.5	7	
⑩	后领深	1.5	1.5	1.5	
⑪	股上长	35	37.5	40	
⑫	股下长	16	20	24	
⑬	脚口宽	11	11.5	12	

肩部开口

裆部
双针绷缝
脚口、袖口

步骤三：制板规格设计

　　面料的性能和缩率会影响服装的规格，同时，在服装的生产过程中，粘衬、缝制、熨烫等工艺手段也会或多或少地影响服装成品后的规格尺寸。因此，为保证成品后服装规格在国家标准规定的偏差范围内，在制板时，应综合考虑以上影响成品规格的相关因素，设计制订相应的制板规格，见表2-2。

表2-2　制板规格表　　　　　　　　　　　　　　　　单位：cm

部位 规格	肩点衣长	胸围	肩宽	袖长	袖隆直量	袖肥	袖口宽	领宽	前领深	后领深	股上长	股下长	脚口宽
80号（M）	58.5	65	25	24.5	14.5	13	8	13	6.5	1.5	38	20.5	11.5

任务二　初板设计

步骤一：结构设计【知识点2-3】（图2-1）

（1）先做出连体衣的衣长、袖窿深、领圈、肩宽、肩斜、胸围、股上、股下、脚口等。考虑到面料性能和工艺损耗，肩点衣长在成品规格基础上加1cm，胸围在成品基础上加2cm。

（2）根据订单上连体衣的款式结构确定裆部的规格以及肩部开口重叠量的规格。

（3）考虑到领口罗纹的面料性能，罗纹长度为领口弧长的80%。

（4）针织一片袖的结构可以前后片相同，弧度比一般的机织一片袖要小。

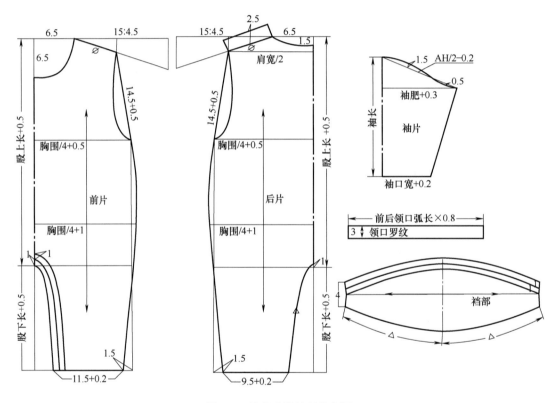

图2-1　儿童连体裤结构制图

步骤二：面料样板放缝（图2-2）。

（1）肩缝、侧缝、袖缝、袖山、领口等部位缝份为0.6cm；袖口和脚口放缝2cm。

（2）放缝时弧线部分的端角要保持与净缝线垂直。

步骤三：样板标注

（1）样板上做好丝缕线；写上样片名称、裁片数、号型等；不对称裁片应标明上下、左右、正反等信息。

（2）做好定位、对位等相关剪口。

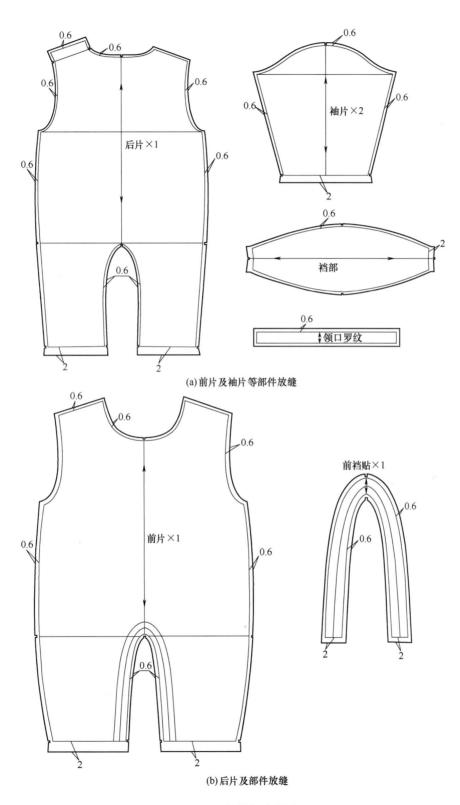

(a)前片及袖片等部件放缝

(b)后片及部件放缝

图2-2 面料样板放缝图

任务三　初板确认

步骤一：坯样试制

1. 排料、裁剪坯样：排料裁剪要点同儿童短袖T恤，在此不再赘述。图2-3为面料样板排料图。

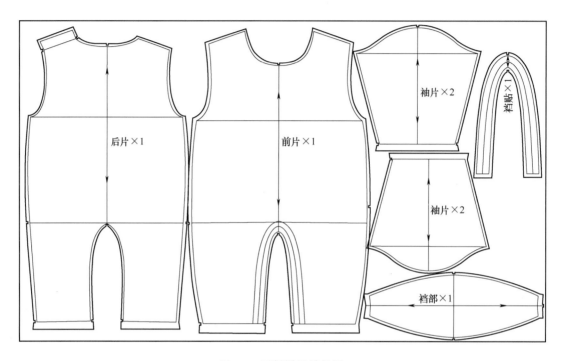

图2-3　面料样板排料图

2. 坯样缝制：

（1）儿童连体衣的质量技术标准：

①成品主要部位规格允许偏差见表2-3。

表2-3　成衣规格公差 单位：cm

部位	公差
衣长	±1
全胸围	±1.5
领大	±0.6
肩宽	±0.6
袖长	±0.6
腰围	±0.7
裤长	±1

②外观质量规定：

前后身：前后身平整，侧缝顺直平服。

罗纹领：左右对称，缉线顺直、整齐，领窝圆顺。

袖子：左右袖口大小一致；袖窿圆顺，前后无吊紧、褶皱；袖口平服齐整。

肩：肩头平服，无皱裂形，肩缝顺直，肩头宽窄左右一致，肩部开口平直。

裆部：四线绱合后裆，裆贴边平整无斜皱。

（2）缝制工艺流程：

检查裁片→做右肩开口→拼合前后肩缝→装罗纹领→装袖→合侧缝→做下裆→整理、整烫。

按以上的工序和要求完成坯样缝制。

（3）坯样缝制：试样如图2-4所示。

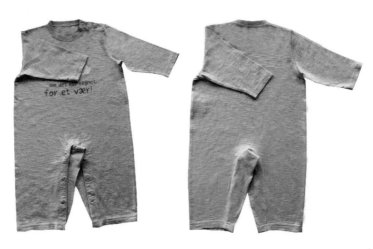

图2-4　试样图

步骤二：坯样确认与样板修正

对比分析坯样与订单，其操作的方法与步骤与短袖儿童T恤基本一致，需要注意的是，连衣裤的规格尺寸和工艺要求需与订单及客户的要求相一致，如坯样与订单不符，则需要与客户进行沟通确认，确定最终的样衣要求。

任务四　系列样板

步骤一：档差与系列规格设计

根据订单中系列规格，制订档差，规格见表2-4。

表2-4　系列规格及档差　　　　　　　　　　　　　　　　　　单位：cm

规格　　　部位	70（S）	80（M）	90（L）	档差
衣长	51	57.5	64	6.5
胸围	62	64	66	2
肩宽	24	25	26	1

续表

部位 规格	70（S）	80（M）	90（L）	档差
袖长	19.5	24	28.5	4.5
袖肥	12.5	13	13.5	0.5
袖口宽	7.5	8	8.5	0.5
股上长/股下长	35/16	37.5/20	40/24	2.5/4
领宽	12.5	13	13.5	0.5
领深	6	6.5	7	0.5
裆宽	12	12	12	0
脚口宽	11	11.5	12	0.5

步骤二：推板

1. 前片推板：以前中线和胸围线为坐标基准线，各部位推档量与档差分配说明见表2-5。

表2-5　前片推档量及档差分配说明　　　　　　　单位：cm

代号	推档方向	推档量	放缩说明
A	↕	0	B点变化量（0.5）-领深量（0.5）
	↔	0	位于纵坐标基准线上，不放缩
B	↕	0.5	C点推档量（0.5）+肩斜推档量（0）
	↔	0.25	领宽档差/2
C	↕	0.5	袖隆直量推档量
	↔	0.5	肩宽推档量/2
D	↕	0	位于横坐标基准线上，不放缩
	↔	0.5	胸围档差/4
E	↕	0	坐标原点，不缩放
	↔	0	坐标原点，不缩放
I	↕	2	股上档差2.5-B点档差0.5
	↔	0.5	胸围档差/4
H	↕	2	股上档差2.5-B点推档量0.5
	↔	0	位于纵坐标基准线上，不放缩

续表

代号	推档方向	推档量	放缩说明
L	↕	6	衣长档差6.5–B点推档量0.5
	↔	0	同E点
M	↕	6	衣长档差6.5–B点推档量0.5
	↔	0.5	脚口宽档差0.5

2. 后片推板：以后中线和胸围线为坐标基准线，各部位推档量和档差分配说明见表2-6。

表2-6　后片推档量与档差分配说明　　　　　　　　单位：cm

代号	推档方向	推档量	放缩说明
A	↕	0.5	B点变化量（0.5）
	↔	0	位于纵坐标基准线上，不放缩
B	↕	0.5	同前片B点
	↔	0.25	（领宽档差/2）同前片B点
C	↕	0.5	袖窿直量推档量
	↔	0.5	肩宽档差/2
D	↕	0	位于横坐标基准线上，不放缩
	↔	0.5	胸围档差/4
E	↕	0	坐标原点，不缩放
	↔	0	坐标原点，不缩放
I	↕	2	股上档差2.5–B点推档量0.5
	↔	0.5	胸围档差/4
H	↕	2	股上档差2.5–B点推档量0.5
	↔	0.5	胸围档差/4
N	↕	2	股上档差2.5–B点推档量0.5
	↔	0	位于纵坐标基准线上，不放缩
L、K	↕	6	衣长档差6.5–B点推档量0.5
	↔	0	同E点

续表

代号	推档方向	推档量	放缩说明
M、J	↕	6	衣长档差6.5−B点推档量0.5
	↔	0.5	脚口宽档差0.5
G	↕	0.5	同B点
	↔	0.25	同B点
F	↕	0.5	同C点
	↔	0.5	同C点

3. 袖片推板：以袖中线和袖肥线为坐标基准线，各部位推档量与档差分配说明见表2-7。

表2-7　袖片推档量及档差分配说明　　　　　　　　单位：cm

代号	推档方向	推档量	放缩说明
A	↕	0.1	袖山高放缩量，由袖肥与袖山斜线推档量确定，约为0.1
	↔	0	位于纵坐标基准线上，不放缩
B、C	↕	0	位于横坐标基准线上，不放缩
	↔	0.25	袖肥推档量/2
D、E	↕	4.4	袖长档差4.5−袖山高档差0.1
	↔	0.25	袖口档差/2

4. 裆部推板：以纵横的中线为坐标基准线，各部位推档量和档差分配说明见表2-8。

表2-8　裆部推档量及档差分配说明　　　　　　　　单位：cm

代号	推档方向	推档量	放缩说明
A、C	↕	0	位于横坐标基准线上，不放缩
	↔	4	下裆长档差
B、D	↕	0	长度不变
	↔	0	位于纵坐标基准线上，不放缩

5. 领口罗纹推板：以一侧为坐标基准线，各部位推档量和档差分配说明见表2-9。

表2-9 领口螺纹推档量及档差分配说明 单位：cm

代号	推档方向	推档量	放缩说明
A	↕	0	领宽不变
	↔	0.5	领宽档差/2
B	↕	0	领宽不变
	↔	0.5	领宽档差/2

图2-5为儿童连衣裤各部件样板的推档图。

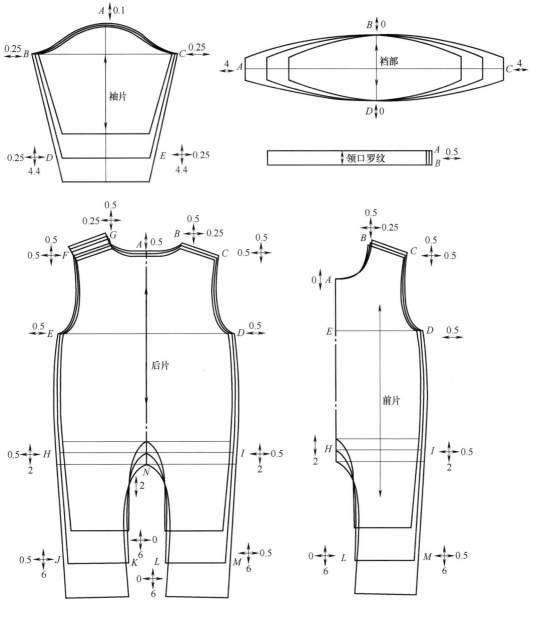

图2-5 面料样板推档图

【知识点2-1】连体衣相关知识

连体衣是婴儿春秋季主要的着装品种。它能有效地保护婴儿的肚子不受凉。连体衣的款式大致分为包脚和不包脚。按照裤子的长短可以分为爬衣、哈衣与短爬，如图2-6所示。

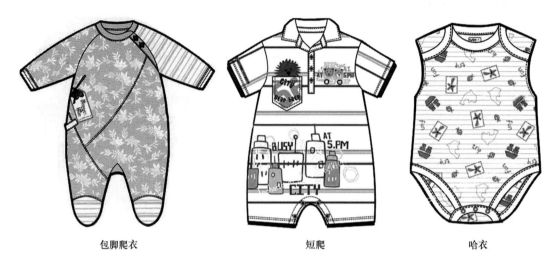

包脚爬衣　　　　　　　　　短爬　　　　　　　　　哈衣

图2-6　连体衣的不同类型

【知识点2-2】订单分析

对于订单的内容，要从以下几个方面进行分析：

一、款式分析

无论是订单上的设计稿还是样品，或款式图，我们都要分析、了解服装的构成，如分割线位置、形状，衣身平衡、省道处理方法，胸围差、臀胸差等，同时结合面料、规格、工艺等考虑缝制工艺、服装款式的风格和式样。

二、面辅料分析

服装原料有多种多样，各种原料的性能、质地也有所不同，必须掌握面辅料的成份、缩水率、耐温等情况，以便制板的时候做相应的调整。对于面料、衬料及辅料的各种性能，要把握清楚，如面料、横直丝向（决定样板的裁剪方向）；水缩率、热缩率（决定样板的放量）、倒顺毛（灯芯绒）、对格对条（如面料有条格，需在样板上标明符号、刀眼）、弹力性能以及缝纫用针粗细等。

三、规格系列

成衣的最终效果，规格系列至关重要，包括号型规格、成衣控制部位数据、细部控制部位数据，以及其自身的规律所产生的中号规格和档差。服装系列规格是服装工业制板的必要条件。

四、样板的放量

由于面料的缩率及工艺缝制中的损耗，大批量工业生产时如样板无一定的松量，成品后可能会造成公差，因此，在制板前应结合以上的因素考虑样板的放量，根据客户提供的成品规格，加上面辅料的缩率，即可得到样板规格。

五、具体的测量部位和方法

订单上一般对于某些部位规格尺寸的确定方法及测量有详细的说明，如没有标明，则应结合实际，利用常规方法确定。若小部件尺寸订单中未予说明，也应结合款式特点和结构比例设定。

六、包装形式

批量服装在装箱时，要按照客户的要求对尺码、数量及颜色进行合理分配，装箱有单色单码、混色混码、单色混码等形式。服装的包装也有讲究，一般有折叠包装（最常用的形式，可减少空间）、真空包装（适宜一些棉绒体积大的服装）、立体包装（多用于高档服装）等形式。有些服装不同的包装形式，会涉及样板的结构调整。如遇上这种情况，则应对其包装形式和可能对样板结构产生影响的因素进行分析。

【知识点2-3】连体衣的结构变化：哈衣的结构

儿童连体衣其中的一个典型款式是哈衣，哈衣和爬衣最大的区别是哈衣长短只到档部，没有裤腿，哈衣的结构相对简单。

一、款式分析

本款哈衣款式宽松，圆领短袖，后中开襟，有利于婴儿灵活伸展身体，穿着既舒适又美观（图2-7）。面料采用全棉汗布，哈衣成品规格见表2-10。

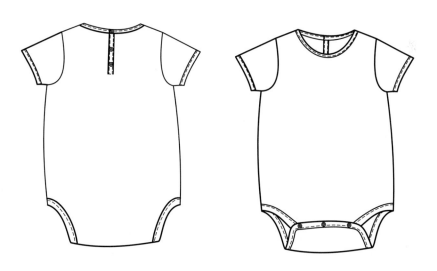

图2-7 哈衣款式图

表2-10 哈衣成品规格表：号型66/48　　　　　　　　　　单位：cm

部位	后衣长	侧缝长	肩宽	袖窿直量	胸围	袖长	袖肥	袖口宽	领宽	领深	开襟长	开襟宽
规格	41.5	19	18.5	10.5	50	8	18	16	10	4.5	11	2.5

　　此款采用的面料为全棉汗布，经测试，经向缩率为2.5%，纬向缩率为2%。计算相关部位制板规格见表2-11（备注：领口、肩部、开襟、袖口以及袖窿部位容易拉长变形，数据不变）。

表2-11　哈衣样板规格表：号型66/48　　　　　　单位：cm

部位	后衣长	侧缝长	肩宽	袖窿（直量）	胸围	袖长	袖肥	袖口宽	领宽	领深	开襟长	开襟宽
规格	42.5	19.5	18.5	10.5	51	8	18.4	16	10	4.5	11	2.5

二、结构设计

如图2-8所示，结构设计要点：

（1）先定连体衣的后衣长，画出上下水平线，再定前后片的领宽、领深，画出领口弧线，定肩线、肩宽。

（2）胸围/4，画出侧缝基准线，从肩点画一条斜线与侧缝基准线相交，长度为袖窿直量，画出袖窿弧线。

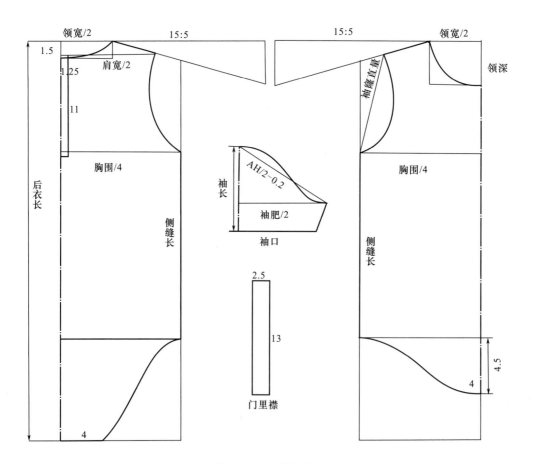

图2-8　哈衣结构图

（3）定侧缝长，画前后裆部。

（4）与前面的连体衣（裆暗扣）的袖子画法一样，前后片相同。

项目三 儿童外套设计稿打样

童装外套一般为秋冬季穿着，面料一般采用棉、棉混纺、毛混纺及毛呢类织物。外套的廓型选择范围很广，可以是A型、H型、O型、T型和X型等。通常童装A型和H型偏多。外套的细节设计变化主要体现在领子、袖子和口袋【知识点3-1】的变化上。

典型款：套头式连帽外套设计稿打样

任务一 款式分析

步骤一：设计稿分析

如图3-1所示，此款是女童直身夹克式外套，前身两侧有圆形插袋，下摆有克夫，前中拉链设计，并有明门襟，两片帽，袖子为一片袖，袖口装罗纹袖口。

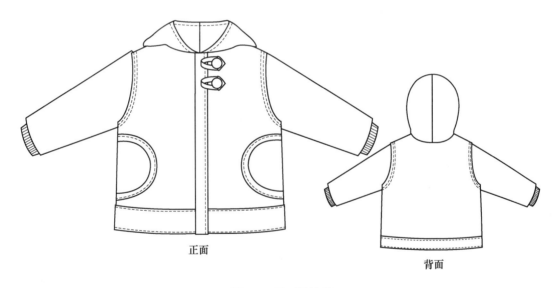

正面

背面

图3-1 平面设计稿

此款可采用平绒类面料制作，适合春秋季节穿着。

步骤二：面料测试

取样和测试方法同儿童T恤，在此不再赘述。

步骤三：规格设计

1. 成品规格设计：参照【知识点1-7】中的儿童体型与号型系列，以110cm身高的儿童为例，结合设计稿款式的结构、工艺特点和服装的风格、款型设计规格，一般夹克类的规格设计见表3-1，外套类规格设计见表3-2。

表3-1　夹克类规格设计（以110cm为例）　　　　　单位：cm

部位	衣长	胸围	肩宽	袖窿 （直量）	袖长	袖口罗纹	领宽	领深	帽高/帽宽
规格	44～47	74～80	30～32	18～20	37～38	8	15	6～7	31/21

表3-2　外套规格设计（以110cm为例）　　　　　单位：cm

部位	衣长	胸围	肩宽	袖窿（直量）	袖长	袖口	领宽	领深	领围
规格	42～50	70～76	30～32	16～19	37～38	11～12	14.5	6～7	34～36

2．制板规格设计：制图时考虑面料的回缩率和工艺缝制损耗，选择和计算M号的制板规格见表3-3。

表3-3　外套制板规格　　　　　单位：cm

部位	衣长	胸围	肩宽	袖长	帽高	帽宽	袖口宽	袖口罗纹	挂肩
规格	47	74	32	37	31	21	10	8	18

任务二　初板设计

步骤一：面料样板制作

1．结构设计：如图3-2所示，结构设计要点如下。

（1）先绘出外套的衣长、袖窿深、领圈、肩宽、肩斜，胸围。考虑到平绒面料性能和工艺损耗，衣长在成品规格基础上+1cm、肩宽/2在成品基础上+0.2cm、胸围在成品基础上+2cm。

（2）根据设计稿的款式结构确定口袋、下摆克夫、罗纹袋口等细部结构和部件的位置及规格。

（3）帽子下口线和领口弧线应完全相等。且在肩部有3cm左右的重叠量。帽子中心线前倾4～5cm。帽宽考虑面料性能。

（4）一片袖结构应依据衣身的袖窿弧线绘制，注意吃势的控制和袖底弧线与衣身袖窿底弧线吻合。

2．面料样板放缝：如图3-3所示。

（1）放缝要点：

①常规情况下，衣身分割线、肩缝、侧缝、袖缝的缝份为1～1.5cm；袖窿、袖山、领口等弧线部位缝份为0.6～1cm；前中装拉链部位缝份为1.5cm。

②放缝时弧线部分的端角要保持与净缝线垂直。

（2）样板标识：同T恤与连衣裤的样板标注。

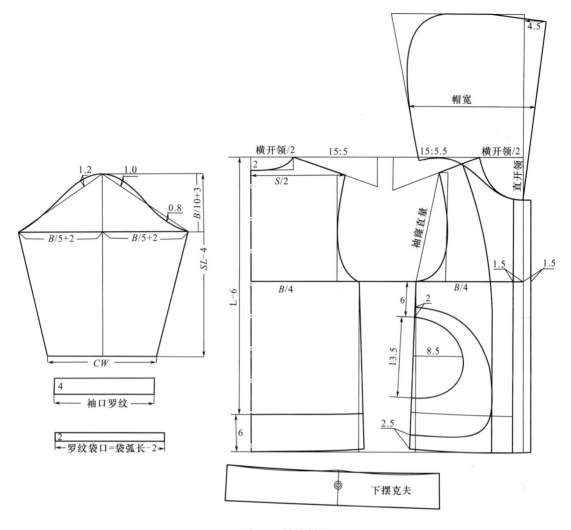

图3-2 结构制图

步骤二：里料样板制作

里料样板制作：如图3-4所示，里布样板在面样的基础上缩放，在各个拼缝处应加放一定的坐势量，以适应人体运动产生的面料的舒展量。配置要点：

（1）后片下摆处按面料样板，其余各边放0.2cm的坐缝；

（2）前片前侧按挂面边，加缝份1cm，下摆处按面料样板，其余各边放0.2cm的坐缝；

（3）袖片在袖山顶点加放0.3cm，在袖底弧线处加放0.8cm，袖缝线均放0.2cm的坐缝，袖口按面料样板；

（4）帽片各边放0.2cm的坐缝，下口装领线处按面料样板。

步骤三：衬料样板制作（图3-5）

配置要点：

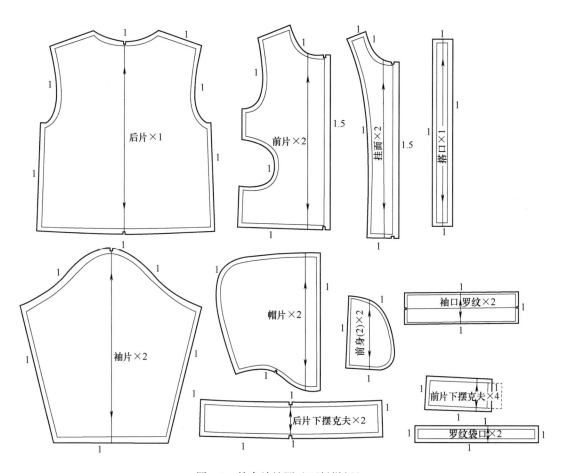

图3-3 外套放缝图（面料样板）

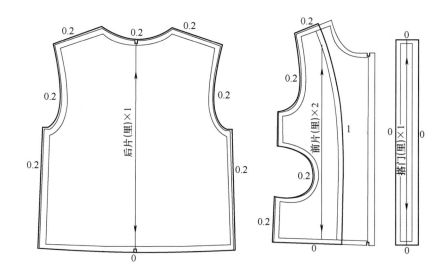

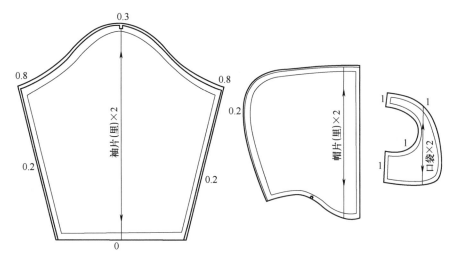

图3-4 里料样板放缝图

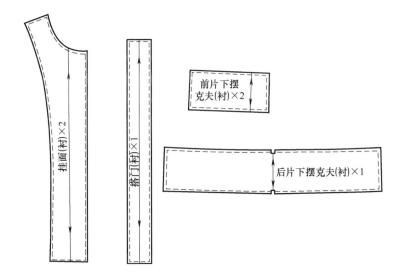

图3-5 衬料样板图

（1）衬料样板在面料样板的基础上制作，整片粘衬部位，衬料样板要比面料样板四周小0.3cm。

（2）常规情况下，挂面、领子、下摆、袋口、嵌线、袖口（袖口罗纹除外）等部位需要粘衬；针织外套粘衬部位相对较少。

（3）粘衬样板的丝缕一般同面料样板丝缕一致，在某些部位起加固作用（如防止衣身斜丝部位拉伸等），则采用经纱（直丝）。

步骤四：工艺样板制作（图3-6）

1. 工艺流程对工艺样板的影响：服装的前后工序会影响工艺样板的制作。如前片有分割的衣片，其袋位工艺样板的制作就必须将前中片与前侧片拼合后才能制作。领子的工艺样板用于画领外口净缝线，因此领子工艺样板的外口为净缝，领下口为毛缝……

2．工艺样板配置：配置要点：工艺小样板的选择和制作要根据工艺生产的需要及流水线的编排情况决定。

在工艺小样板中，定位板在锥孔或打剪口时应比实际点的位置进0.2cm，以免成品制好后盖不住定位痕迹；定型板在劈净缝时应比实际的净缝线里进，因为在用定型板画线时，线条粗一般为0.1cm左右。

本外套中止口净样和搭门净样是定型样板，主要是校正止口和搭门的形状，止口净样制作时，止口处为净样，领口和下摆3~4cm处为净样，其余部位为毛样。搭门净样制作时四周都不放缝。

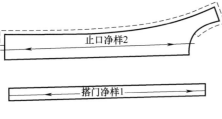

图3-6 工艺样板图

任务三 初板确认

步骤一：坯样试制

1．排料、裁剪坯样：排料裁剪要求同前。图3-7为面料样板排料图。

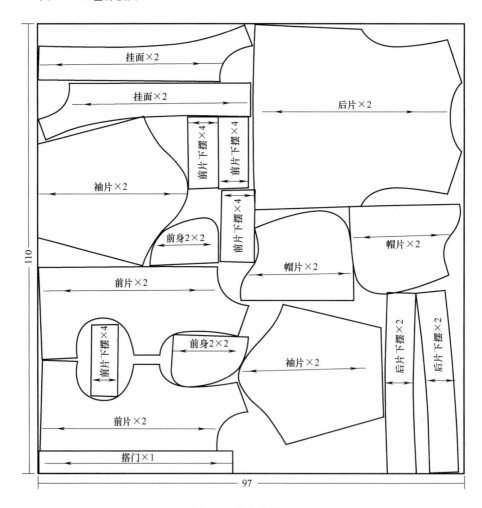

图3-7 外套排料图

2. 坯样缝制：试样如图3-8所示。

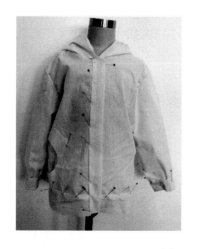

图3-8　试样图

（1）儿童外套的质量技术标准：

①成品主要部位规格允许偏差：见表3-4。

表3-4　主要部位规格偏差值　　　　　　　　　　单位：cm

部位	公差
衣长	±1
全胸围	±1.5
领大	±0.6
肩宽	±0.6
袖长	±0.6
腰围	±0.7

②外观质量规定：

前身：门襟平挺，左右两边下摆一致，无搅豁，拉链平整，对称。

止口挺薄顺直，无起皱、反吐。缉线宽窄一致。

双袋大小、高低须一致。

帽子：装帽左右对称，帽顶缉线顺直、整齐，领窝圆顺。

袖子：左右袖口大小一致；袖窿圆顺，前后无吊紧曲皱；袖口平服齐整。

肩：肩头平服，无皱裂形，肩缝顺直，肩头宽窄、左右一致。

摆缝：摆缝顺直平服，松紧适宜，腋下不能有下沉。

（2）儿童外套的缝制工艺流程：

检查裁片→拼合前片口袋→拼合前后片→装拉链→合拼挂面→做帽、装帽→做袖、装袖→整理、整烫。

按以上的工序和要求完成坯样缝制。

步骤二：坯样确认与样板修正

对比分析坯样与设计稿的步骤方法与儿童短袖T恤相同，在此应注意款式与设计稿的吻合，注意外套面、里的服帖。

经过几次的试样、改样，直到样衣、样板符合要求后，将基准样确定下来，然后封样。

任务四　系列样板

步骤一：档差与系列规格设计

根据国家号型标准中标准体号型的系列档差设计系列，规格见表3-5。

表3-5　系列规格及档差　　　　单位：cm

规格＼部位	衣长	胸围	肩宽	袖隆（直量）	袖长	袖口宽	袖口罗纹	领宽	领深	帽高/帽宽
100	43	70	30	17	34	9.5	7.5	14.5	6.75	30.5/20.5
110	47	74	32	18	37	10	8	15	7	31/21
120	51	78	30	19	40	10.5	8. 5	15.5	7.25	31.5/21.5
档差	4	4	2	1	3	0.5	0.5	0.5	0.25	0.5

步骤二：推板

1. 后片推板：以后中线和胸围线为坐标基准线，各部位推档量和档差分配说明见表3-6。

表3-6　推档量及档差分配说明（后片）　　　　单位：cm

代号	推档方向	推档量	放缩说明
A	↕	0.85	B点推档量–领深推档量0.25
A	↔	0	位于纵坐标基准线上的点，不放缩
B	↕	1.1	C点推档量+肩斜推档量
B	↔	0.25	领宽档差/2
C	↕	1	袖隆直量推档量
C	↔	1	肩宽档差/2
D	↕	0	位于横坐标基准线上，不放缩
D	↔	1	胸围档差/4
E	↕	2.9	衣长档差–B点推档量
E	↔	1	胸围档差/4
F	↕	2.9	衣长档差–B点推档量
F	↔	0	位于纵坐标基准线上，不放缩

2. 前片1推板：以前中线和胸围线为坐标基准线，各部位推档量和档差分配说明见表3-7。

表3-7　推档量及档差分配说明（前片1）　　　　　　　　　　　　单位：cm

代号	推档方向	推档量	放缩说明
A	↕	0.85	B点推档量−领深推档量0.25
	↔	0	位于纵坐标基准线上，不放缩
B	↕	1.1	C点推档量+肩斜推档量
	↔	0.25	领宽/2
C	↕	1.0	袖窿直量推档量
	↔	1.0	肩宽档差/2
D	↕	0	位于横坐标基准线上，不放缩
	↔	1.0	胸围档差/4
E	↕	2.9	衣长档差−B点推档量
	↔	1.0	胸围档差/4
F	↕	2.9	衣长档差−B点推档量
	↔	0	位于纵坐标基准线上，不放缩
G	↕	0	不放缩
	↔	1	胸围档差/4
H	↕	0.5	袋口大小档差0.5
	↔	1	胸围档差/4

3. 挂面推板：以前止口线为坐标基准线，各部位推档量和档差分配说明见表3-8。

表3-8　推档量及档差缩放说明（挂面）　　　　　　　　　　　　单位：cm

代号	推档方向	推档量	放缩说明
A	↕	0.85	同前片A点
	↔	0	位于纵坐标基准线上，不放缩
B、C	↕	1.1	同前片B点
	↔	0.25	领宽档差/2
D、E	↕	2.9	同前片E点
	↔	0	不放缩

4. 门襟推板：以一侧为坐标基准线，另一侧的推档量与档差分配说明见表3-9。

表3-9 推档量及档差分配说明（门襟）　　　　　　　　　　单位：cm

代号	推档方向	推档量	放缩说明
C、*D*	↕	3.75	衣长档差–领深档差
	↔	0	不放缩

5. 袖子推板：以袖中线和袖肥线为坐标基准线，各部位推档量与档案分配说明见表3-10。

表3-10 推档量及档差分配说明（袖子）　　　　　　　　　　单位：cm

代号	推档方向	推档量	放缩说明
A	↕	0.4	胸围档差/10
	↔	0	位于纵坐标基准线上，不放缩
B、*C*	↕	0	位于横坐标基准线上，不放缩
	↔	0.8	约为袖窿宽档差/2
D、*E*	↕	2.6	袖子档差3–A点推档量0.4
	↔	0.5	袖口档差/2

6. 前片2推板：以*O*点为坐标原点，各部位推档量和档差分配说明见表3-11。

表3-11 推档量及档差分配说明（前片2）　　　　　　　　　　单位：cm

代号	推档方向	推档量	放缩说明
A	↕	0.25	同前片1的*I*点
	↔	0.5	同前片1的*I*点
B	↕	1	袋口大小推档量0.5+口袋长度推档量0.5=1.0
	↔	0	位于纵坐标基准线上，不放缩

7. 口袋推板：以O点为坐标原点，各部位推档量档差分配说明见表3-12。

表3-12　推档量及档差分配说明（口袋）　　　　　　单位：cm

代号	推档方向	推档量	放缩说明
A	↕	0.25	同前片1的I点
	↔	0.5	同前片1的I点
B	↕	0.5	袋口大小推档量0.5
	↔	0	位于纵坐标基准线上，不放缩
C	↕	1	袋口大小推档量0.5+口袋长度推档量0.5=1.0
	↔	0	位于纵坐标基准线上，不放缩

8. 帽子推板：以O点为坐标原点，各部位推档量和档差分配说明见表3-13。

表3-13　推档量及档差分配说明（帽子）　　　　　　单位：cm

代号	推档方向	推档量	放缩说明
A	↕	0.5	帽子高度档差0.5
	↔	0	位于纵坐标基准线上，不放缩
B	↕	0.2	约比前领深推档量0.25小，取值0.2
	↔	0.5	前领宽推档量0.25+后领宽推档量0.25
C	↕	0.5	帽子高度档差0.5
	↔	0.5	帽子宽度档差0.5

9. 其他部件推板

①袖口罗纹：A点和B点横向推档值为袖口档差1cm，纵向不变。

②后片下摆：A点、B点、C点、D点横向推档值均为半胸围档差/2=1，纵向不变。

③前片下摆：A点、B点横向推档值均为半胸围/4，纵向不变。

图3-9为儿童外套面料样板的推板图。

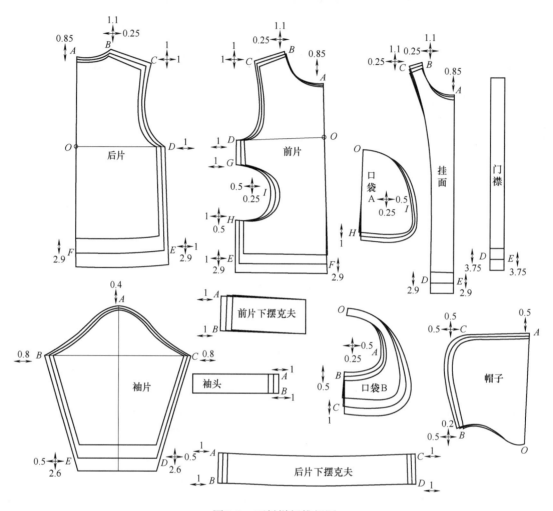

图3-9 面料样板推板图

【知识点3-1】儿童外套的口袋变化

儿童外套的口袋变化是外套的设计要点之一，主要体现在口袋的外形造型变化，儿童服装的口袋相较于成人服装的口袋，夸张而富有童趣。利用形状、分割、拉链、花边装饰以及缉线变化，可以设计出多种风格的口袋（图3-10）。

下面举一个口袋变化的例子，做出口袋的结构，口袋是常见的袋鼠贴袋。口袋变化款式图如图3-11所示。

与图3-11的平面设计稿唯一的区别是口袋变成了袋鼠贴袋，去掉了明门襟。假如除口袋以外的所有尺寸不变，只有口袋和门襟的结构有变化，则结构图如图3-12所示。

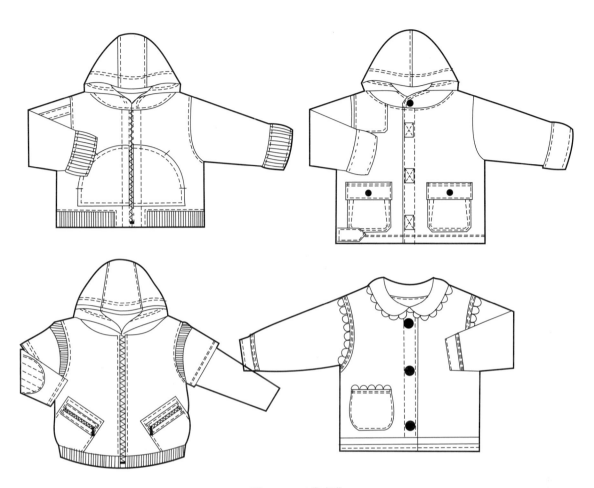

图3-10 口袋变化

图3-11 口袋变化款式图

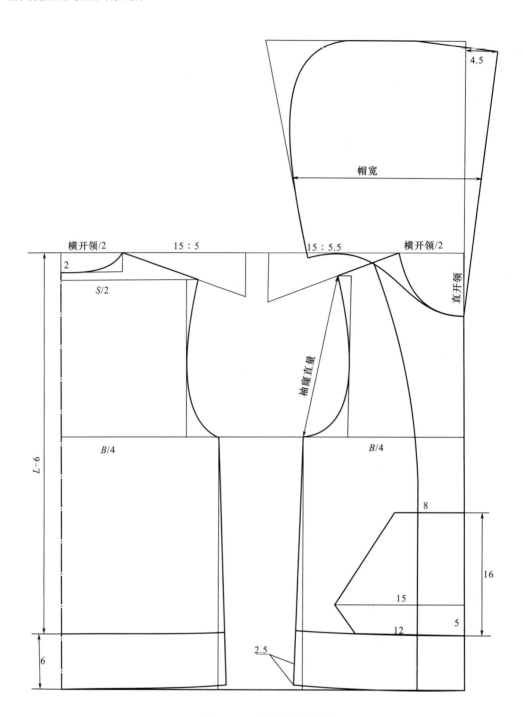

图3-12 口袋变化结构图

模块二　女装样板设计与制作

项目四　无腰褶裙实物样板设计与制作

　　裙装是围于下体的服装品种之一。裙子一般由裙腰和裙体构成，有的只有裙体而无裙腰。裙子是人类最早的服装，因其穿着方便、行动自如、样式变化多等诸多优点而为人们所广泛接受，其中以妇女和儿童穿着较多。

　　女裙是一种圆台型结构的款式，它的主体风格是由腰、臀、下摆的围度变化来演绎的，结合省道、褶裥的设计以及长度的调整，变化出丰富的款式造型。

　　裙子的分类有若干种：按裙腰在腰节线的位置区分，有中腰裙、低腰裙、高腰裙；按裙长区分，有长裙（裙摆至胫中以下）、中裙（裙摆至膝以下、胫中以上）、短裙（裙摆至膝以上）和超短裙（裙摆仅及大腿中部）；按裙体外形轮廓区分，大致可分为筒裙、斜裙、缠绕裙三大类。

　　女裙所用的面辅料主要有：

　　棉、麻类的面料【知识点4-1】适合设计宽松、休闲的田园风格女裙；真丝、仿真丝织物适合设计多褶、阔摆的淑女风格女裙；全毛、仿毛织物、混纺织物适合设计较合体、有褶和省道变化的经典造型，或偏职业装风格的女裙。

　　女裙一般都需要设置衬里，夏季的棉，麻类裙子为了保持凉爽透气的特点可以不设衬里，但面料偏薄或透明度高时还需增加衬里，衬里的材料色泽应尽量与面料一致，质地要柔软轻盈。

　　女裙一般都采用拉链开口，其中隐形拉链因其利于腰部合体造型而得到广泛应用。

　　女裙一般使用较轻薄的黏合衬增加腰头部位的挺括度，其他部位较少用到黏合衬。

　　下面以图4-1中实物裙为例，分析讲解其制板过程。

任务一　实物样衣分析

　　实物样衣的分析主要包括实物样衣规格的测量，款式特点的分析及面辅料、工艺特点的分析。通过以上内容的分析来制订款式的制板规格和制板方案。

图4-1　实物图

步骤一：款式分析

该款为A字中长无腰褶裙，裙上口和裙摆有分割并拼合不同的面料，侧缝装隐形拉链。工艺上注意腰口的平服，拉链不起翘，不皱缩。

步骤二：实物样衣规格测量

操作要点：裙子被测量的部位一定要摆放平整，松紧适宜。

1. 基本部位尺寸的测量：裙长、腰围、臀围、摆围。

（1）裙长的测量：将裙子前片朝上平摊于桌面摆放，皮尺从腰侧点向下沿侧缝线量至底边，皮尺松紧适宜。

①若为连衣裙，将裙子前片朝上平摊于桌面摆放，皮尺从颈肩点向下沿胸高位量至底边，皮尺松紧适宜。

②若为斜裙，其裙长受面料纱向的影响，裙子平摊与悬挂长度会有所不同，测量前要注意将丝线摆正。

（2）腰围的测量：现在的女裙普遍使用立体型腰头，即腰头裁片形状为扇形，所以测量腰围尺寸应包括上腰围与下腰围。

①操作要点：将裙子腰头部分摆平，从左腰侧点量至右腰侧点的弧线长度×2，先量上腰围，再量下腰围。

②裙腰围测量与人体腰围测量的对应方法：一般人体腰围测量的位置处于中腰位，但现在流行的款式以低腰或高腰为主，若为定单打样，取人体腰围尺寸时应考虑腰节线的具体设计位置。

③腰围加放量分析及规格设计：一般腰围松量为1～2cm，若裙子很宽松，且体积较大，可以不用加放松量，较贴身的腰围便于固定裙子于腰部；若裙子臀围、下摆很合体，则需加放较多的腰围松量，一般为2～3cm。

（3）臀围的测量：将裙子摆平，从左腰侧点向下量至17cm处（M号），一般为臀围线位置，在此处从左侧缝线横量至右侧缝线（长度×2）。量取臀围时，也要考虑腰线位置的高低，再恰当地定出测量臀围的水平线位置，方可准确测量出臀围大小。一般紧身裙围度最大的部位即臀围，若为宽松裙则要根据具体款式来找到臀围线位置。

2. 细节部位尺寸的测量：细节部位测量将帮助确定样板中的细节尺寸，是实物打样非常重要的数据。例如：

- 腰头的宽度：观察样衣的腰头宽度是否前后宽窄一致，腰面、腰里宽度是否一致。
- 下摆的大小：从左侧缝的底端点横量至右侧缝的底端点，两点之间的距离。
- 拉链开口的长度。
- 前后片褶裥的位置、裥量的大小：注意区别风琴褶与锥形褶，有规律的褶与碎褶。
- 前后片分割线的上下具体位置：可实测样衣上分割裁片的实际大小。
- 前后省的长度、左右位置：注意省道缝份倒向的不同将影响毛样放缝。
- 斜插袋的袋口大、袋口宽、袋布大小：根据款式，注意分析袋口是否需要进行腰省省量转移。

通过测量，获得样衣的成品规格如表4-1所示。

表4-1　成品规格表

单位：cm

规格＼部位	裙长	腰围	臀围	育克宽
M	64	68	96	11

步骤三：面料测试

1．测试取样：距原料端部2cm处取布，纬向如幅宽为90cm，则取70cm（布样规格70cm×70cm）；大于90cm则取100cm（布样规格100cm×100cm）并用色线在四个端点定位。

2．缩率测试：根据面料性能和款式要求做缩水、热缩测试，测试时要求用蒸汽熨烫，温度与压力根据面料的种类和性能选择。熨烫时要求左右或前后均匀熨烫，顺着丝线的方向，待受热均匀后，要求至少冷却12h以上，然后测量样板四个定位点之间的长度和宽度，与取样的长度与宽度进行比较，得到经向和纬向相应的缩率值。

步骤四：规格设计

1．成品规格设计：成品规格自样裙上实际测得，具体见表4-1

2．成品主要部位规格允许偏差：中华人民共和国纺织行业标准中规定的裙子主要部位规格偏差值见表4-2。

表4-2　部位规格偏差值

单位：cm

部位名称	允许偏差
裙长	±1
臀围	±2
腰围	±1

3．制板规格设计：面料的性能和缩率会影响服装的规格，同时，在服装生产过程中，粘衬、缝制、熨烫等工艺手段也会或多或少影响服装成品后的规格尺寸。因此，为保证成品后服装规格在国家标准规定的偏差范围内，在设计制板规格时，需综合考虑以上影响成品规格的相关因素。假设以上面料测试中所测得的缩率：经向为1.5%，纬向为1.0%，计算M号的相关部位制板规格如下，见表4-3：

①裙长：$64 \times (1+1.5\%) \approx 65cm$。

②臀围：$96 \times (1+1.0\%) + 工艺损耗 \approx 98cm$。

③腰围：因缝制时易拉伸变大，故不变。

表4-3 制板规格表 单位：cm

规格 ＼ 部位	裙长	腰围	臀围	育克宽
M	65	68	98	11

任务二 初板制作

步骤一：结构设计

结构设计【知识点4-2】如图4-2所示，结构设计要点如下：

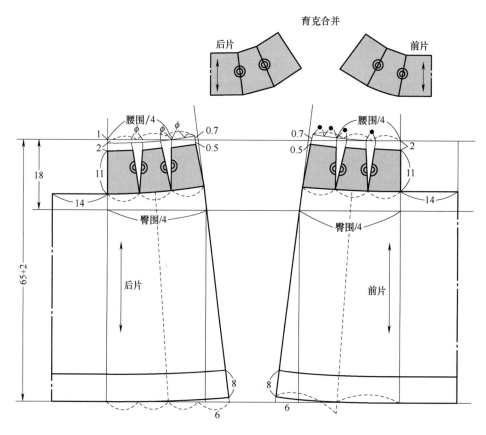

图4-2 裙子结构制图

（1）根据规格绘出裙子基本型，确定前后片臀围、腰围与省量。

（2）根据样衣（或设计稿的款式结构）确定前片育克的宽度及位置，用剪切法合并并消除省量，注意合并后画顺结构线。

（3）设计后片的省道及位置，确定后片育克的宽度及位置，剪切育克部分，合并省量，并修顺上下口弧线。

（4）若面料较轻薄，则应设置裙里，见图4-3。

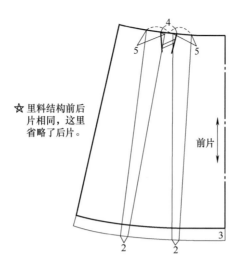

☆里料结构前后
片相同，这里
省略了后片。

图4-3 裙子里料结构图

步骤二：面料样板放缝（图4-4）

放缝要点：

（1）常规情况下，裙片分割线、侧缝、腰缝的缝份为1cm；裙子底边连折边缝份为
3~4cm，若裙子底边处加缝贴边，则只需要放缝1cm；若有后中缝，缝份为1.5~2.5cm。

（2）若有底边贴边，宽度为3~4cm。

（3）放缝时，弧线部分的端角要保持与净缝线垂直。

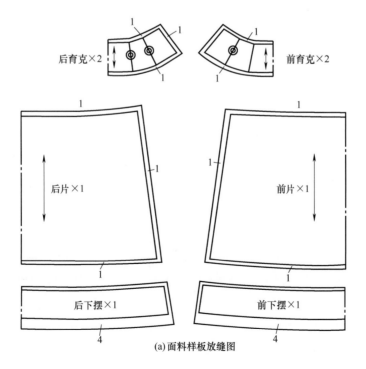

(a)面料样板放缝图

图4-4

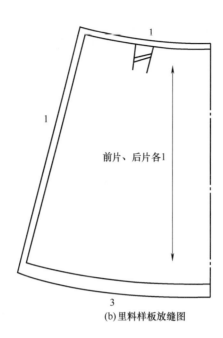

(b)里料样板放缝图

图4-4 放缝图（面料样板）

步骤三：样板标注：

（1）样板上做好丝缕线；写上样片名称、裁片数、号型等（不对称裁片应标明上下、左右、正反等信息）。

（2）做好定位、对位等相关剪口。

任务三 初板确认

步骤一：坯样试制

1．排料、裁剪坯样：排料时应注意面料的正、反面与衣片的对称，避免出现"一顺"现象。同时，如遇到面料表面有绒毛还应注意绒毛方向的一致性；对于有条格的面料，还应注意对条对格。中华人民共和国纺织行业标准中规定的裙子裁剪中经纬纱向的规定见表4-4。排料时应遵循排料的重要原则，要做到充分节约面料，反复进行试排，不断改进，最终选出最合理的排料方案。同时，在裁剪时要裁片注意色差、色条、破损，注意裁片的准确性，做到两层相符，纱向顺直、刀口整齐。

表4-4 经纬纱向规定

部位	经纬纱向规定
前片	经纱以前中线为准，不允斜，特殊的斜裙取45°斜丝
后片	经纱以后中线为准，不允斜，特殊的斜裙取45°斜丝

这款裙子采用幅宽90cm宽的棉布制作，单层平铺排料如图4-5所示，单件用料为裙长×2+20cm左右。

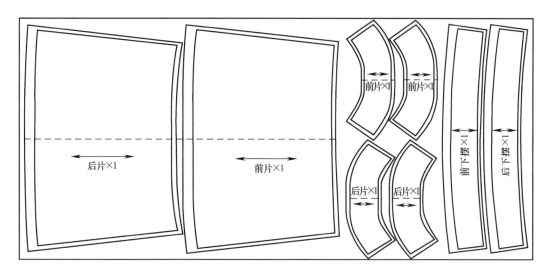

图4-5　面料样板排料图

2．坯样缝制：坯样的缝制应参照样板要求和设计意愿，特别是在缝制过程中缝份大小应严格按照样板操作。同时，还应参照中华人民共和国国家标准（GB/T 2665—2009）女裙的质量标准，标准中关于服装缝制的技术规定有以下几项：

（1）缝制质量要求：

①针距密度规定见表4-5：

表4-5　针距密度规定

项目		针距密度	备注
明暗线		11～13针/3cm	—
包缝线		不少于9针/3cm	—
手工针		不少于7针/3cm	—
手拱止口/机拱止口		不少于5针/3cm	—
三角针		不少于5针/3cm	以单面计算
锁眼	细线	12～14针/1cm	—
	粗线	不少于9针/1cm	—
钉扣	细线	每孔不少于8根线	缠脚线高度与止口厚度相适宜
	粗线	每孔不少于4根线	

注　细线指20tex及以下缝纫线；粗线指20tex以上缝纫线。

②各部位缝制线路顺直、整齐、牢固。

③缝份宽度不小于0.8cm（开袋、门襟止口处缝份等除外），起落针处应有回针。

④底、面线松紧适宜，无跳线、断线、脱线、连根线头，底线不得外露。

⑤腰门平服，腰面松紧适应。

⑥底边圆顺，前后基本一致。

（2）缝制工艺流程：

检查裁片→合绱前后育克分割缝→拼合前后侧缝→绱侧面拉链→做腰、绱腰→做底边→整理、整烫。

按以上的工序和要求完成坯样缝制。

步骤二：坯样确认与样板修正

对比分析坯样与设计稿，主要从以下几方面进行核对。

1. 规格核对：测量样衣坯样规格，看规格的差别是否在工艺要求中的公差范围之内。如超出公差范围则需要分析是何种原因造成的。

（1）工艺方面：缝合时有否按照样板所放的缝份缝合，是否有缝份缝制过大或过小的原因。如果是工艺制作的原因，则要注意下次缝合一定要按样板所放的缝份缝合。褶裥的位置是否平服，准确。

（2）面料方面：面料的缩率测试是否有误，或是制作的面料有了调整致使样板制板规格设定产生误差。如是以上原因则针对实际对制板规格进行调整，然后对样板做出相应的纠正。

（3）样板方面：再次核对样板的规格是否符合先前所设定的制板规格，如有出入，则对样板进行调整。

2. 款型核对：检查白坯样衣与实际样衣的款式是否相符，如有不符则进行修改。

3. 合体程度的核对：将样衣穿在模特上，观察哪些地方有欠缺或不够合体，然后分析原因查找纠错方法，在样板上进行修正。

4. 工艺制作手法的核对：观察样衣上所采用的工艺手法是否与实物样衣的要求相符合，不相符合的在下一次制作时进行纠正。

经对坯样进行分析、对比，进行样板的修正：

（1）针对弊病作样板修正：针对以上的分析与讨论结构，对于样板上的错误或不好的地方进行样板修正，一般在基准样板上进行调整、改正，然后重新拷贝样板。对于改动较多、较大的样板，需要重新做试样修正。

（2）确认基准样：经过几次的试样、改样，一直到样衣、样板符合要求后，将基准样确定下来，然后封样。

任务四　系列样板

步骤一：档差与系列规格设计

根据国家号型标准【知识点4-3】中标准体号型的系列档差设计系列，规格见表4-6。

步骤二：推板（图4-6）

以前、后中线和臀围线为推板坐标基准线，各部位推档量和档差分配说明见表4-7。

表4-6　系列规格及档差　　　　　　　　　　　　　　　　　　　单位：cm

部位 规格	裙长	腰围	臀围
S	62	64	94
M	65	68	98
L	68	72	102
档差	3	4	4

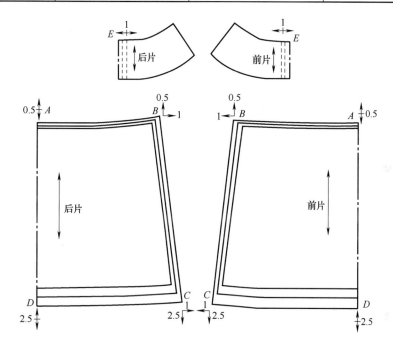

图4-6　裙片推板图

表4-7　推档量和档差分配说明　　　　　　　　　　　　　　　　单位：cm

代号	推档量		放缩说明
A、E	↕	0.5	裙长档差（下摆加长2.5cm，腰口向上0.5cm）
	↔	0	位于纵向基准线上，不推放
B、F	↕	0.5	与A点纵向推档量相同
	↔	1	腰围档差/4
C、G	↕	2.5	裙长档差-A点纵向推档量
	↔	1	臀围档差/4
D、H	↕	2.5	与C点纵向推档量相同
	↔	0	位于纵向基准线上，不推放
I、J	↕	0	宽度不变
	↔	1	腰围档差/4

【知识点4-1】认识麻及其麻混纺类面料

一、麻类面料

1. 麻的渊源与历史：亚麻纤维是人类最早发现并使用的天然纤维，古埃及是亚麻发展的起点。一两万年前，古埃及人就开始在尼罗河谷地种植亚麻。从现代考古的发现可以推断，亚麻织布最迟出现在公元前5000～前4000年，而且那时已经出现了织布机。对埃及法老墓的研究表明：那时亚麻布的织制水平已经很高了，那时法老们已经开始使用亚麻布。

由于当时亚麻染色较难，埃及服装以白色调为多见。新石器时代，埃及人就将亚麻引进了地中海沿岸国家，中世纪以来，亚麻又从瑞士传到法国、英国、比利时等国家。

作为经济作物种植的主要麻类作物有苎麻、亚麻、红麻、黄麻、剑麻、大麻。其中苎麻、亚麻、大麻为纺织工业的精纺纤维，红麻、黄麻、剑麻、大麻为粗纺纤维。前者主要用于纺织中高档衣服料，后者用于馕和水土等行业的原料。苎麻主要分布在长江流域，亚麻主要分布在东北三省和新疆、云南、湖南等地，黄麻、红麻主要分布在黄河、淮河流域、长江中下游和华南地区，剑麻分布在华南一带，我国主要麻类作物面积约达50万公顷。

2. 麻类织物的特点：麻织物具有吸湿、散湿速度快，苎麻、亚麻的织物穿着感觉凉爽、舒适，麻织物表面具有特殊的光泽，不宜吸附尘埃，易洗易烫，因麻纤维的整齐度较差，集束纤维多，成纱条干均匀度较差，故织物表面有粗节纱和大肚纱，而这种疵点恰构成了麻织物的独特风格，有些麻织物还有意用粗节花色纱线织造，来表现麻织物的风格。

二、麻型织物

1. 麻型织物的特点。麻型织物是指麻纤维纯纺织物及其混纺或交织物。它具有以下特点：

（1）麻纤维属纤维素纤维，其织物拥有与棉相似的性能。

（2）麻织物具有强度高、吸湿性好、导热强的特性，尤其强度居天然纤维之首。

（3）麻布染色性能好，色泽鲜艳，不易褪色。

（4）对碱、酸都不太敏感，在烧碱中可发生丝光作用，使强度、光泽增强；在稀酸中短时间作用（1～2min）后，基本上不发生变化。当然，强酸仍对其构成伤害。

（5）抗霉菌性好，不易受潮发霉。

2. 麻型织物的品种：麻型织物的品种比棉布和呢绒少得多，但因有其独特的粗犷风格和凉爽透湿性能，加之近年来的回归自然潮，使其品种日趋丰富起来。

（1）纯麻织物：

①苎麻织物：苎麻织物是由苎麻纤维纺织而成的面料，分手工与机织两类。手工苎麻布俗称夏布，因其质量好坏不均一，故多用作蚊帐、麻衬、衬布用料；而机织苎麻布品质与外观均优于手工制夏布，布面紧密平整，匀净光洁，经漂白或染色后可制各种服装。苎麻服装穿着挺爽、透气出汗，实属理想的夏季面料。

②亚麻织物：亚麻织物是由亚麻纤维加工而成，分原色和漂白两种。原色亚麻布不经漂白、染色，具有亚麻纤维的天然色泽。漂白亚麻布经过漂炼、丝光，比原色布柔软光滑、洁白有弹性。亚麻布因布面细洁平整、手感柔软有弹性，穿着凉爽舒适、出汗不贴身等优点而成为各式夏令服装之面料，如外衣、衬衣、窗帘、沙发布等。

③其他麻织物：除苎麻布、亚麻布外，还有许多其他麻纤维织物，如黄麻布、剑麻布、蕉麻布等，这些麻织物在服装上很少使用，多用于包装袋、渔船绳索等。另外，近年来非常热门的罗布麻服装作为一种保健服饰，也日益为人们所认识和接受。

（2）麻混纺、交织织物：苎麻、亚麻纤维均可与其他纤维混纺或交织，大多为低比例麻纤维与化纤、天然纤维混纺或交织，目的是集各类纤维之长，补其所短，使面料性能更加优良，同时也可降低成本价格，受到消费者的欢迎。

①麻棉混纺交织织物：麻棉混纺布一般采用55%麻与45%棉或麻、棉各50%比例进行混纺。外观上保持了麻织物独特的粗犷挺括风格，又具有棉织物柔软的特性，改善了麻织物不够细洁、易起毛的缺点。棉麻交织布多为棉作经、麻作纬的交织物，质地坚牢爽滑，手感软于纯麻布。麻棉混纺交织织物多为轻薄型，适合制作夏季服装。

②毛麻混纺织物：采用不同毛麻混纺比例纱织成的各种织物，其中包括毛麻人字呢和各种毛麻花呢。毛麻混纺布具有手感滑爽、挺括、弹性好的特点，适合制作男女青年服装、套装、套裙、马夹等。

③丝麻混纺织物：丝麻砂洗织物是近年来利用砂洗工艺开发出的新产品。它兼有真丝织物和麻织物的优良特性，同时还克服了真丝砂洗织物强度下降的弱点，产生了爽而有弹性的手感。此面料适合制作夏令服装。

④麻与化纤混纺织物：包括麻与一种化纤混纺的织物、麻与两种以上化纤混纺的织物。如涤麻、维麻、粘麻等织物、"三合一"织物。

a．涤麻布：指涤纶与麻纤维混纺纱织成的织物或经、纬纱中有一种采用涤麻混纺纱的织物。包括涤麻花呢、涤麻色织布、麻涤帆布及涤麻细纺、涤麻高尔夫呢等品种。涤麻布兼有涤纶与麻纤维性能，挺括透气，毛型感强。适合制作西服、时装、套裙、夹克等。

b．"三合一"混纺织物：指麻与两种纤维混纺的织物，如涤毛麻、涤麻棉、涤腈麻等。这种织物既具有麻织物的凉爽、舒适、挺括透气的特点，又具有其他两种纤维的优良特性，如涤毛麻既有麻的风格，又有毛涤花呢弹性好、不易起皱、易洗免烫的特点，可满足各种用途需要，非常适合制作男女各式时装、外套、裙料、裤料等。

三、麻织物的裁制

麻类服装在结构上适宜作直线的分割线或轮廓线，因其悬垂性能不佳，应避免运用褶裥或做成张开的衣裙，否则会给人以臃肿的印象。因麻质面料弹性差，不宜用作紧身衣或运动量大的结构设计。麻织物的缩水率较大（与印染棉布差不多），裁剪前需浸水预缩，熨烫温度比较高（180~200℃）。对于表面有粗细条纹的亚麻织物，裁剪时应摆正对齐使其对称美观，亚麻纤维断裂强度高，应使用长粗尖锐的缝针，牢度较大的缝线缝制。亚麻织物的抗皱性、耐磨性均差，在折缝处易磨损，可加明线、双明线作装饰并增加承受磨损的面积。

【知识点4-2】裙子结构设计

一、裙摆大小的设计与正常行走尺度

正常行走包括步行和登高。通常走步的前后足距为65cm左右（前脚尖至后脚跟的距离），上述足距的膝围是82～109cm，两膝的围度是制约裙子造型的条件。大步行走时足距为73cm左右，两膝围度为90～112cm，上台阶时足至地面的距离一般为20cm左右，两膝围度为98～114cm，当上升到两级台阶的高度时，足至地面的距离为40cm左右，两膝围度为126～128cm。这说明在设计裙子的时候，裙摆幅度至少不能小于一般行走和登高的活动尺度，窄摆裙设开衩或活褶就是基于这种功能设计的，开衩或活褶的长度和下肢的运动幅度成正比。当然也可以根据特殊需要设计符合不同活动范围的服装，如礼服、运动装等。因此，不能把正常的活动尺度看成制约纸样设计的教条，应结合其他的人体参数和社会因素综合考虑。

二、腰围加松量和运动度成为腰部尺寸的最小极限

这种尺寸的设定有助于上下部分在腰间成为整体结构的服装设计，因此，当设计连衣裙、套装、外套等在腰部连通的服装时，一般腰部的松量要大于或等于胸部的松量，而不能小于它，否则不仅违反了腰部大于胸部的运动功能，在造型上也是非常不利的。而裤子、半截裙的腰部设计只需考虑腰围和少量的松度，没有必要考虑运动量。

三、臀围加松量和运动度成为臀部尺寸的最小极限

臀部需要平整的造型，在围度中增加臀部的运动度不符合造型美的规律，因此，臀部的运动度往往增加在长度上，而围度仍保持臀围和基本松度的范围值。从上述三围放松量的比较可以发现，胸围和臀围的放松量由造型的原因都小于腰围，换句话说，胸围和臀围放松量的设定强调其造型，腰围则注重功能。

四、裙子腰围尺寸与臀围尺寸的相互关系

当裙子臀围放松量较小、臀围较贴体时，腰围的尺寸应稍微宽松一点，虽然裙子没有横裆，可以忽略人体运动时纵向需求的松量，但实际穿着紧身裙时，较宽松的腰围能减少臀围带来的压力感而使人感到舒适。

而当裙子的臀围较宽松时，裙子的下摆亦较宽大，这样裙子本身的份量就较重，需要较合体的腰围，才能使裙子更好地固定。

对于女性体型而言，最合体的裙型是腰臀合身的窄裙（如西服裙），在这款窄裙上，人体结构形成的腰臀差是以省的形式出现的，这样的省可以转化为纵向分割线的形式出现。也可以合并腰省，形成有横向分割线形式的裙型（图4-7），该横向分割线是腰省合并后形成的，所以该横向分割线也是人体构造形态形成的结构线，此横向分割线的功能可谓一举双得：分割线之上是合并腰省，分割线之下可以做出各种花样设计的褶型，使女裙更具有装饰性。如图4-8所示，在西服裙基础上变化横向分割线的裙片结构，该横向分割

线的位置应该在省尖附近，不可以太靠近腰线，向下不可以超越臀围线。

　　鱼尾裙在结构设计处理上，一种是纵向分割（图4-9），将腰臀部的腰省转化成线的形式，该线向下于鱼尾根部起着收量的作用，再向下至下摆处起着为鱼尾部分陡然增加开口量的作用，它上承人体结构，下为鱼尾裙的造型提供松量。

　　另一种是横向分割鱼尾裙（图4-10），结构上使用的是腰省形式和下摆附近的横向分割线，该横向分割线的目的是对鱼尾分割片进行切展，切展后上线变为向上弯曲的曲线，下线（下摆）远远长于上线，横向分割线为鱼尾造型提供了基础。

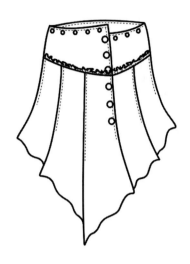

图4-7　腰部横向分割的裙子

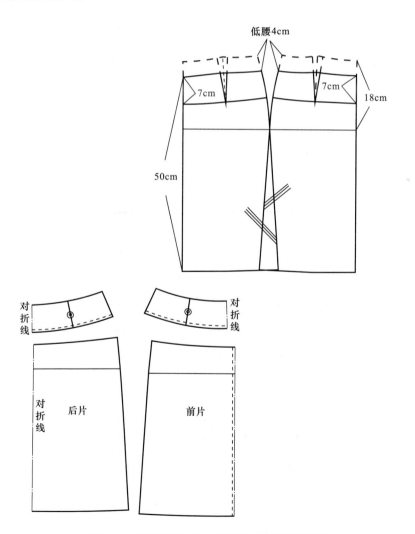

图4-8　在西服裙基础上变化横向分割线的裙型

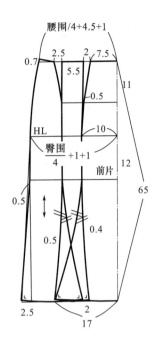

图4-9　纵向分割的鱼尾裙

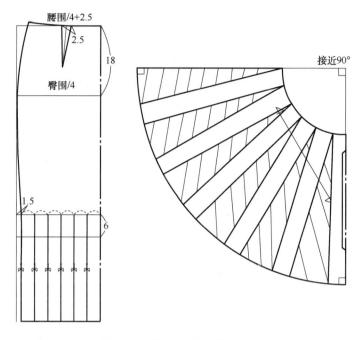

图4-10　横向分割鱼尾裙

　　还有特殊造型的鱼尾裙，下摆为不规则形状（图4-11、图4-12），不对称款式需要打出整个前后片样板，鱼尾的展开呈单边弧形，注意底边的修顺。

服装规格尺寸	（制图比例1：5）		单位：cm
号型	裙长	腰围	臀围
175/84Y	63	68	98

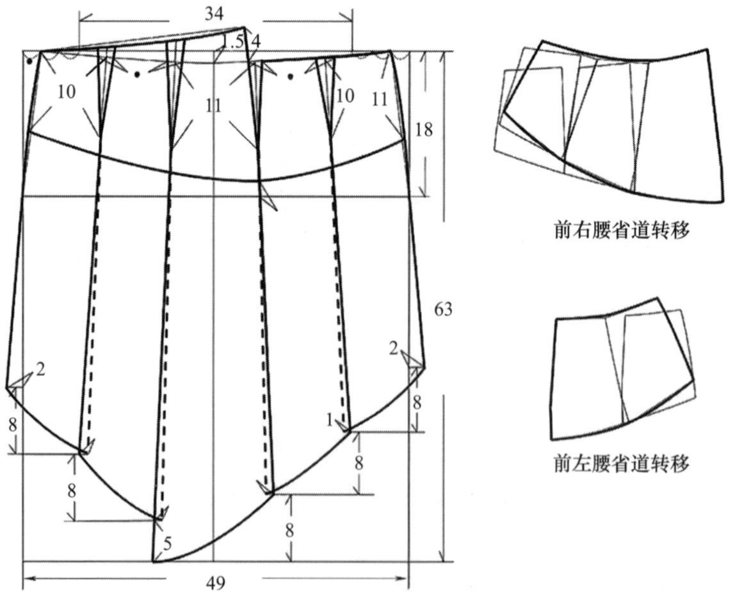

前右腰省道转移

前左腰省道转移

图4-11　不对称分割鱼尾裙结构图

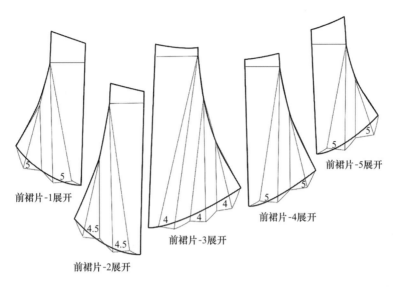

图4-12　不对称分割鱼尾裙裙片展开图

【知识点4-3】女子体型、号型

一、号型系列的发展

我国第一部《服装号型系列》国家标准诞生于1981年，由国家技术监督局正式批准发布实施。为研制我国首部《服装号型系列》标准，国家轻工业部于1974年组织全国服装专业技术人员，在我国21个省市进行了40万人体的体型调查，调研测量了人体的17个部位，测量数据以人体净体的高度、围度数为准。调研所得的数据由中国科学院数学研究所汇总，从17个部位数据中男子选择12个数据，即上体长、手臂长、胸围、颈围、总肩宽、后背宽、前胸宽、总体高、身高、下体长、腰围；女子增加腰节高和后腰节高，为14个部位的数据。这些数据经整理、计算，求出各部位的平均值、标准差及相关数据，制定了符合我国体型的服装号型标准。

第一部《服装号型系列》标准经过10年的宣传和应用，又增加了体型数据，于1991年批准发布，标准代号为：GB 1335.1—1335—1991《服装号型系列》国家标准。1991年发布的《服装号型系列》使用了7年以后又作了修改，废除了其中5.3系列，增加了婴儿号型。这就是目前我们使用的GB/T 1335.1—97服装号型（男子）、GB/T 1335.2—97服装号型（女子）和GB/T 1335.3—97服装号型（儿童）三个服装号型标准。

1991年国家发布的GB／T 1335—91标准进行了中国男女体型分类，较好地反映了中国人体的体型变化规律。分别选用人体最有代表性的两个基本部位即身高和胸围作为制定号型的基础。这里无论是身高还是胸围（或腰围），都仅反映人体的长度和围度的"大小"。本着易于测量、数据精确、便于掌握的原则，并参照其他先进国家标准，确定以胸围与腰围的差值作为体型分类的依据。将我国人体体型共分四种类型，分别以英文字母Y、A、B、C表示。1998年施行的GB／T 1335.2—1997，在这一标准基础上又将我国女子服装号型单独分类出来。提高了号型标准的覆盖率，但该标准对女子体型的划分仍然是以胸围与腰围的差数为依据，将女子体型划分成Y、A、B、C四种体型，体型数据分类同GB／T 1335．2—l991一样。

最新的服装号型国家标准目前已由国家质量监督检验检疫总局、国家标准化管理委员会批准发布。GB／T 1335.1—2008《服装号型男子》和GB／T 1335.2—2008《服装号型女子》于2009年8月1日起实施。GB／T 1335.3—2009《服装号型儿童》于2010年1月1日起实施。

由于我国现有的服装号型国家标准的人体数据是基于1987年人体数据调查的基础上建立的，与现实具体情况有较大的出入。几十年来，我国人口的社会结构、年龄结构在不断变化，消费者的平均身高、体重、体态都与过去有了很大区别，人们的消费行为和穿着观念也在发生转变，原有的服装号型已不能完全满足服装工业生产和广大消费者对服装适体性的要求，必须加以改进和完善。此外，我国加入WTO后，服装市场竞争进一步加剧，修订服装号型国家标准并完善相关应用技术将对我国的服装贸易起到积极地推动和保护作用。因此，服装号型国家标准的修订和相关技术研究工作势在必行。但采集我国人体数据是一项较庞大的工程，我国人体数据采集和建立人体尺寸数据库的项目已于2003年在国家科技部立项。但由于国家目前只测量了儿童的人体数据，成年男子的人体数据还没有采集，因此，标准起草小组本次对服装号型国家标准主要进行了编缉性修改，对标准中的主要技术内容没有进行大的修改。

二、号型的内涵

（一）号型定义

"号"是指人体的身高，以厘米（cm）为单位表示，是设计和选购服装长短的依据。

"型"是指人体的胸围或腰围，以厘米（cm）为单位表示，是设计和选购服装围度的依据。

需要说明：号型是人体净体数值而不是服装的具体规格。服装规格必须以人体净体为基础，根据不同部位加适当的放松度。

（二）体型分类

由于型的围度有胸围和腰围两个数据，往往出现胸围相同的体型其腰围不一定相同，由此产生了人体体型的不同。为使"号"能正确反映人体体型，在1991年发布的《服装号型系列》标准中增加了Y、A、B、C、四种体型标志，划分体型标志的依据是根据人体胸围与腰围的差数计算的。见表4-8、表4-9。

体型的划分方法关系到号型覆盖率的大小和号型标准使用的方便程度，所以，虽然名义上称为体型的划分，但其目的不仅要将人体的生理体型明显区分开来，还要方便样板制作和提高号型覆盖率。

表4-8　男子体型分类代号
单位：cm

体型分类代号	Y	A	B	C
胸围与腰围之差数	22～17	16～12	11～7	6～2

表4-9　女子体型分类代号　　　　　　　　　　　　单位：cm

体型分类代号	Y	A	B	C
胸围与腰围之差数	24～19	19～13	13～9	8～4

（三）号型标志

服装成品上必须要有号型标志，其表示方法为号的数值写在前面，型的数值写在后面，中间用斜线分隔。型的后面再加标示体型分类。举例如下：

正确标志：170/88A、170/84B、160/63Y

错误标志：170-88A、170×88A、A170/88

为考虑到消费者的习惯又方便选购，所以现阶段服装成品上除标有号型标志外，仍可附加规格或S、M、L等代号，但号型标志必须要有。

（四）号型系列

把人体的号和型进行有规则的分档排列，即为号型系列。号的分档为5cm（130cm以下儿童分档为10cm），型的分档为4cm、2cm。

把号的分档和型的分档结合起来，分别有5.4系列和5.2系列两种，其写法为号的分档数写在前面，型的分档数写在后面，中间用圆点分开，不能写成5—4系列或5/4系列。

需要说明：号的分档是指人体身高的分档，不是服装规格中衣长或裤长的分档。以5.4系列为例，表示号的分档为5cm，型的分档为4cm，即：

号（人体高）：160、165、170、175……

型（人体的围）：80、84、88、92……

1. 男子、女子：

（1）5.4系列：用于男、女成人服装。指身高以5cm分档，胸围、腰围以4cm分档。

（2）5.2系列：用于男、女成人服装的下装。指身高以5cm分档，胸围、腰围以2cm分档。

2. 儿童：

（1）7.4与7.3系列：用于身高52～80cm的婴儿。指身高以7cm分档，胸围以4cm分档、腰围以3cm分档。

（2）10.4与10.3系列：用于身高80～130cm的儿童。指身高以10cm分档，胸围以4cm分档、腰围以3cm分档。

（3）5.4与5.3系列：用于身高135～155cm女童及身高135～160cm男童。指身高以5cm分档，胸围以4cm分档、腰围以3cm分档。

3. 中间体及规格设置基础：根据大量实测的人体数据，通过计算求出均值即为中间体（儿童不设中间体）。它反映了我国男女成人各类体型的身高、胸围、腰围等部位的平均水平，有一定代表性。但是中间体并非一成不变，1974年全国调研所得，当时的中间体型为：男子平均身高165cm、胸围88cm、腰围76cm；女子平均身高为155cm、胸围84cm、腰围72cm、10年以后再次调查时发现，男子中间体高增加了5cm，为170cm，女子总体高也有所增长。

4. 控制部位：控制部位数值是"标准"的主要内容之一，它和"号型系列"组成一个整体，是设计服装规格的依据。在长度方面的控制部位有身高、颈椎点高、全臂长、腰节高。在围度方面的控制部位有胸围、腰围、颈围、臂围、总肩宽。

"服装规格"中的衣长、袖长、胸围、领围、总肩宽、裤长、腰围、臀围等，就是用控制部位的数值加上不同放松量而制定的。为了方便使用，一般可用"号型"中号的百分率加减放松量来确定衣长、袖长、裤长规格。用"型"加放松量来确定胸围、腰围规格。而领围、总肩宽、臀围的数值再加上放松量为服装围度规格。

（五）号型应用

号型所标志的数据有时与人体规格相吻合，有时近似，因此具体对号时可以参照就近靠拢的方法，举例如下：

号：165	身高（cm）：	162.5	163	167	167.5
170		167.5	168	172	172.5
175		172.5	173	177	177.5
型：84	胸围（cm）：	82	83	85	86
88		86	87	89	90
92		90	91	93	94

在具体选购服装时不一定要硬套号型，可以根据服装款式、色彩、本人体型及爱好在一定范围内作选择。

了解人体中间体的目的是为了准确设计出适体的服装规格。设计规格必须以中间体为中心，按一定分档数值向上下、左右推档组成规系列。受到我国南北方的不同地域差异、近年来人们饮食习惯的变化、穿着要求的改变等因素影响，服装企业对中间号型的选择往往根据自身产品的销售定位来确定，这就要求服装规格的设计者，要从理解国家号型系列的内涵出发，联系产品消费人群的具体特征来确定中间体，并依据产品特色，设置细分的产品规格系列。

目前企业产品定位较多的使用年龄层来进行划分，所以在确定中间体时，应该考虑到不同年龄层的体型特点来设计合理的围度与长度。

一般成人女体可分为下面几种类型：

（1）18～25岁女青年体型：此年龄段往往是发育成熟的未婚成年女性，大多数趋向苗条纤细的普通标准型，与国家标准号型的Y、A型的规格系列基本相符。由于大多尚未生育，脂肪堆积少，又在当今潮流的影响下追求以瘦为美的标准，属于富有曲线、苗条的体型。

（2）25～40岁已婚妇女体型：已生育的成年女性其三围均增大，即胸、背部增厚，腰围增大，胯臀增宽，开始略有小腹，趋向丰满型，与国家标准号型的A、B型的规格系列基本相符。

（3）40～60岁中年妇女体型：此年龄段成年女性脂肪因子累积率开始高于乳房因子

累积率，乳房开始下垂略缩，背部增厚，腹凸明显，上身明显呈后仰状态，臀腰差不明显、颈围、臂围、腿围也明显变粗，趋向胖体型，与国家标准号型规格系列略有不符。

（4）60岁以上的老年妇女体型：此年龄段成年女性可谓大腹体型，由于腹部脂肪囤积，腹部明显向前凸起，呈圆形隆起状，甚至腹凸大于胸凸，乳房下垂，腰部特征不明显，上身后仰，背部曲度增加，出现略带弯背体型。

附：

1. 日本女子体型的划分：日本号型标准中女子体型划分为Y、A、AB、B四种，身高分为142cm、150 cm、158 cm、166cm四档。划分方法将出现频率最高的体型定为A体型。将身高中心定为158cm，身高158cm时胸围出现频率最高的是83cm，相对于胸围83cm，将不同的身高出现频率最高的臀围数值作为各个A体型臀围的中心。则A体型各个身高的中间体定出来了。然后将不同身高的胸围以3cm或4cm为档差、臀围以2cm为档差向两侧分档，则四种身高的A体型全部定出。在身高和胸围相同的条件下，臀围比A体型小4cm的为Y体型，比A体型大4cm的为AB体型，比A体型大8cm的为B体型。日本女子体型的划分依据不是胸臀差，因为各种体型的胸臀差数值有交叉。

2. 美国女子体型的划分：美国ASTM标准在划分女子体型的时候，考虑了年龄、身高、体重和围度。每种体型再划分不同的身高、围度和长度，这种划分方法比较细，每种体型的相邻尺寸相差较小，在一种体型内，相邻的身高尺寸有的相差不到1cm。美国ASTM标准在划分女子体型的时候没有考虑胸腰差或胸臀差。

3. ISO号型标准中女子体型的划分：ISO号型标准中女子体型是通过臀围和胸围的差确定的。身高分为160cm、168 cm、176cm三档。从美、日、德等国或国际标准的体型分类方法可以看出，日本和德国的体型分类方法比较接近，其主要的体型分类依据不是胸臀的差值，因为不同的体型胸臀差有重叠的部分，它的分类方法是在胸围不变的条件下，和标准臀围相比，比其大一定数值的臀围划分为一类，比其小一定数值的臀围划分为一类。ISO服装标准尺寸系统明确说明划分体型的依据是胸臀差，因为不同的体型其胸臀差没有重叠部分。

中国、美国、德国、日本、ISO有这四类划分方法：

（1）以胸腰差为划分依据（中国）。

（2）以胸臀差为划分依据（ISO）。

（3）定出标准臀围后，和标准臀围相差一定数值的为其他体型（日本、德国）。

（4）以身高、体重、胸围、年龄来划分（美国）。各个国家不同的分类方法是以不同人种的体型特征为依据，选取最能表达体型特征的参数来从而反映最广泛的人体体型数据。

项目五　女裤订单打样

裤子是指腰部以下穿着的主要服装品种，随着社会的发展，裤子以其实用特征，在现代服饰中扮演了十分重要的角色，而如今裤子的种类也可谓丰富多彩，裤型、面料、色彩等都有了更多的选择。

裤子一般可根据长度、腰头高低、轮廓外观等分成长裤、短裤、无腰、高腰、直筒、喇叭等多种类型【知识点5-1】。面料一般以涤、棉、毛以及各种混纺面料为主。

典型款一 直筒女裤订单打样

任务一 订单分析

订单分析主要涉及具体服装的款型、风格、结构及面辅料、工艺特点等，以便合理制订制板规格，正确作出服装样板。具体分析方法同童装模块中婴儿连体衣订单分析，在此不再赘述。表5-1为直筒裤订单。

表5-1 直筒女裤订单

裤子订单					
款式编号：www——090010			名称：直筒女裤		
下单日期：	完成日期：		规格表（单位：cm）		
款式图：		尺码 部位	S	M	L	XL

部位	S	M	L	XL
裤长	97	100	103	106
腰围	66	70	74	78
臀围	90	94	98	102
脚口	41	42	43	44
上档	23	24	25	26
腰宽	3	3	3	3

款式说明：此款为直筒裤，前袋为弧形斜口斜插袋，后片育克分割，分割处夹装饰袋盖，弧形腰头

面辅料：
40cm袋布
15mm纽扣3个
20cm拉链1根
配色涤纶线

粘衬部位：
腰头、门襟、前插袋袋口、后袋盖

工艺要求：
1. 针距：平针车为15针/3cm
2. 各部位缝制线路顺直、整齐、牢固
3. 上下线松紧适宜，无跳线、断线、脱线、连根线头。底线不得外露
4. 侧缝袋口下端打结处以上5cm至以下10cm处、下裆缝上1/2处、后裆缝、小裆缝缉两道线。或用链式缝迹缝制

裁剪要求： 1. 注意裁片色差、色条、破损 2. 经向顺直，不允许有偏差 3. 裁片准确，二层相符	5. 袋布的垫料要折光边或包缝；袋口两端应打结，可采用套结机或平缝机回针 6. 锁眼定位准确，大小适宜，扣与眼对位，整齐牢固
印花、绣花：无	后整理要求：普洗
设计：　　　　　　制板：	样衣：　　　　　　日期：

步骤一：款式分析

这是一款简洁的直筒女裤，整体廓型呈H型，而且比较合体。中腰设计，前面无省、无褶，弧线型斜插袋并缉双明线。后片有育克，可以将臀腰差量融入其中，并在育克分割线中嵌入装饰性袋盖，使得整体的设计简洁但又不失细节。此款可采用中厚型的全棉或者含莱卡的弹性面料制作，适合初春或深秋穿着。

步骤二：面料测试

面料取样和缩率测试方法同裙子面料测试，在此不再赘述。

步骤三：制板规格设计

1. 成品规格：见订单中的M号规格。

2. 成品主要部位规格允许偏差：中华人民共和国国家标准（GB/T 2666—2001）男、女西裤标准中规定的主要部位规格偏差值见表5-2。

表5-2　主要部位规格偏差值　　　　　　　　　　　　　　单位：cm

部位名称	允许偏差
裤长	± 1.5
腰围	± 1.0

3. 制板规格设计：同裙子一样，为保证成品后服装规格在国家标注规定的偏差范围内，在设计制板规格时，应考虑面料的缩率及工艺制作中的损耗等影响成品规格的相关因素。假设以上面料测试中所测得的热缩率：经向为1.5%，纬向为1%，计算M号的相关部位制板规格如下，见表5-3。

（1）裤长：$100 \times (1+1.5\%) = 101.5$cm。

（2）腰围：$70 \times (1+1\%) + 工艺损耗 = 71$cm。

（3）臀围：$94 \times (1+1\%) + 工艺损耗 = 95$cm。

（4）上裆：$24 \times (1+1.5\%) + 工艺损耗 = 24.5$cm。

（5）脚口宽：$42 \times (1+1\%) = 42.5$cm。

表5-3　制板规格　　　　　　　　　　　　　　单位：cm

规格＼部位	裤长	腰围	臀围	上裆	脚口围	腰头宽
M	101.5	71	95	24.5	42.5	3

任务二　初板设计

步骤一：面料样板制作

1. 直筒女裤结构设计：如图5-1所示，结构设计要点如下：

（1）根据制板规格绘出裤子基本型框架，确定上裆长、臀围线以及前后裆的尺寸，在取裤长时注意要先除去腰头宽。

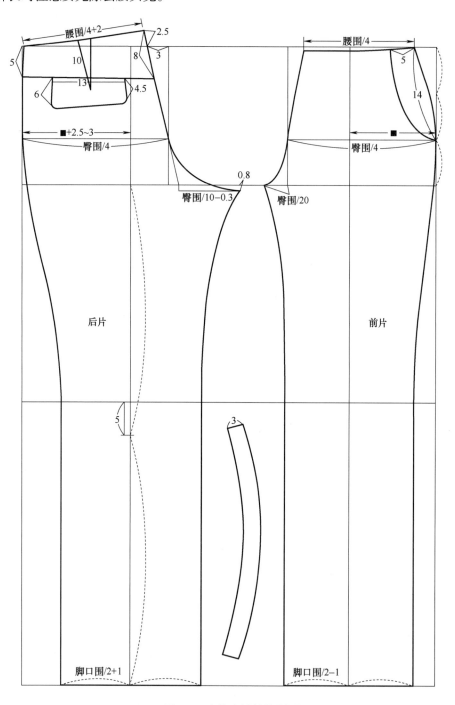

图5-1　直筒女裤结构制图

（2）根据设计稿的款式结构确定前、后臀腰差量的处理，前片差量在前中和侧缝去掉，后片差量则转移至育克分割线中。

（3）后脚口注意差量，画顺各线条，校对并修正使内外侧缝线的长短一致及前、后裆缝的弧线吻合。

2. 变化款女裤结构设计：这款女裤整体廓型上大下小，臀围的放松量比较大，脚口较小。宽腰设计，前面有两个褶裥，袋口比较大。后片有育克可以将臀腰差的省量融入其中，贴袋设计，如图5-2所示，结构设计要点如下（图5-3）：

（1）此款式在作图取裤长时注意腰宽也要算在里面，腰带直接在结构图上截取，关闭省道，画顺线条。

（2）根据款式结构确定前后臀腰差量的处理，前片差量在一个褶裥中去掉，另外加放3cm作为后一个褶裥量。后片差量转移至育克分割线中。

（3）裤子口袋比较大，要另外加放7.5cm的量。

3. 放缝：如图5-4所示，放缝要点如下：

（1）常规情况下，内外侧缝、腰头的缝份为1～1.2cm；裆缝等弧线部位缝份为0.6～1.0cm；后中裆缝的缝份为1.5～2.5cm。

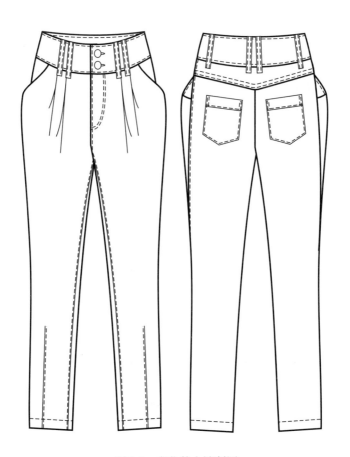

图5-2 变化款女裤制图

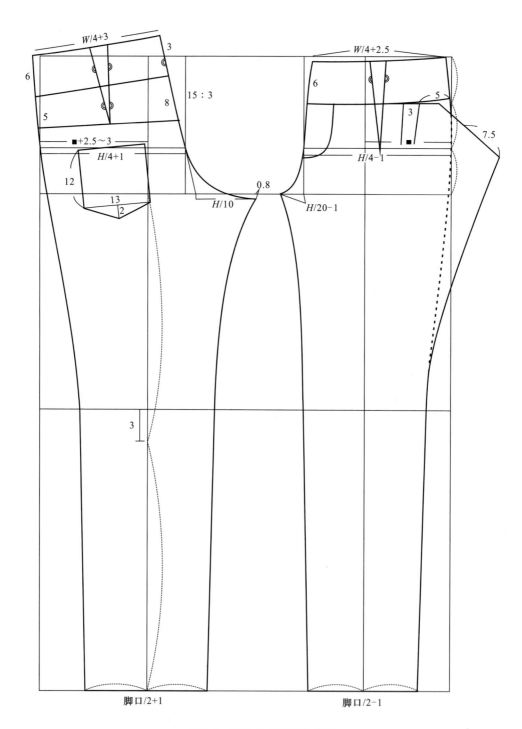

图5-3 变化款女裤结构制图

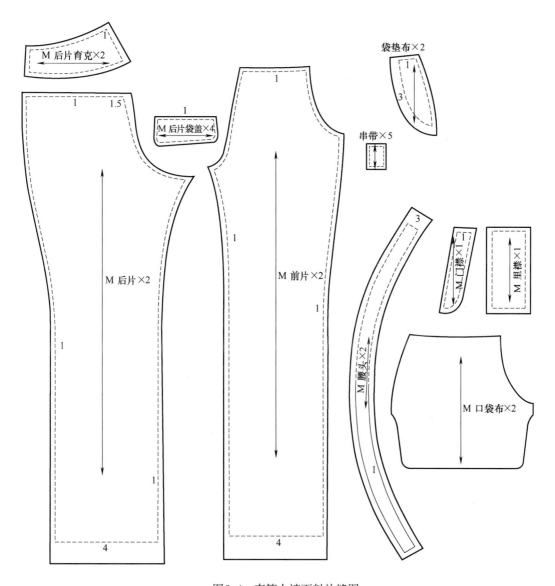

图5-4　直筒女裤面料放缝图

（2）脚口贴边宽为3～4cm。

（3）放缝时弧线部分的端角要保持与净缝线垂直。

4．样板标注：样板的标注方法同童装样板，在此不再赘述。注意一定要做好定位、对位等相关剪口。

步骤二：衬料样板制作（图5-5）

（1）衬料样板在面样毛样的基础上制作。

（2）常规情况下，裤子的腰头、门襟、前插袋袋口、后口袋盖等部位需要粘衬。

（3）衬料样板的<u>丝缕</u>一般同面料丝缕，在某些部位起加固作用的则采用直丝。

任务三 初板确认

步骤一：坯样试制

1. 排料、裁剪坯样：排料裁剪的要求同童装裁剪。中华人民共和国国家标准（GB/T 2666—2001）男女西裤标准中对于对条、对格的规定见表5-4。图5-6为直筒女裤排料图。

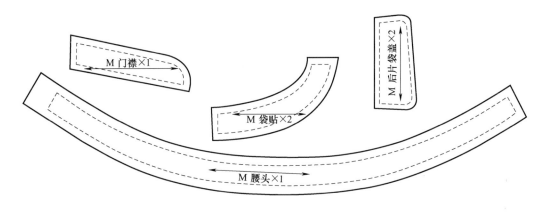

图5-5 衬料样板图

表5-4 对条对格规定

部位	对条对格规定
侧缝	侧缝袋口下10cm处格料对横，互差不大于0.3cm
前后裆缝	条格对称，格料对横，互差不大于0.3cm
袋盖与大身	条料对条，格料对横，互差不大于0.3cm

注 特别设计不受此限。

2. 坯样缝制：坯样的缝制应参照样板要求和设计意愿，特别是在缝制过程中缝份大小应严格按照样板操作。同时，还应参照中华人民共和国国家标准（GB/T 2666—2001）男女西裤的质量标准，标准中关于服装缝制的技术规定有以下几项：

（1）缝制质量要求：

①针距密度规定同项目四，见表4-5。

②各部位缝制线路顺直、整齐、牢固。

③底、面线松紧适宜，无跳线、断线、脱线、连根线头。底线不得外露。

④侧缝袋口下端封结位以上5cm至以下10cm处、下裆缝上1/2处、后裆缝、小裆缝缉两道线，或用链式缝迹缝制。

⑤袋布的垫料要折光边或包缝；袋口两端应封结，可采用套结机或平缝机回针。

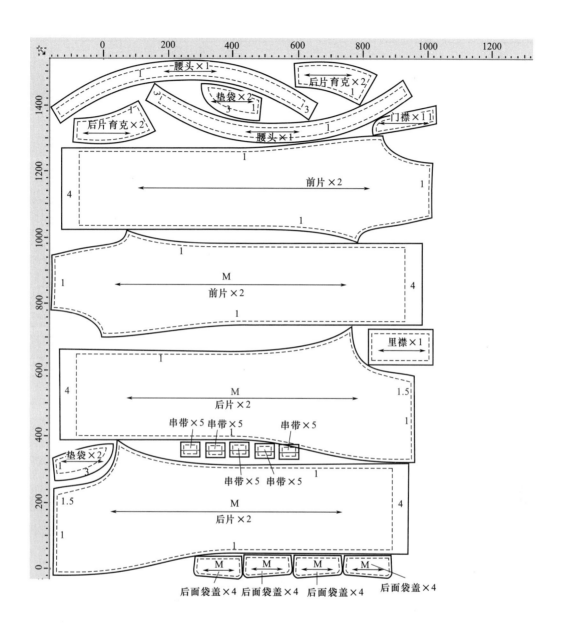

图5-6　直筒女裤排料图

⑥锁眼定位准确，大小适宜，扣与眼对位，整齐牢固。

（2）外观质量规定：见表5-5。

表5-5　外观质量规定

部位名称	外观质量规定
腰头	面、里、衬平服，松紧适宜
门、里襟	面、里、衬平服，松紧适宜，长短互差不大于0.3cm，门襟不短于里襟

续表

部位名称	外观质量规定
前、后裆	圆顺、平服
串带	长短、宽窄一致；位置准确、对称，前后互差不大于0.6cm，高低互差不大于0.3cm
裤袋	袋位高低、前后大小互差不大于0.5cm，袋口顺直平服
裤腿	两裤腿长短、肥瘦互差不大于0.3cm
裤脚口	两脚口大小互差不大于0.3cm

（3）缝制工艺流程：

检查裁片→缝制后片袋盖、拼接后育克→缝合后裆缝→缝制前斜插袋→绱拉链→分别缝合外侧缝和内侧缝→做串带、绱腰→缝制裤脚口→锁钉、整烫。

按以上的工序和要求完成坯样缝制。

步骤二：坯样确认与样板修正

坯样确认和样板修正方法与步骤同童装，在此不再赘述。

任务四 系列样板制作

步骤一：档差与系列规格设计

订单中的档差和系列规格见表5-6。

表5-6 系列规格及档差 单位：cm

部位 规格	裤长	上裆	腰围	臀围	腰头宽	脚口围
S	97	23.2	66	90	3	41
M	100	24	70	94	3	42
L	103	24.8	74	98	3	43
档差	3	0.8	4	4	0	1

步骤二：推板

1. 前片推板（图5-7）：以裤烫迹线为纵向坐标基准线，横裆线为横向坐标基准线。各部位推档量和档差分配说明见表5-7。

2. 后片推板：以烫迹线为纵向坐标基准线，臀围线为横向基准线。各部位推档量和档差分配说明见表5-8。

3. 后片育克推板：以烫迹线为纵向基准线，育克与裤片的分割线为横向基准线。各部位推档量和档差分配说明见表5-9。

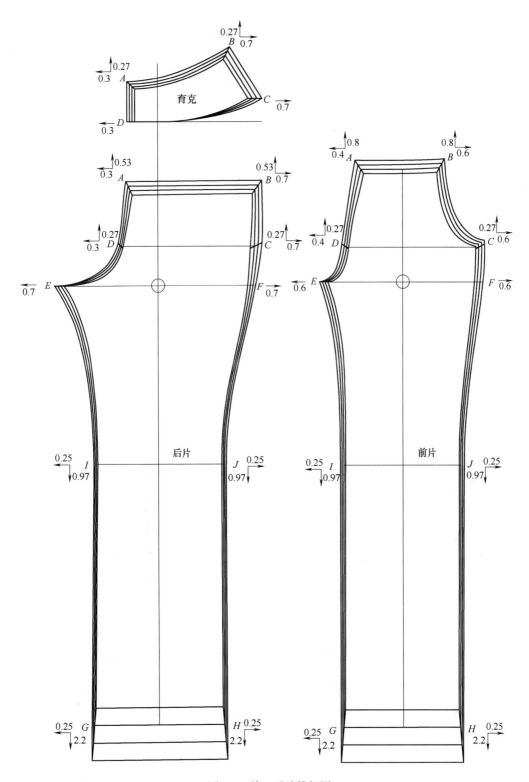

图5-7　前、后片推板图

表5-7　推档量与档差分配说明（前片）　　　　　　　　　　　　单位：cm

代号	推档方向	推档量	放缩说明
A	↕	0.8	上档档差
A	↔	0.4	（腰围档差/4）－B点横向变化量
B	↕	0.8	同A点纵向推档量
B	↔	0.6	同C点横向推档量
C	↕	0.27	上裆档差/3
C	↔	0.6	同E点横向推档量
D	↕	0.27	上裆档差/3
D	↔	0.4	（臀围档差/4）－C点横向推档量
E	↕	0	位于横坐标基准线上，纵向不推放
E	↔	0.6	［臀围档差/4+小档的推档量（臀围档差/20）］/2
F	↕	0	同E点纵向推档量
F	↔	0.6	同E点横向推档量
G、H	↕	2.2	裤长档差－A点纵向推档量
G、H	↔	0.25	裤口围档差/4
I、J	↕	0.97	（H点纵向推档量－C点纵向推档量）/2
I、J	↔	0.25	同G点横向推档

表5-8　推档量与档差分配说明（后片）　　　　　　　　　　　　单位：cm

代号	推档方向	推档量	放缩说明
A	↕	0.53	上裆档差×2/3
A	↔	0.3	（腰围档差/4）－B点横向推档量
B	↕	0.53	同A点纵向推档量
B	↔	0.7	同C点横向推档量
C	↕	0.27	上裆档差/3
C	↔	0.7	同E点横向推档量
D	↕	0.27	上裆档差/3
D	↔	0.3	（臀围档差/4）－C点横向推档量
E	↕	0	位于横坐标基准线上，纵向不推放
E	↔	0.7	［臀围档差/4+大裆的推档量（臀围档差/10）］/2

续表

代号	推档方向	推档量	放缩说明
F	↕	0	同E点纵向推档量
	↔	0.7	同E点横向推档量
G、H	↕	2.2	裤长档差-A点纵向推档量-育克A点纵向推档量
	↔	0.25	裤口围档差/4
I、J	↕	0.97	（H点纵向推档量-C点纵向推档量）/2
	↔	0.25	同G点横向推档量

表5-9　推档量与档差分配说明（原片育克）　　　　　　　　单位：cm

代号	推档方向	推档量	放缩说明
A	↕	0.27	上裆档差/3
	↔	0.3	同后裤片A点横向推档量
B	↕	0.27	同A点纵向推档量
	↔	0.7	同后裤片B点横向推档量
C	↕	0	位于横向坐标基准线上，纵向不推放
	↔	0.7	同B点横向推档量
D	↕	0	位于横向坐标基准线上，纵向不推放
	↔	0.3	同A点横向推档量

4．零部件推板：腰头、门襟和里襟宽度不变，只做长度的变化，口袋布不推放；腰两侧各放2cm，门襟与里襟长度变化为上裆档差-臀围线的纵向推档量，即0.8-0.27=0.53cm。推板图见图5-8。

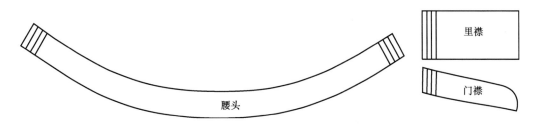

图5-8　零部件放码值及推板图

步骤三：工艺样板制作

配置要点：工艺小样板的选择和制作要根据工艺生产的需要及流水线的编排情况决定。

（1）袋盖净样：袋盖净样除袋口边为毛缝外，其余三边是净缝。

（2）腰样板：四周净样。

【知识点5-1】裤子造型变化

裤子的造型变化是丰富的，也有各种分类方法，见表5-10。

表5-10　裤子造型变化

裤管变化		腰口变化	臀围变化
长度分类	廓型分类	高腰	贴体（放松量在0~6cm）
热裤、短裤、五分裤、七分裤、九分裤、长裤等	直筒裤、锥形裤、喇叭裤、灯笼裤等	中腰 低腰 无腰	较贴体（放松量在7~12cm） 较宽松（放松量在13~18cm） 宽松（放松量在18cm以上）

典型款二　合体牛仔喇叭裤订单样板设计与制作

任务一　款式分析

订单分析同上，此略。

步骤一：款式分析

这是一款简洁的牛仔喇叭裤，整体廓型呈X型，而且比较合体。中腰设计，前面无省、无褶，一字线挖袋（把前片的臀腰差量转移到开线中），缉异色或同色线作为牛仔裤装饰。后片有育克，可以将臀腰差量融入其中，后片贴袋，整体设计简洁但又不失细节。此款采用全棉牛仔面料或含少量莱卡弹性牛仔面料【知识点5-2】制作，适合任何季节穿着（图5-9）。

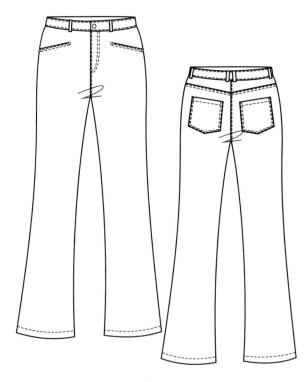

图5-9　合体牛仔喇叭裤平面款式图

步骤二：面料测试（测试方法同前，此处略）

步骤三：规格设计

1. 成品规格：订单中的成品规格见表5-11。

表5-11 成品规格表

单位：cm

规格＼部位	裤长	腰围	臀围	上裆	脚口围	腰头宽
M	102	68	90	23	50	3

2. 成品主要部位规格允许偏差：中华人民共和国纺织行业标准（FZ/T 81006—2007）牛仔服装标准中规定的主要部位规格偏差值见表5-12。

表5-12 部位规格偏差值

部位名称	水洗产品	原色产品
裤长	±2cm	±1.5cm
腰围	±2cm	±1cm

注 纬向弹性的产品不考核纬向规格偏差。

3. 制板规格设计：因牛仔裤成品后需要做后整理处理[知识点5-2]，故先对面料进行后整理缩率测试。假设以上面料测试中所测得的后整理缩率：经向为1.5%，纬向为1%，M号的相关部位制板规格如下（表5-13）：

（1）裤长：$102 \times (1+1.5\%) \approx 103.5$cm。

（2）腰围：$68 \times (1+1\%) +$工艺损耗≈ 69cm。

（3）臀围：$90 \times (1+1\%) +$工艺损耗≈ 91cm。

（4）上裆：$23 \times (1+1.5\%) +$工艺损耗≈ 23.5cm。

（5）脚口：$50 \times (1+1\%) = 50.5$cm。

表5-13 制板规格表

单位：cm

规格＼部位	裤长	腰围	臀围	上裆	脚口围	腰头宽
M	103.5	69	91	23.5	50.5	3

任务二 初板设计

步骤一：面料样板制作

1. 结构设计（图5-10）

（1）根据制板成品规格先绘出裤子基本型框架，确定上裆长、臀围线以及前后裆的尺寸，在取裤长时注意要先减去腰头宽。

（2）根据款式结构确定前后臀腰差量的处理，前片差量转移至口袋开线中，自然形

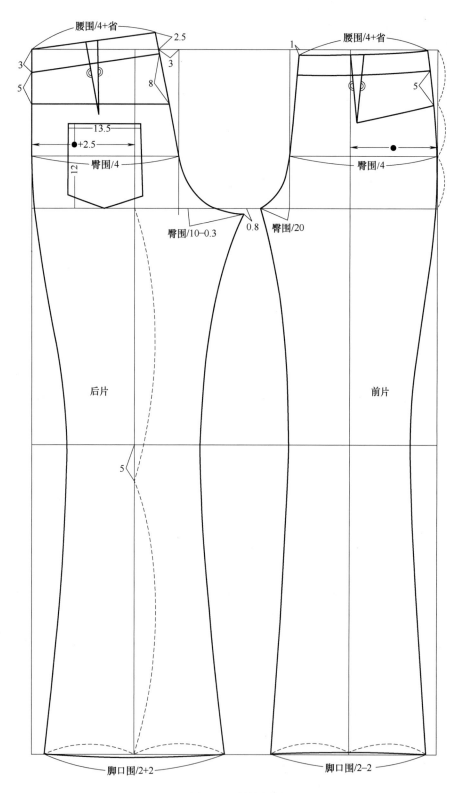

图5-10　结构制图

成口袋的开口。后片差量转移至育克分割线中。

　　（3）后脚口注意差量，画顺各线条，并校对内外侧缝线长短一致，校正前后裆缝弧线吻合。

　　2. 面料样板放缝与样板标注（图5-11）：放缝与样板标注要点同直筒女裤，在此不再赘述。

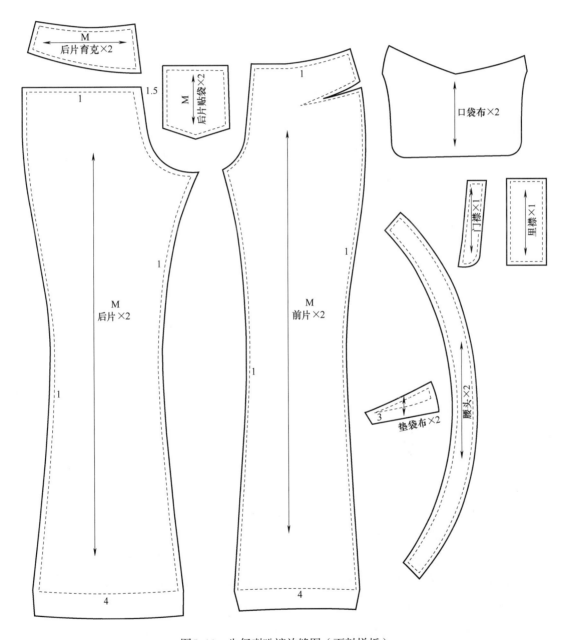

图5-11　牛仔喇叭裤放缝图（面料样板）

步骤二：工艺样板制作

配置要点：工艺小样板的选择和制作要根据工艺生产的要求及流水线的编排情况决定。

（1）省位样板：前片的第一个工序就是收省，因此四周均是毛缝（省尖用锥孔的方式定位）。

（2）贴袋净样：四边净缝。

（3）腰头净样板：四周净样。

任务三　初板确认

步骤一：坯样试制

1. 排料、裁剪坯样：排料、裁剪的相关要点同直筒女裤，在此不再赘述。图5-12为面料样板排料图。

2. 坯样缝制：坯样的缝制应参照样板要求和设计意愿，特别是在缝制过程中缝份大小应严格按照样板操作。同时，还应参照中华人民共和国纺织行业标准（FZ/T 81006—2007）牛仔服装的质量标准，标准中关于服装缝制的技术规定有以下几项。

（1）缝制质量要求：

①针距密度规定：见表5-14。

表5-14　针距密度表

项目		针距密度	备注
明暗线		3cm不少于8针	特殊设计除外
包缝线		不少于8针/3cm	—
锁眼	细线	不少于8针/1cm	—
	粗线	不少于6针/1cm	—
钉扣	细线	每孔不少于8根线	金属扣除外
	粗线	每孔不少于6根线	

②各部位缝制线路顺直、整齐、平服、牢固。

③缉缝口袋、串带缝份宽度不小于0.6cm，其余部位缝份不小于0.8cm。

④所有外露的缝份都要折光边或包缝（特殊设计除外）。

⑤明线20cm内不允许接线，20cm以上允许接线一次，无跳针、断线。

⑥锁眼定位准确，大小适宜，扣与眼对位，钉扣牢固，扣合力要足够，套结位置准确。

⑦装饰物（绣花、镶嵌等）应牢固、平服。

（2）缝制工艺流程：检查裁片→缝制后贴袋、拼接后育克→缝合后裆缝→缝制前挖袋→缉拉链→分别缝合外侧缝和内侧缝→做串带、缉腰→缝制裤脚口→锁钉、整烫。

按以上的工序和要求完成坯样缝制。

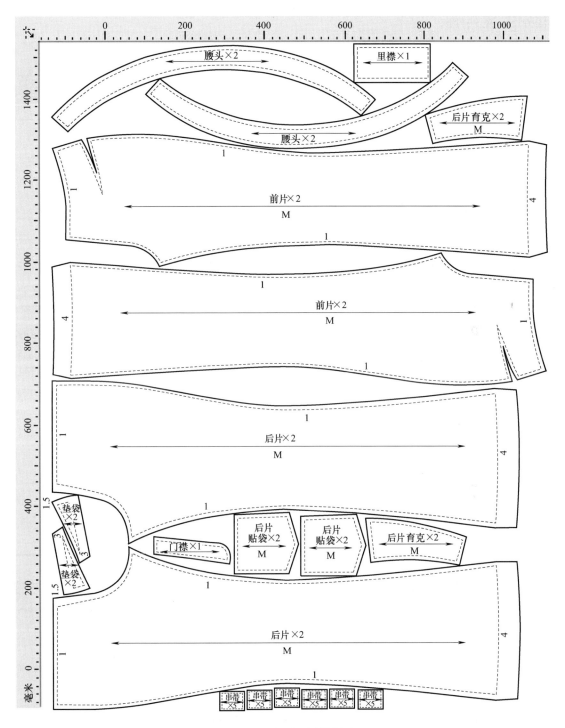

图5-12 牛仔喇叭裤排料图

步骤二：坯样确认与样板修正

坯样确认和样板修正的方法同直筒女裤。牛仔裤应特别注意明缉线的针距、线迹及成品规格。

任务四　系列样板

步骤一：档差与系列规格设计

订单中的档差和系列规格见表5-15。

表5-15　系列规格及档差　　　　　　　　　　　　单位：cm

规格 ╲ 部位	裤长	上档	腰围	臀围	腰头宽	脚口围
S	99	22.2	64	86	3	49
M	102	23	68	90	3	50
L	105	23.8	72	94	3	51
档差	3	0.8	4	4	0	1

步骤二：推板（图5-13）

1. 前片推板：以裤烫迹线为纵向基准线，横裆线为横向基准线。各部位推档量和档差分配说明见表5-16。

表5-16　推档量与档差分配说明（前片）　　　　　　单位：cm

代号	推档方向	推档量	放缩说明
A	↕	0.8	上档档差
	↔	0.4	（腰围档差/4）–B点横向推档量
B	↕	0.8	同A点纵向推档值
	↔	0.6	同C点横向推档值
C	↕	0.27	上档档差/3
	↔	0.6	同E点横向推档量
D	↕	0.27	上档档差/3
	↔	0.4	（臀围档差/4）–C点横向推档量
E	↕	0	位于横坐标基准线上，纵向不推放
	↔	0.6	［臀围档差/4+小裆的推档量（臀围档差/20）］/2
F	↕	0	同E点纵向推档量
	↔	0.6	同E点横向推档量
G、H	↕	2.2	裤长档差–A点纵向推档量
	↔	0.25	脚口围档差/4
I、J	↕	0.97	（H点纵向推档量–C点纵向推档量）/2
	↔	0.25	同G点横向推档值

续表

代号	推档方向	推档量	放缩说明
K、L	↕	0.53	上档档差×2/3
	↔	0.6	同B点横向推档量
M	↕	0.53	同k、L点纵向推档量
	↔	0.2	k点、L点横向推档量的1/3

2. 后片推板：以烫迹线为纵向坐标基准线，臀围线为横向坐标基准线。各部位推档量和档差分配说明见表5-17。

表5-17 推档量与档差分配说明（后片） 单位：cm

代号	推档方向	推档量	放缩说明
A	↕	0.53	上档档差×2/3
	↔	0.3	（腰围档差/4）-B点横向推档量
B	↕	0.53	同A点纵向推档量
	↔	0.7	同C点横向推档量
C	↕	0.27	上档档差/3
	↔	0.7	同E点横向推档量
D	↕	0.27	上档档差/3
	↔	0.3	（臀围档差/4）-C点横向推档量
E	↕	0	位于横坐标基准线上，纵向不推放
	↔	0.7	［臀围档差/4+大档的推档量（臀围档差/2）］/2
F	↕	0	同E点纵向推档量
	↔	0.7	同E点横向推档量
G、H	↕	2.2	裤长档差-A点纵向推档量
	↔	0.25	脚口围档差/4
I、J	↕	0.97	（H点纵向推档量-C点纵向推档量）/2
	↔	0.25	同G点横向推档量

3. 后片育克推板：以烫迹线为纵向坐标基准线，育克与裤片的分割线为横向坐标基准线。各部位推档量和档差分配说明见表5-18。

4. 零部件推板：腰头、门襟和里襟宽度不变，只做长度的变化，贴袋纵横都要放缩：腰两侧推放2cm；门襟与里襟长度推档量为上档档差-臀围线纵向推档量，即0.8-

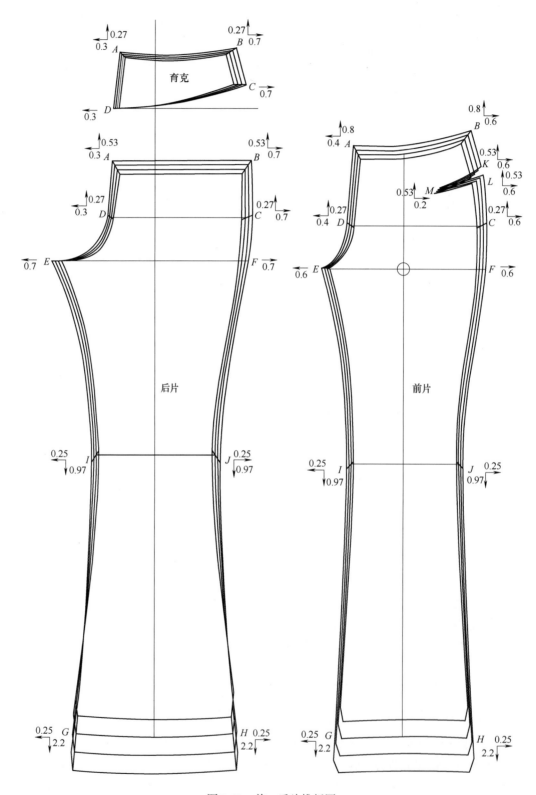

图5-13　前、后片推板图

0.27=0.53cm；贴袋袋口推档量为0.2cm，袋长推档量为0.3cm，其中袋中点推档量为0.15cm。推板图见图5-14。

表5-18　后裤片育克推档量与放缩说明　　　　　　　　　　单位：cm

代号	推档方向	推档量	放缩说明
A	↕	0.27	上档档差/3
	↔	0.3	同后片A点横向推档量
B	↕	0.27	同A点纵向推档量
	↔	0.7	同后片B点横向推档量
C	↕	0	位于横向坐标基准线上，纵向不推放
	↔	0.7	同B点横向推档量
D	↕	0	位于横向坐标基准线上，纵向不推放
	↔	0.3	同A点横向推档量

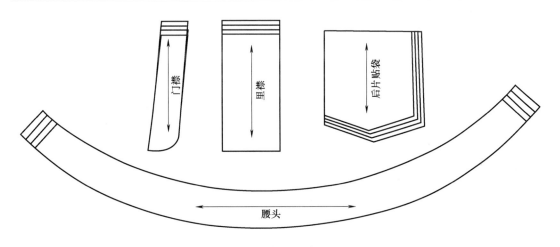

图5-14　零部件放码值及推板图

【知识点5-2】牛仔面料及后整理相关知识

　　牛仔裤是很特殊的一类服装，它的主要特点是寿命很长，而且产品的价值随着寿命的增加也在不断增加。越洗越漂亮，越旧越有味，是牛仔裤不同于一般服装的显著特点。要达到这个目的，面料的质地无疑就显得至关重要了。面料不好的牛仔裤，不只是产品寿命短，穿着不贴身、不舒服，而且易变形、掉色。同时，牛仔裤的附加值也是靠洗水来体现的，而洗水的好坏及效果，完全是依赖于面料的质地，没有好的面料，是根本不可能做出很高档的洗水效果来。可以说，一条牛仔裤的档次高低，很大程度上就是由面料的档次来决定的。

　　真正的牛仔裤是由100%的纯棉面料做成的，甚至其缝线也是棉的；也可以用聚酯混纺面料代替棉布，不过不怎么流行。最常使用的染料是人工合成的靛青。传统的铆钉是铜制的，但是拉链和纽扣是铁制的。标牌由面料、皮革或塑料制成，也可采用棉线刺绣在牛仔裤上的形式。

目前市场的流行趋势是使用环保的彩棉作为原材料。科学家萨利·福克斯在她位于亚利桑那州的农场种植了很多天然的绿色和棕色的棉花，她希望有一天可以种出黄色、红色和灰色的棉花来，但不可能是蓝色的（这种颜色的染色体无法在棉花中找到）。一般来说，棉花是由漂染来上色的，但是福克斯棉花（福克斯种植的棉花的商标）的优势在于它不需要漂白和染色，因此，这种原材料的加工过程不会产生有害的物质，而且其制成品也不会因为洗涤而褪色。

牛仔成衣能够历经百年而不衰，原因不在其款式设计和生产工艺处理上的变化，而是在千变万化、求新求异的后整理工艺上。往往同一批订单生产的牛仔服，不同的洗水方法就会产生不同的外观效果，在不同时期投入市场的反应也会有所不同。也就是说，决定牛仔成衣款式效果的最主要环节并不是在设计部和生产部，而是在后整理洗水部。

一、洗水工艺的发展

1. 普通洗水：1853年世界上出现第一条用帆布制造的牛仔裤，后来改用牛仔布生产，但当时并没有经过任何洗水处理，生产牛仔裤的厂家更是毫无洗水的概念。后来发现购买者常常将新买的牛仔裤先浸泡于水中一段时间，缩水后的裤子穿着起来更加贴合体形。为了迎合消费者的需求，生产厂家对牛仔裤做了普通洗水（Rinse）即清水洗处理，就是把牛仔裤浸在清水中，待一段时间后再取出自然晾干。此后又开发了退浆技术，在洗水的同时进行退浆处理，使牛仔裤穿起来更加柔软。

2. 石洗：1977年，美国开发了石头洗水（Stone Wash）技术，用来生产苹果牌（Texwood）"石磨蓝"牛仔裤，使原来粗硬的裤子变得柔软舒适，同时裤子上还呈现出斑斑白点，形成自然仿旧的效果，大受消费者欢迎。最初的石洗可划分为两大类，即洗水效果比较细小的石洗方法和洗水效果比较粗糙、有洗水痕及花纹的石洗方法。后来将两者取长补短，互相融合，产生了粗中带细、细中有粗的效果。

3. 雪花洗：1987年，苹果牌牛仔裤生产商又开发了雪花洗（Acid Wash）技术，采用石头加药液干炒或湿洗的方法，从而产生独特的"蓝白花"效果。

4. 冰雪洗：雪花洗最初的洗水效果非常不均匀，蓝白对比强烈，且裤身面料容易破烂。后来李维斯（Levi's）公司研制了一种效果非常细致的雪花洗，名为冰雪洗，外观效果更舒适，蓝白效果也比较均衡。20世纪90年代以后这种洗水方法被禁止使用，主要原因是洗水过程中所用的酸剂会对皮肤造成损伤。

5. 怀旧洗：1990年，李维斯公司为处理库存的次品，采用了当时欧洲流行的水洗方法，即将牛仔裤洗出残旧的效果，犹如一条已穿着多时的陈旧牛仔裤。产品推入市场后，深受年轻人的喜爱。这种名为怀旧洗（Old Wash / 2nd—hand Wsah）的洗水技术原创于香港，后来传往欧洲和美、日等国，并成为洗水主流。怀旧洗的效果是将牛仔裤洗旧、洗损，使整条裤子均匀泛白，而且把纱线洗松弛。

6. 马骝洗：同年由日本发明的马骝洗（Monkey Wash）也是源于怀旧洗。这种洗水的特点就是将牛仔裤特定的部位磨白，如最典型的臀部磨白后酷似猴子（粤语：马骝），马骝洗亦由此得名。

7. 猫须洗：1992年，在"打沙"技术基础上，又创造了猫须洗（Scratch Wash）的洗水方法。"猫须"纹是模仿穿着后的褶皱效果，用打沙或机刷等后整理方式，磨洗出折痕的一种磨白洗水方式，经常出现在牛仔裤的前裤裆左右侧和后裤脚处。

二、目前比较流行的新型牛仔成衣后整理工艺

随着科技的不断发展以及制衣业新型设备的开发与应用，牛仔成衣的后整理技术层出不穷，工艺方法也越来越复杂，出现了许多新的后整理工艺。

1. 打沙：用高压喷枪，将沙粒喷射到牛仔裤的表面，形成裤身局部磨损泛白的效果。

早期的打沙方式是操作者手持喷沙枪将沙喷向需要打沙的裤身部位。由于"打沙"的沙尘污染非常严重，为了加强生产安全保护，打沙操作者需要带上头罩和穿上防护服，有条件的厂家还需设立半密封的喷沙工作间，防止沙尘到处飞扬。

2. 机刷：采用刷子摩擦的刷擦法，在整条裤面进行大范围的摩擦，适合前腿位、膝盖处、后臀部等较大面积的"马骝洗"。这种后整理方式一般会先用设备将裤子吹胀并固定，再用刷子或磨轮直接在面料的表面进行打磨处理，使衣物表面达到局部磨白的效果，然后再用手工修整裤缝边缘、袋口边、裤脚的折边处等细小的部位，以期达到特殊的效果。

目前市面上所用的磨裤机种类已较齐全，并有带发电机的、固定自动刷出现，大大改善了牛仔裤大面积刷磨的效果和效率。

3. 手擦：常见的方式有手刷擦法、砂纸擦法和刀子刮法。有些厂家在进行"猫须"处理时，会先用扫粉法点出白痕，再用刀片刮出"猫须"的效果。这种预先设计好花纹的方法擦出的效果比较呆板，缺少变化，但适合缺乏经验的年轻技术员操作。目前比较流行的是在手擦之前先将牛仔裤弄皱，如退浆时未退完全，将牛仔裤抓皱，或利用树脂浆皱裤身，然后用砂纸磨花表面凸出的皱纹，或用刀片刮出折边的花纹，再进行下一步的洗水程序。

直接用手工擦出的花纹则更加自然、更有创意，也更受到时尚一族的青睐。

4. 植脂：将裤子弄皱后加上树脂（Resin）浆料，使裤子长久保持皱褶的效果，俗称"皱裤植脂"。目前比较流行的手擦"猫须"洗水方法就是将植脂与手擦两种方法相结合。一般是先将牛仔裤某部位弄褶皱后，加入树脂浆料使之定形硬挺，然后用砂纸或刀片磨花褶皱的折边处，再进行退浆洗水，这种效果自然并富有随意感。当然，也有厂家将裤子套在有凹凸"猫须"纹样的模型板上，直接用磨轮打磨凸出部分，形成须纹，此法简便快捷，但磨出的效果比较统一，缺少变化，深浅效果比较难控制。

5. 喷药剂：喷药剂即着色处理。分为浸色全染和喷色局部染。浸色全染又称成衣套染，是指将经过褪色、石磨洗的牛仔成衣再添染其他色彩，以追求鲜艳、时尚的色彩流行趋势。喷色局部染是目前比较流行的后整理方法之一，首先吹胀裤子并吊挂固定，然后将

药液喷射到裤子某个局部的表面，使牛仔裤达到预期效果，如喷马骝。也有将牛仔裤进行植脂处理并将颜色磨浅后，再进行着色处理，即将裤子铺平或鼓胀后在指定的部位喷上怀旧色液，使新裤子不仅有一种局部穿旧磨白的效果，而且还有粘染上污迹的效果。例如在后臀部等处着色后，模仿出因穿着太久而变黄、变灰的效果。也可以将挖有猫须状透孔的木板盖在裤身上再喷色液，以获得猫须洗的效果。

6. 激光雕刻：在牛仔裤上形成商标或图案，最初的方法是将剪出的图案贴封于裤身上，洗水以后再将图案撕去，此时牛仔裤很自然地会留有未洗水的图案轮廓。也有设计者直接在牛仔裤上刻出各种通花图案。现在，用激光机就可以轻易地去除浮在纱线表面的蓝色，在面料上雕刻出特别图案，也可以在织物表面切割出具有镂空效果的各种图案，使成品更加精致并富有创意。

项目六　衬衫设计稿样板设计与制作

图6-1　设计稿

衬衫，我国周代称中衣，后称中单，宋代已用衬衫之名了。19世纪40年代，西式衬衫传入我国，20世纪50年代渐被采用；至今，风情种种的各式女衬衫，已成为女性或舒适、体贴，或端庄、亮丽，或典雅、性感的必备上装品种之一。

为了凸显女性美的女式衬衫的款型中，板型技术和工艺质量高。由于衬衫穿着的特殊要求，其面料多以轻、薄、软、爽、挺、透气性好的精梳、全棉、丝绸、双绉、涤棉等面料设计制作。

下面以图6-1所示衬衫为例，运用专利"衣型制板法（ZL01111553.X）"分析讲解其样板设计与制作的过程。

任务一　款式分析

该过程用两个步骤分析女衬衫的款式特点、选定面料与制定制板规格。

步骤一：款式特点分析

如图6-1所示立领女衬衫设计稿有如下的款式特点：

领子——方角立领。

衣身正面——①翻边门襟[知识点6-1]，②胸部不规则碎褶，③胸下部设育克分割，④腰部设连省成缝的纵向分割，⑤弧形圆摆[知识点6-2]。

衣身背面——如图6-2所示，①在后片胸围线偏上部位设育克分割，与前片胸下部育克分割协调呼应，②后片腰部同前片设连省成缝的纵向分割线。

袖子——①中长泡泡袖，②袖口装克夫，③袖中部用松紧带收碎褶。

图6-2　款式图

步骤二：面料选用与规格制定

1. 面料选用：根据图6-1的设计效果，该款女衬衫拟选用丝绸面料[知识点6-3]制作试样。

2. 样衣规格制定：以国家服装号型标准女子（160/84A）体型[知识点6-4]，为样衣规格设计对象，结合款型特点及面料性能，样衣规格制定如下：

（1）后衣长：背长+8cm=38cm+8cm=46cm；"8cm"为腰位下延长量。

（2）胸围：净胸围+6cm=84cm+6cm=90cm；"6cm"为胸围放松量。

（3）腰围：净腰围+8cm=68cm+8cm=76cm；"8cm"为腰围放松量。

（4）臀围：净臀围+4cm=90cm+4cm=94cm；"4cm"为臀围放松量。

（5）肩宽：净肩宽-3.8cm=39.4cm-3.8cm=35.6cm；"3.8cm"为总肩宽收进量。

（6）袖长：全臂长的60%+2.5cm=50.5cm×0.6+2.5cm=32.8cm≈32cm。

（7）袖口围：上臂围+1cm=27cm+1cm=28 cm；"1cm"为臂围放松量。

（8）领围：颈围+2.6cm=34cm+2.6cm=36.6cm；"2.6cm"为颈围放松量。

以上样衣规格归纳见表6-1。

3. 制板规格设计：在女衬衫的缝制工艺中，拟定的样衣规格会受到缝制、粘衬及后道整烫等环节的影响，为了保证样衣规格符合要求，制板规格的制定应考虑以上影响因素。假设丝绸面料的经向缩率为1.5%，纬向缩率为1%，M号样板部位规格计算如下（表6-2）。

表6-1　样衣规格　　　　　　　　　　　单位：cm

部位 规格 号型	后衣长	胸围	腰围	臀围	肩宽	袖长	袖口围	领围	背长	前腰节
160/84（M）	51	90	76	94	35.6	32	28	36.6	37.5	40
允许偏差	1	1.5	1.5	1.5	0.6	0.6	0.5	0.6	0.6	0.6

表6-2　制板规格表　　　　　　　　　　单位：cm

部位 规格 号型	后衣长	胸围	腰围	臀围	肩宽	袖长	袖口围	领围	背长	前腰节
160/84（M）	52	91	77	95	36	32.5	28.5	37	38	40.6
允许偏差	1	1.5	1.5	1.5	0.6	0.6	0.5	0.6	0.6	0.6

（1）后衣长＝51×（1+1.5%）≈52cm。

（2）胸围＝90×（1+1%）≈91cm。

（3）腰围＝76×（1+1%）≈77cm。

（4）臀围＝94×（1+1%）≈95cm。

（5）肩宽＝35.6×（1+1%）≈36cm。

（6）袖长＝32×（1+1.5%）≈32.5cm。

（7）袖口＝28×（1+1.5%）≈28.5cm。

（8）领围＝36.6×（1+1.5%）≈37cm。

（9）背长＝37.5×（1+1.5%）≈38cm。

（10）前腰节＝40×（1+1.5%）≈40.6cm。

任务二　初板设计

步骤一：结构设计（图6-3）

结构设计要点：

（1）先绘出女装基本型（如虚线）结构，注意女装衣身平衡【知识点6-5】。

（2）在基本型上据设计稿的款式及规格，绘出相应的结构分割和细部轮廓（如粗实线）。同时，注意最终将胸省、腰省合并转移至前中作为抽褶量【知识点6-6】。

（3）据设计稿领型【知识点6-7】绘出相应的立领结构。

（4）据设计稿袖型绘出相应的一片袖结构变化【知识点6-8】。

（5）据设计稿下摆造型绘出相应的摆线结构。

步骤二：面料样板放缝

如图6-4中虚线，依次展开外镶门襟边、袖头，前后片省道转移，展开一片袖为泡泡袖，放出领面里外匀，就完成了初板净样的制作。

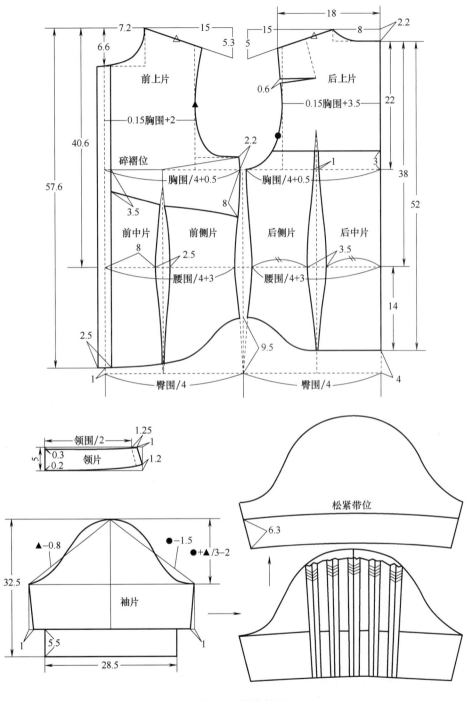

图6-3 结构制图

如图6-4中轮廓线所示，依次放出各片缝份（除下摆标示放1.5cm外其他边均放1cm），完成初板毛样板的制作。

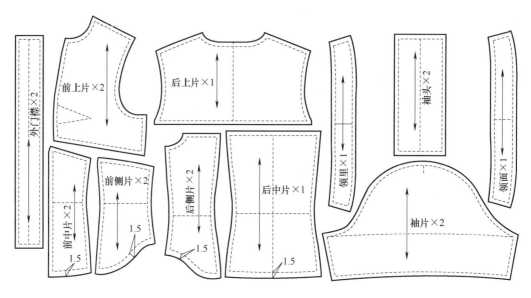

图6-4　面料样板放缝图

任务三　初板确认

步骤一：坯样试制

1. 排料、裁剪坯样：排料时在注意面料正、反面同时，还要注意丝绸面料的顺光现象，采取单向排料方式如图6-5所示，其幅宽为140cm、用料100cm，裁剪时应下剪准确，剪好的衣片面面相合放置。在国家服装标准GB/T 18132—2008丝绸服装标准中关于经纬纱向的规定：领面、后身、袖子的允斜程度不大于3%，前身底边不反翘；色织格子面料的纬斜不大于3%；对于面料有1cm及以上明显条格的也作了明确规定，具体见表6-3。

表6-3　面料有1cm及以上明显条格的对条、对格规定　　　　　　　　　　单位：cm

部位名称	对条、对格要求	备注
左右前身	条格顺直、格料对横，互差不大于0.4	遇格条大小不一时，以衣长1/2上部为主
袋与前身	条料对条，格料对格，互差不大于0.4。斜料贴袋左右对称，互差不大于0.5（阴阳条格除外）	遇格条大小不一时，以袋前部为主
领尖、驳头	条格对称，互差不大于0.2	遇有阴阳条格，以明显条格为主
袖子	条格顺直	
背缝	条料对条，格料对格，互差不大于0.3	
侧缝	格料对横，袖窿10cm以下互差不大于0.4	

注　特殊设计除外。

2. 坯样缝制：坯样的缝制应参照样板要求和设计意愿，特别是在缝制过程中缝份大小应严格按照样板操作。同时，还应参照中华人民共和国国家标准（GB/T 2666—2001）

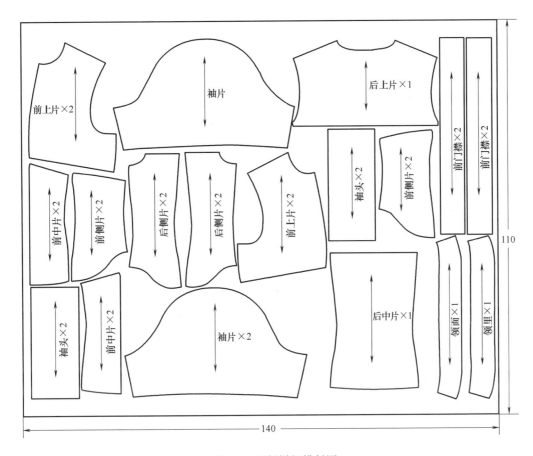

图6-5 面料样板排料图

男女服装的质量标准，标准中关于服装缝制的技术规定有以下几项：

（1）缝制质量要求：

①针距密度规定见表6-4。

表6-4 针距密度表

项目		针距密度	备注
明暗线		不少于12针/3cm	—
包缝线		不少于9针/3cm	—
手工针		不少于7针/3cm	肩缝、袖窿、领子不少于9针/3cm
三角针		不少于5针/3cm	以单面计算
锁眼	细线	不少于12针/1cm	—
	粗线	不少于9针/1cm	—
钉扣	细线	每眼不少于8根线	缠脚线高度与止口厚度相适宜
	粗线	每眼不少于6根线	—

②各部位缝制平服，线路顺直、整齐、牢固，针迹均匀，底面线松紧要适宜，起止针处及袋口应回针缉牢。

③商标和耐久性标签内容清楚、正确、位置端正、平服。

④领子平服，不反翘。

⑤徜袖圆顺，前后基本一致。

⑥锁眼定位准确，大小适宜，眼位不偏斜，锁眼针迹美观，整齐，平服。扣与扣眼对位，整齐牢固，扣眼高低适宜，线结不外露。

（2）外观质量规定见表6–5。

表6–5　外观质量规定

部位名称	外观质量规定
领子	面、里松紧适宜，表面平服，领尖长短互差不大于0.3cm
止口	止口平服，顺直，门襟不短于里襟
肩缝	顺直、平服，两肩宽窄一致，互差不大于0.5cm
袖子	袖缝顺直，绱袖圆顺、两袖长短互差不大于0.8cm，袖口大小互差不大于0.4cm
拼缝	平服、顺直，长短互差不大于0.5cm
前身	褶量均匀、拼缝长短互差不大于0.3cm

（3）缝制工艺流程：

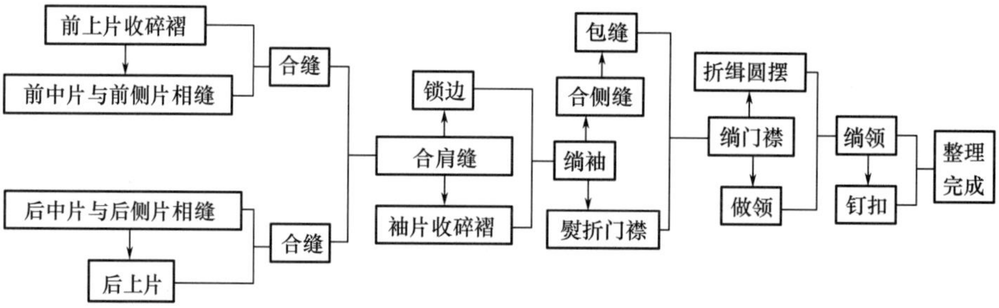

步骤二：坯样确认与样板修正

1．坯样确认：样衣缝制完成后，应从以下几个方面进行核对：

（1）款型核对：核校样衣与设计稿款型是否相符，如有不符则进行修改。

（2）规格核对：测量样衣规格，核对是否在工艺要求的允许误差范围内。

（3）工艺制作手法核对：观察样衣所采用的工艺是否合理，不合理的在下一次制作时进行纠正。

2．样板的修正：针对弊病做样板修正，经过几次的试样、改样，直到样衣、样板符合要求后，然后封存基准样，为下面的系列样板缩放做准备，如图6–6所示。

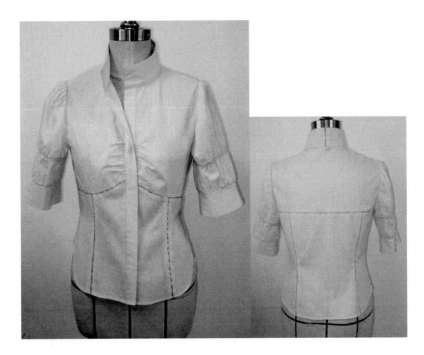

图6-6　试样图

任务四　系列样板制作

　　服装款型不变，且又能适应各类体型所对应的成衣规格变量要求，行之有效的方法就是在以基准样板为母板进行推放形成系列样板，这也是工业化成衣生产中的重要环节。

步骤一：档差与系列规格设计

　　结合国家服装号型标准，设计女衬衫的系列规格见表6-6。

表6-6　女衬衫系列规格及档差　　　　　　　　　　　　　　　单位：cm

规格 号型　　　部位	后衣长	胸围	腰围	臀围	肩宽	袖长	袖口围	领围	背长	前腰节
155/80（S）	50	87	73	91	34.8	31.5	27.5	36	37	39.6
160/84（M）	52	91	77	95	36	32.5	28.5	37	38	40.6
165/88（L）	54	95	81	99	37.2	33.5	29.5	38	39	41.6
部位档差	2	4	4	4	1.2	1	1	1	1	1

步骤二：推板

　　我们知道，当确定了某点的缩放值后，其值是有方向的坐标值。为了避免缩放坐标值的方向混淆，在以下的放缩讲解中只采用"放大"的示意方式。在搞清楚放大的坐标位置后，缩小的位置点就是以基础放码点对称、与放大相反的位置点。女衬衫各片推板如图

6-7、图6-8所示。

1. 后片推板（图6-7、图6-8）：以后中线和胸围线为坐标基准线，各部位推档量与档差分配说明见表6-7。

表6-7　推档量与档差分配说明（后片）　　　　　　　　　　单位：cm

代号	推档方向	推档量	放缩说明
A	←	0.6	肩宽档差/2
	↑	0.6	肩宽档差/2（袖窿深推档量与半肩宽推档量相当）
B	←	1	胸围档差/4
D	←	0.2	领围档差/5
	↑	0.72	A点推档量+肩斜的推档量0.12
E	↑	0.65	（D点纵向推档量+A点纵向推档量）/2（约0.65）
F	←	0.65	半肩宽推档量与OC段的推档量的协调值
	↑	0.3	A点纵向推档量/2
G	←	1	胸围档差/4
	↓	0.35	背长档差-E点纵向推档量
H	←	0.5	B点横向推档量/2
	↓	0.35	背长档差-E点纵向推档量
I	←	0.5	B点横向推档量/2
	↑	0.1	F点纵向推档量/3
J	↓	1.35	衣长档差-E点纵向推档量
K	←	1	胸围档差/4
	↓	1	J点纵向推档量-0.35
L	↑	0.1	F点纵向推档量/3
M	←	0.7	F点横向推档量+0.05
	↑	0.1	F点纵向推档量/3
N	←	0.5	B点横向推档量/2
	↓	1.35	衣长档差-E点纵向推档量

2. 前片推板（图6-7、图6-8）：以前中线和胸围线为坐标基准线，各部位推档量和档差分配说明见表6-8。

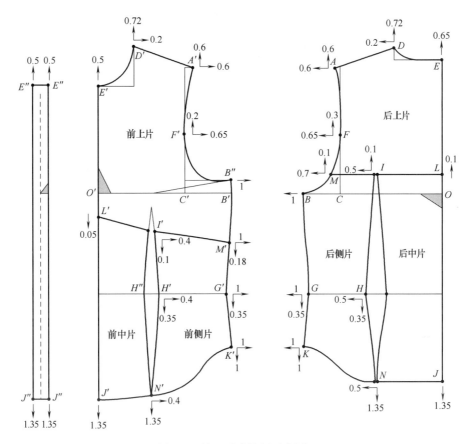

图6-7　前、后片推板示意图

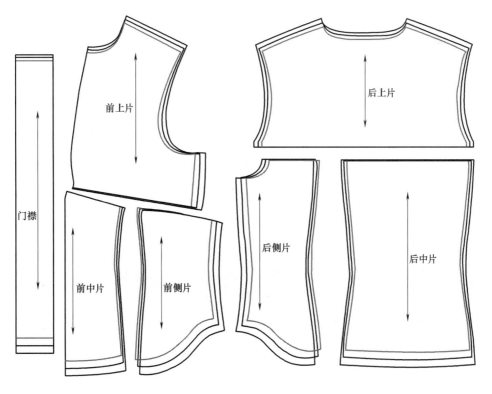

图6-8　前、后片推板图

表6-8 推档量与档差分配说明（前片） 单位：cm

代号	推档方向	推档量	放缩说明
A′	→	0.6	肩宽档差/2
	↑	0.6	肩宽档差/2（袖窿深推档量与半肩宽推档量相当）
B′ 、B″	→	1	胸围档差1/4
D′	→	0.2	领围档差/5
	↑	0.72	A′点推档量+肩斜推档量0.12
E′ 、E″	↑	0.5	D′点纵向推档量－领深推档量0.2
F′	→	0.65	半肩宽推档量与O′C′推档量的协调值
	↑	0.2	A′点纵向推档量/3
G′	→	1	胸围档差/4
	↓	0.35	与G点纵向推档量相同
H′ 、H″	→	0.4	B′点横向推档量×0.4
	↓	0.35	与G点纵向推档量相同
I′	→	0.4	B′点横向推档量×0.4
	↓	0.1	F点纵向推档量/3
J′ 、J″	↓	1.35	衣长档差－E点纵向推档量
K′	→	1	胸围档差/4
	↓	1	J′点纵向推档量－0.35
L′	↓	0.05	I′点纵向推档量/2
M′	→	1.0	胸围档差/4
	↓	0.18	约G′点纵向推档量/2
N″	→	0.4	B′点横向推档量×0.4
	↓	1.35	衣长档差－E点纵向推档量

　　3. 领片、袖片推板（图6-9、图6-10）：领子以领中线为坐标基准线；袖子以袖中线和袖肥线为坐标基准线。各部位推档量和档差分配说明见表6-9。

　　以上推板操作，是运用CAD软件采用总图推放方式进行的，在手工操作中，一般运用以总图结合分图方式操作。图6-8中前侧片，如果以分片式推放，不动点就在分片中M′上，其各点的推档量与推放效果如图6-11所示。

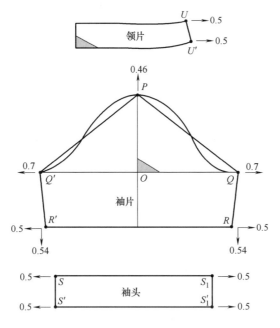

图6-9 领片、袖片推板示意图

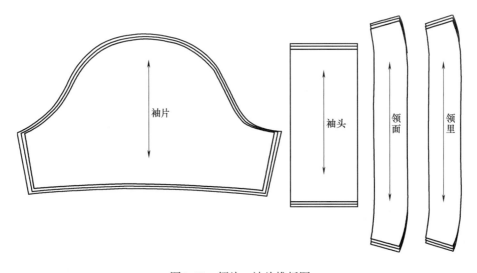

图6-10 领片、袖片推板图

表6-9 领子、袖子推档量与放缩说明
单位：cm

代号	推档方向	推档量	放缩说明
U、U'	→	0.5	领围档差/2
P	↑	0.46	前后AH推档量的均值/3
Q	→	0.7	前AH推档量/2
Q'	←	0.7	后AH推档量/2

代号	推档方向	推档量	放缩说明
R	→	0.5	袖口围档差/2
	↓	0.54	袖长档差−P点推档量
R′	←	0.5	袖口围档差/2
	↓	0.54	袖长档差−P点推档量
S	→	0.5	袖口围档差/2
S′	←	0.5	袖口围档差/2

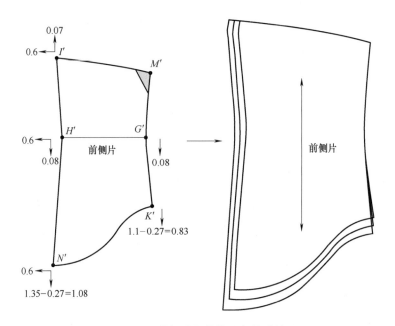

图6-11　前侧片的推档量与推放效果

【知识点6-1】衣身门襟造型变化

如图6-12所示，是衣身门襟造型变化效果。

图6-12

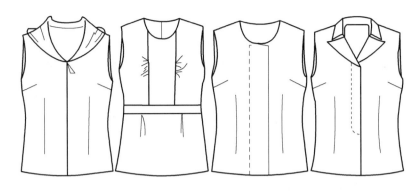

图6-12 衣身门襟造型变化效果

【知识点6-2】衣身下摆变化效果

如图6-13所示，是衣身下摆造型变化效果。

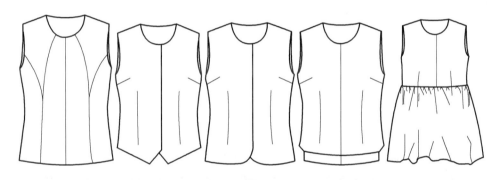

图6-13 衣身下摆变化效果

【知识点6-3】丝绸面料特性

一、舒适感

真丝绸是由蛋白纤维组成的，与人体有极好的生物相容性，加之表面光滑，其对人体的摩擦刺激系数在各类纤维中是最低的，仅为7.4%。

二、吸、放湿性好

蚕丝蛋白纤维富集了许多胺基（—CHNH）、氨基（—NH2）等亲水性基团，又由于其多孔性，易于水分子扩散，所以它能在空气中吸收水分或散发水分，并保持一定的水分。

三、吸音、吸尘、耐热性

真丝织物有较高的空隙率，因而具有很好的吸音性与吸气性。

四、抗紫外线

丝蛋白中的色氨酸、酪氨酸能吸收紫外线，因此丝绸具有较好的抗紫外线功能。

【知识点6-4】女子体型特征

国家号型标准女子体型为160/84A，如图6-14所示的女子人体模型，在成衣产品设计或服装造型（板型）研究中，都是以该型体为标准展开进行的。而在服装艺术设计中，理想的女子体型与国家号型标准女子体型（160/84A）是不同的。如图6-15所示是女子理想人体，常以八头半身高为标准，在时装设计稿中，是以"理想人体"为服装穿着对象，在服装造型（板型）研究中使用"标准人体模型"；下面我们通过男女体型主要区别，来加深女子体型的认识。

男女体型（成年人）的区别，是生理、心理发育差异和工作环境差异所致；主要区别在以下几方面：

（1）肩宽：男体较宽、较平；女体较窄、较斜。

（2）胸部：男体胸宽、肌腱平坦；女体胸窄、乳高、前挺。

（3）腰部：男体腰较粗（胸腰差较小），腰位较低；反映在下装上时上裆稍浅，下裆稍长；反映在上衣上时，腰位稍靠下。女体腰较细（胸腰差较大），腰位较高；反应在下装上时，上裆稍深（除低腰造型外），下裆稍短；反应在上衣上时，腰位较高，后片腰部内收、臀部多开明显。

（4）臀部：男体臀围较小（臀腰差较小）、较突；女体臀围较大（臀腰差较大）、圆突。

（5）大腿部：男体大腿部较细，腿根略分开；女体大腿处较粗，腿根处并拢。

（6）后腰节与前腰节的差值：男体差值较大，女体差值较小（常见负差——前比后高）。

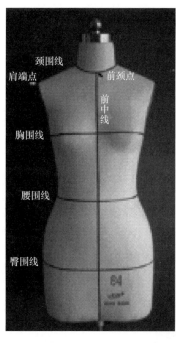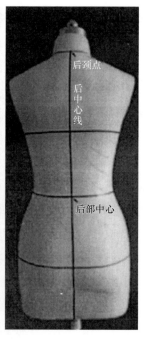

图6-14　女子人体模型

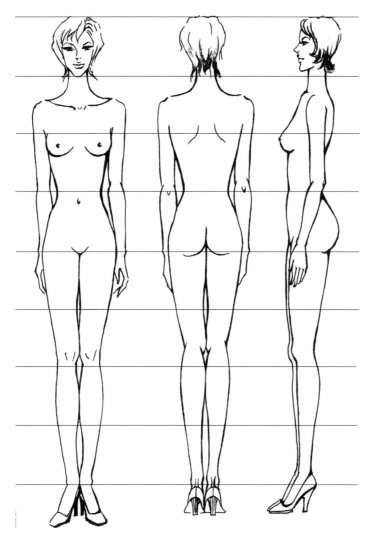

图6-15　女子理想人体

（7）整体差异：男体较高大、较宽较厚；女体较小、较窄、较薄。男体较女体简明；特体常见于背高、大肚、溜肩等。女体较男体复杂，特体多见于后伸、突腹、高乳、垂乳和溜肩等。

【知识点6-5】女装衣身平衡要点

服装制板的原则是立体造型与平面结构的高度一致，为此，女装的衣身平衡就是女装衣身的经向和纬向与立体（人体与服装）的一致性研究，通常称为衣身经向平衡和纬向平衡。

经向平衡涉及对背长（后腰节）和前腰节这两个参量的长短确定——在女装板型的制作中，以人体（着衣对象）的实际背长与前腰节尺寸之差一致为主，以服装造型的因素作辅助参考。

纬向平衡涉及对胸围、腰围、臀围这三个参量的前后大小分配——在女装板型的制作中，首要考虑的是胸围、腰围、臀围这三个参量的前后大小分配值应与服装的造型需要一致，其次考虑人体（着衣对象）的自身前后尺寸差。

【知识点6-6】省道转移要点

一、省道的产生及基本作用

如图6-16所示，是平面扇形与立体锥型的相互关系示意图，从平面到立体，需要把 AB 与 AB' 合在一起，从立体到平面，需要把 AB 切开展平。其中，A 点是锥型的凸面顶点，小扇形 ABB' 是圆的余缺部分，右图的 AB 是拼合缝。

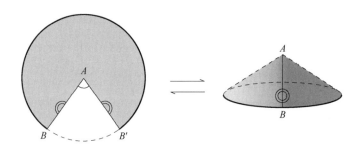

图6-16　平面扇形与立体锥型

在服装造型中，就是以如此方式把平面的服装面料塑造出丰富的立体效果的。

如图6-17所示，是立体衣身与平面衣片的相互关系示意图，从立体到平面或从平面到立体，把 AB 切开展平或把 AB 与 AB' 合在一起，以此实现了服装立体造型与平面结构的相互关联。其中，A 点对应胸凸面或背凸面顶点，ABB' 对应胸凸面或背凸面的多余缺省，在服装技术中称为省道，左图的 AB 是省道拼合缝。由于省道产生于凸面下的多余缺省，在服装造型中，它的基本作用也就是满足（体型或服装造型）凹凸曲面的起伏型态。

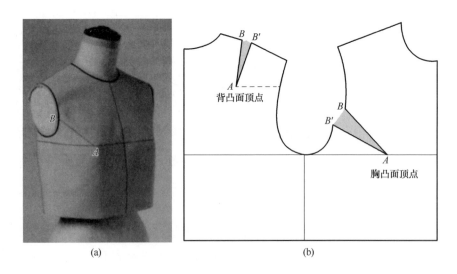

(a)　　　　　　　　　　(b)

图6-17　立体衣身与平面衣片

二、省道转移的基本原则

对于省道转移知识，笔者认为勿需在上面花很多精力转来转去，只要理解其基本原则就能应用自如了。如图6-18所示，是省道转移示意图，首先在立体锥型上设计切开展平线AC，再沿AC虚线剪开展平，这就实现了对立体锥型中AC位置和形状的转移。

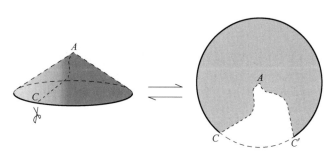

图6-18　省道转移示意

如图6-19所示，是衣片省道转移图，首先在基本衣片上设计省道或分割缝位置，再沿线剪开展平即可。

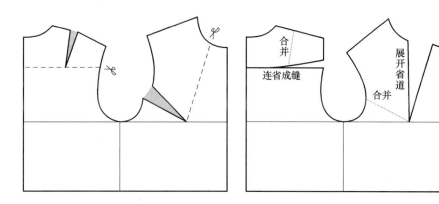

图6-19　省道转移

省道转移在服装结构设计中的应用非常广泛，省道除了可以图实现位置的转移，还能转化成别的结构形式，如褶裥、分割线、细褶、曲线省等多种形式（图6-20~图6-23）。

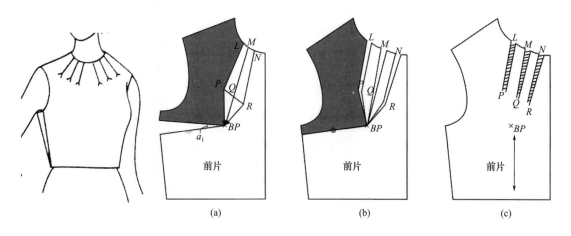

图6-20　胸省分解成三个领口开花省

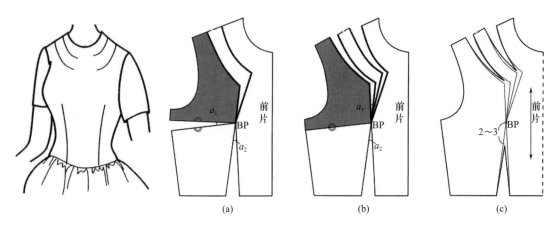

图6-21 胸省分解成两个弧线肩省

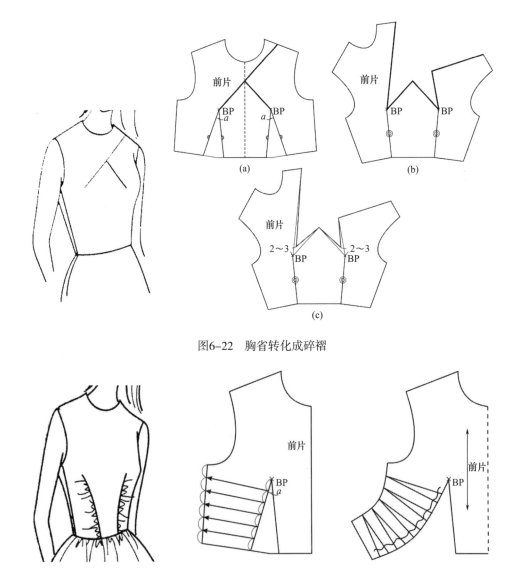

图6-22 胸省转化成碎褶

图6-23 胸省的变形设计

【知识点6-7】领子基本结构

在服装结构中，对领子基本结构的理解十分重要。下面对立领、翻领及驳领的基本结构做简单介绍。

1. 立领的立体与平面结构关系。如图6-24所示，当立领的宽度一定时，一种是已知领子领围N、和领子上口围N'，另一种是已知肩位领斜度b，它们有下面的数理关系：$N=2\pi R$、$N'=2\pi r$，而$R=b+r$，即有：$N-N'=2\pi b$

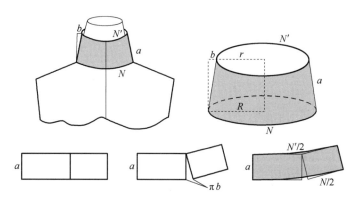

图6-24　立领基本结构

领子展开量$(N-N')/2=\pi b$，很好地把立体型态的肩位领斜度b与领围N、领子上口围N'联系起来，这为方便立领配制，提供了理论依据。

2. 翻领的立体与平面构成关系。如图6-25所示，翻领的外翻宽BD与领座BC一定时，肩位E点的展开量EE'相当于πb值。

在领子展开量$(N-N')/2=\pi b$中，由于领子的造型反映在数理上时，已知$(N-N')$和肩位翻领斜度b，知道了立体造型数量，平面配领就十分容易了。

3. 驳领的立体与平面构成关系。如图6-26所示，驳领的外翻宽BD与领座BC一定时，肩位E点的展开量EE'较上一种类型翻领的小；这是由于驳领的前部分驳头和领子造型是打开不闭合且与前衣身几乎贴合的，所以其前部分领子外围展开量较小，主要考虑领子后部分ED与AB的差值EE'。

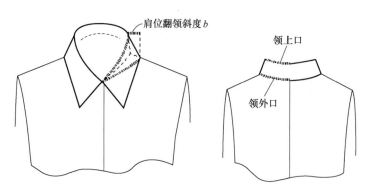

图6-25

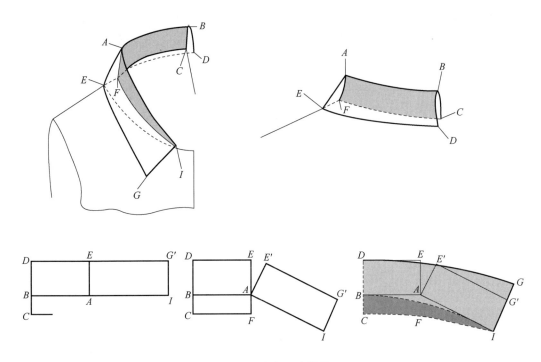

图6-25　翻领基本结构

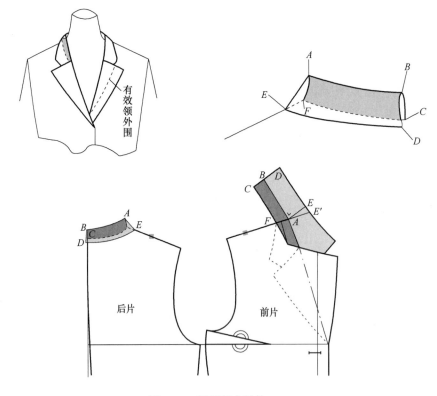

图6-26　驳领基本结构

【知识点6-8】一片袖基本变化

一、一片袖与袖窿的基本变化原则

无论用什么方法配袖，总要与造型相吻合。如图6-27、图6-28所示，一片袖与袖窿的基本变化原则是袖窿变深、袖肥变宽，袖窿变窄、袖山变低。

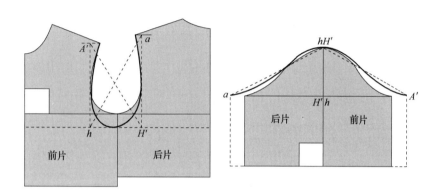

图6-27 袖窿变深、袖肥变宽

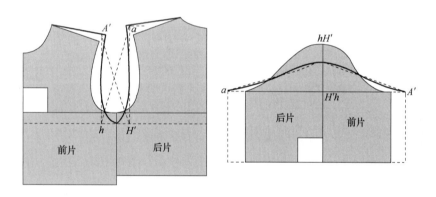

图6-28 袖窿变窄、袖山变低

二、一片袖的基本结构变化

如图6-29所示，是一片袖的基本结构变化，其实质不外乎是在宽窄、长短上的展开与剪切，以符合造型要求。

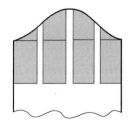

图6-29

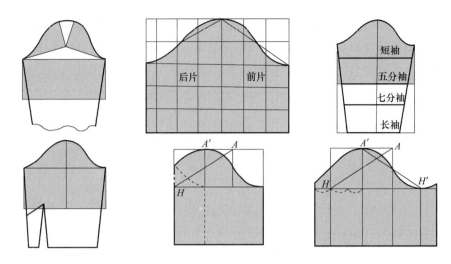

图6-29 一片袖基本结构变化

项目七 连衣裙设计稿样板设计与制作

连衣裙又称连衫裙，是由衬衫式的上衣和各类造型的裙子相连接而成的服装品种。款式种类繁多，有长袖的、短袖的、无袖的，有领式的、无领式的，吊带低胸【知识点7-1】式的，高腰的、中腰的、低腰的，宽松式的、合身式的、紧身式的等各种变化。连衣裙适合一年四季穿着，因着装季节的不同，款式有所区别，使用的面料也有区别。

下面以图7-1所示的连衣裙款式为例，分析讲解其制板与制作过程。

图7-1 连衣裙款式图

任务一 款式分析

步骤一：设计稿分析

此连衣裙为无袖、无领[知识点7-2]、低腰设计，衣身合体，腰节处横向分割线以下为缩褶造型。前片有两条主要分割线[知识点7-3]，一条是经过肩斜线、胸点的弧线分割，另一条是经过公主线的纵向分割，弧线分割处的缝份外露，采用密拷的形式起装饰作用，弧线分割线上、下两部分使用不同面料，使服装有层次感，有似乎穿着两件衣服的效果。后片也有两条主要分割线，一条是类似海军领造型的分割线，另一条是经过公主线的纵向分割线。与前片相同，分割线处的缝份外露，并采用密拷形式起装饰作用，分割线上、下两部分使用不同面料。同时，类似海军领造型的分割线在肩斜处与前片弧线分割顺滑连接，此款连衣裙适合使用柔软的棉质面料制作。

步骤二：面料测试（取样和测试方法同前，此处略）

步骤三：规格设计

1. 成品规格设计：以国家服装号型标准中160/84A体型为中间体，结合款式的风格、结构、款型特点，设计规格如下：

（1）裙长：分前裙长和后裙长两种，后裙长指从后领中心沿着后中线至下摆的长度，前裙长指从前颈侧点经过胸点至下摆的长度，由于胸部突出，因此应明确前裙长与后裙长的区别，本规格中的裙长为后裙长。从款式图中观察，裙长在膝围线位置。

（2）胸围：加6cm放松量，若使用的面料有弹性，放松量可以为0。

（3）腰围：加4cm放松量，若使用的面料有弹性，放松量可以略小些。

（4）臀围：在此款连衣裙中横向分割线以下为缩褶造型，因为穿着对象是标准体型，臀围尺寸不会太大，所以臀围的尺寸主要考虑设计效果。根据款式特征将裙横向分割线上、下的长度设定为1∶1.5，以此来设计缩褶量，这个尺寸完全能够满足臀围尺寸的要求。

具体成品规格见表7-1。

表7-1　成品规格表 单位：cm

规格 ＼ 部位	后裙长	胸围	腰围
160/84A	88	90	72

2. 制板规格设计：为保证成品服装的规格在国家标准规定偏差范围之内，在设计制板规格时，应综合考虑面料的缩率及工艺损耗等一些影响成品规格的因素。假设使用的面料在测试中测得的缩率：经向为1.5%，纬向为1%，计算160/84A号型相关部位制板规格如下（表7-2）。

（1）裙长：$88 \times (1+1.5\%) \approx 89.5$。

（2）胸围：$90 \times (1+1\%) +$工艺损耗≈ 91。

（3）腰围：因缝制中易拉伸变大，故不变。

表7-2 制板规格表 单位：cm

规格 \ 部位	后裙长	胸围	腰围
160/84A	89.5	91	72

任务二 初板设计

步骤一：结构设计

连衣裙结构设计要点如下（图7-2）：

（1）采用原型法制图，使用日本文化式女装原型（本项目中提到的原型均为日本文化式女装原型）。

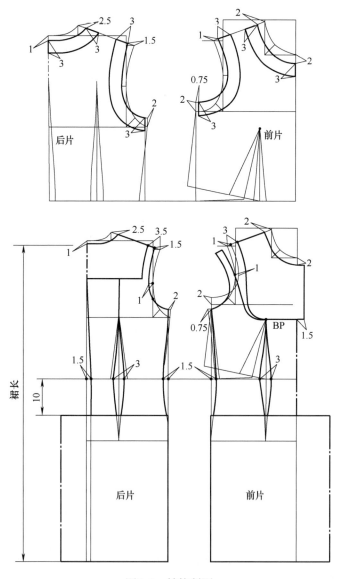

图7-2 结构制图

（2）因为此款连衣裙非常合体，所以将全部胸凸量【知识点7-4】处理在前片弧线分割线中，完全突出胸部的造型。

（3）根据对设计稿的分析，确定细节部位尺寸。低腰设计的横向分割线在人体腰围线以下10cm左右；领口应开大，稍远离脖颈，前领宽沿肩斜线方向增宽2cm，前领深沿前中线方向增深2cm，后领深沿后中线方向加深1cm，后领宽沿肩斜线方向增宽2.5cm；缩褶量在横向分割线处上下可以设计为1：1.5的比例。

（4）因为是无袖的设计，为避免手臂在活动时，因袖窿过低而走光，应将袖窿深在原型的基础上减小1～2cm，同时应略减小肩斜线长度及胸、背宽度，使肩背部看上去比较窄，使上半身在视觉上达到纤巧的效果，可以通过将前、后胸宽、肩宽减小1～2cm的方式实现。由于后片肩斜线中包含1.5cm的肩省，因此通过后领宽增加的尺寸比前领宽增加的尺寸大0.5cm（相当于将肩省的一部分转移至后领口），以及后肩宽减小的尺寸比前肩宽减小的尺寸大0.5cm（相当于将肩省的一部分转移至后袖窿）的方式，使前、后肩斜线的长度差为0.5cm，即肩省大小，作为后肩斜线吃势量。

（5）原型胸围尺寸为94cm，而制板胸围尺寸为91cm，因此前片应在侧缝处减小3cm/4，即0.75cm。而后片由于后中分割缝经过胸围线，使原型的胸围尺寸发生变化，因此应以后中线与胸围线的交点为起点量取胸围/4，即91cm/4来确定侧缝线位置。

步骤二：面料样板放缝（图7-3）

（1）放缝要点：

①为了突出前、后片装饰性的分割线造型，该分割线处的缝份为2cm。

②门、里襟止口缝份为3cm。

③裙片底边采用双折边工艺，因此前裙片、后裙片的底边缝份均为2cm。

④其余部位的缝份均为1cm。

⑤放缝时弧线部分的端角要保持与净缝线垂直。

（2）样板标注：样板标注同前，此处略。

任务三 初板确认

步骤一：坯样试制

1. 排料、裁剪坯样：排料裁剪的要求和操作方法同前，在此不再赘述。需要注意的是此连衣裙使用两种不同种类的面料，因此需要将使用不同面料的样板分别排料，图7-4、图7-5为连衣裙排料图。

2. 坯样缝制：坯样的缝制应参照样板要求和设计意愿，特别是在缝制过程中缝份大小应严格按照样板操作。

缝制工艺流程：检验裁片→绱缝左、右前侧片与前中下片→绱缝左、右后侧片与后中片→绱缝左右后中片→绱缝左侧缝（右侧缝装隐形拉链）→绱缝右侧缝上端5cm、下端2cm→绱缝前、后侧片的肩缝→绱缝前、后上片肩缝→拼合后领贴边（后中心处）→拼合

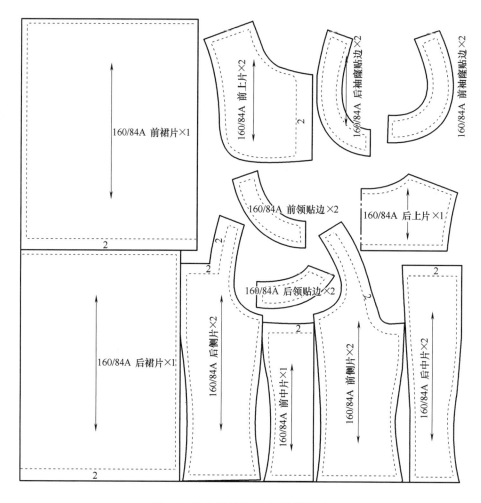

图7-3　连衣裙放缝图（面料样板）

前、后领贴边（肩缝处）→装领口贴边→折烫前上门襟止口→锁扣眼→钉纽扣→缉缝装饰分割线（注意缝份外露的方式）→拼合前、后袖窿贴边（肩缝处）→拼合前、后袖窿贴边（侧缝处）→装袖窿贴边→缉前、后裙片侧缝→缉缝衣片与裙片的横向分割（裙片缩褶处理）→装隐形拉链→缉缝下摆贴边。

按以上的工序和要求完成坯样缝制。

步骤二：坯样确认与样板修正

坯样确认和样板修正的方法同衬衫。该款连衣裙应特别注意明缉线的针距、线迹及裙子褶量的适宜和分布均匀。

任务四　系列样板制作

步骤一：档差与系列规格设计

根据国家号型标准中标准体号型的系列档差设计系列规格，规格见表7-3。

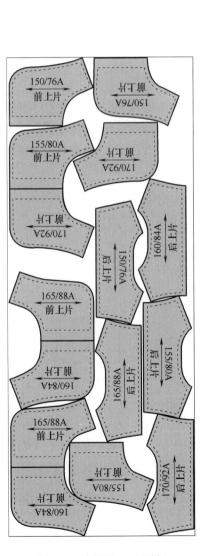

图7-4 排料图——面料A

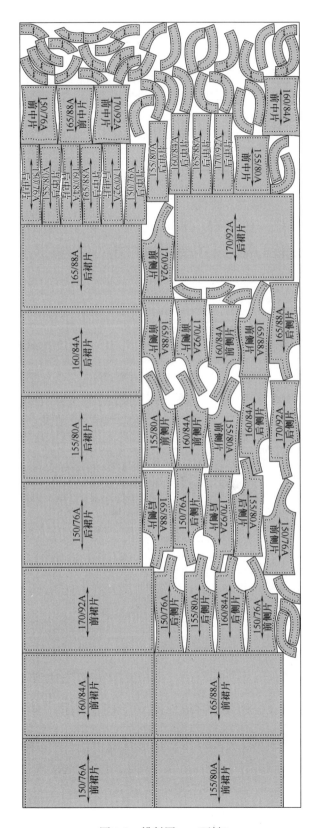

图7-5 排料图——面料B

表7-3　系列规格及档差

単位：cm

规格　＼　部位	后裙长	胸围	腰围	肩宽
155/80A	86.7	87	68	
160/84A	89.5	91	72	
165/88A	92.3	95	76	
档差	2.8	4	4	1

步骤二：推板

1. 前片推板（图7-6、图7-7）：以前中线为横向坐标基准线，以腰围线为纵向坐标基准线，前衣片各部位的推档量和档差分配说明见表7-4～表7-7。

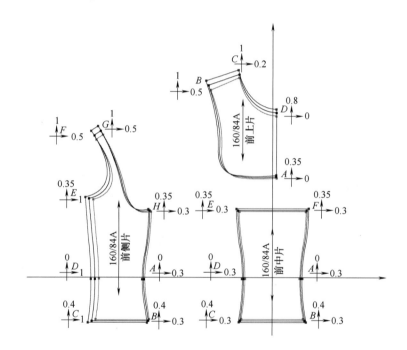

图7-6　前衣片推板图

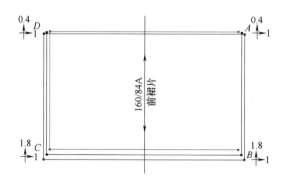

图7-7　前裙片推板图

表7-4 推档量与档差分配说明（前上片） 单位：cm

代号	推档方向	推档量	放缩说明
A	↕	0.35	A点在袖窿深线附近，其纵向推档量为上身长度档差-袖窿深长度档差，袖窿深长度档差为胸围/6≈0.65，因此A点纵向推档量为=1-0.65=0.35
	↔	0	位于在基准线上，故不推放
B	↕	1	上身长度档差=1
	↔	0.5	肩宽档差/2
C	↕	1	同B点
	↔	0.2	领宽=B/20+2.9，因此C点横向推档量为胸围档差/20
D	↕	0.8	D点纵向推档量为上半身档差-领深档差，领深档差与领宽档差相同，为0.2，上身长度档差为1，因此D点纵向推档量为1-0.2=0.8
	↔	0	同A点

表7-5 推档量与档差分配说明（前中片） 单位：cm

代号	推档方向	推档量	放缩说明
A	↕	0	位于基准线上，不推放
	↔	0.3	同F点
B	↕	0.4	B点在臀高的2/3处，臀高档差约为上档档差的2/3，上档档差约为0.8，因此B点纵向推档量约为上档档差的4/9，约等于0.4
	↔	0.3	同F点
C	↕	0.4	同B点
	↔	0.3	同B点
D	↕	0	同A点
	↔	0.3	同A点
E	↕	0.35	E点在袖窿深线附近，其纵向推档量为上身长度档差-袖窿深长度档差，袖窿深长度档差为胸围/6=0.65，因此E点纵向推档量为=1-0.65=0.35
	↔	0.3	同F点
F	↕	0.35	同E点
	↔	0.3	F点在胸点附近，胸点在前胸宽的1/2处，胸宽围度档差为胸围档差/6，因此F点的横向推档量为胸围档差/12，约等于0.3

表7-6 前侧片推档量与放缩说明 单位：cm

代号	推档方向	推档量	放缩说明
A	↕	0	位于在基准线上，不推放
	↔	0.3	同H点

代号	推档方向	推档量	放缩说明
B	↕	0.4	同前中片C点
	↔	0.3	同A点
C	↕	0.4	同B点
	↔	1	同E点
D	↕	0	同A点
	↔	1	同E点
E	↕	0.35	E点在袖窿深线附近，其纵向推档量为上身长度档差-袖窿深长度档差，袖窿深长度档差为胸围/6≈0.65，因此E点纵向推档量为=1-0.65=0.35
	↔	1	胸围档差/4
F	↕	1	上身档差
	↔	0.5	肩宽档差/2
G	↕	1	同F点
	↔	0.5	同F点
H	↕	0.35	同E点
	↔	0.3	H点在胸点附近，胸点在前胸宽的1/2处，胸宽横向推档量为胸围档差/6，因此H点的横向推档量为胸围档差/12，约等于0.3

表7-7 推档量与档差分配说明（前裙片） 单位：cm

代号	推档方向	推档量	放缩说明
A	↕	0.4	A点在臀高的2/3处，臀高的档差约为上裆档差的2/3，上裆档差约为0.8，因此A点纵向推档量约为上裆档差的4/9，约等于0.4
	↔	1	胸围档差/4
B	↕	1.8	裙长档差-上身档差=2.8-1=1.8
	↔	1	同A点
C	↕	1.8	同B点
	↔	1	同B点
D	↕	0.4	同A点
	↔	1	同A点

2. 后片推板（图7-8、图7-9）：以后中线为横向坐标基准线，以腰围线为纵向坐标基准线，后衣片在各部位的推档量与档差分配说明见表7-8～表7-11。

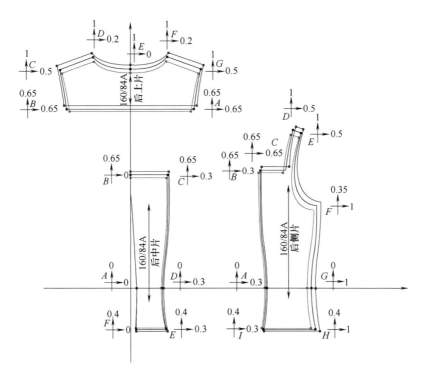

图7-8 后衣片推板图

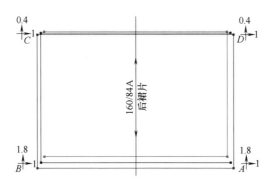

图7-9 后裙片推板图

表7-8 推档量与档差分配说明（后上片）

单位：cm

代号	推档方向	推档量	放缩说明
A	↕	0.65	由于A点在袖窿深/2处附近，因此其纵向档差量为上半身档差–袖窿深档差/2，而袖窿档差/2为胸围档差/12，因此A点纵向推档量为1–0.35，约等于0.65
	↔	0.65	A点在背宽线附近，因此其横向推档量为背宽档差，即0.65
B	↕	0.65	同A点
	↔	0.65	同A点
C	↕	1	上身档差
	↔	0.5	肩宽档差/2

续表

代号	推档方向	推档量	放缩说明
D	$\updownarrow$	1	上身档差
	$\longleftrightarrow$	0.2	领宽为$B/20+2.9$，因此D点横向推档量为胸围档差/20
E	$\updownarrow$	1	上身档差
	$\longleftrightarrow$	0	位于基准线上，不推放
F	$\updownarrow$	1	同D点
	$\longleftrightarrow$	0.2	同D点
G	$\updownarrow$	1	同C点
	$\longleftrightarrow$	0.5	同C点

表7-9 推档量与档差分配说明（后中片） 单位：cm

代号	推档方向	推档量	放缩说明
A	$\updownarrow$	0	位于基准线上，不推放
	$\longleftrightarrow$	0	位于基准线上，不推放
B	$\updownarrow$	0.65	由于B点在袖窿深/2处附近，因此其纵向推档量为上身档差–袖窿深档差/2，而袖窿档差/2为胸围档差/12，因此B点纵向推档量为1–0.35，约等于0.65
	$\longleftrightarrow$	0	同A点
C	$\updownarrow$	0.65	同B点
	$\longleftrightarrow$	0.3	C点在背宽/2处，背宽的横向推档量为胸围档差/6，因此C点横向推档量为胸围档差/12，约等于0.3
D	$\updownarrow$	0	同A点
		0.3	同C点
E	$\updownarrow$	0.4	E点在臀高的2/3处，臀高的档差约为上裆档差的2/3，上裆档差约为0.8，因此E点纵向推档量约为上裆档差的4/9，约等于0.4
	$\longleftrightarrow$	0.3	同C点
F	$\updownarrow$	0.4	同E点
	$\longleftrightarrow$	0	同A点

表7-10 推档量与档差分配说明（后侧片） 单位：cm

代号	推档方向	推档量	放缩说明
A	$\updownarrow$	0	位于基准线上，不推放
	$\longleftrightarrow$	0.3	同B点

续表

代号	推档方向	推档量	放缩说明
B	↕	0.65	由于B点在袖窿深/2处附近，因此纵向推档量为上身档差−袖窿深档差/2，而袖窿档差/2为胸围档差/12，因此B点纵向推档量为1−0.35，约等于0.65
	↔	0.3	B点在背宽/2处，背宽横向推档量为胸围档差的1/6，因此B点横向推档量为胸围档差/12，约等于0.3
C	↕	0.65	同B点
	↔	0.65	C点在背宽线附近，因此横向推档量为背宽档差，即0.65
D	↕	1	上身档差
	↔	0.5	同E点
E	↕	1	同D点
	↔	0.5	肩宽档差/2
F	↕	0.35	F点在袖窿深线附近，其纵向推档量为上身长度档差−袖窿深档差，袖窿深长度档差为胸围/6=0.65，因此F点纵向推档量为1−0.65=0.35
	↔	1	胸围档差/4
G	↕	0	同A点
	↔	1	同F点
H	↕	0.4	H点在臀高的2/3处，臀高的档差约为上裆档差的2/3，上裆档差约为0.8，因此H点的纵向推档量约为上裆档差的4/9，约等于0.4
	↔	1	同F点
I	↕	0.4	同H点
	↔	0.3	同B点

表7-11 推档量与档差分配说明（后裙片）　　　　　　单位：cm

代号	推档方向	推档量	放缩说明
A	↕	1.8	裙长档差−上身档差=2.8−1=1.8
	↔	1	胸围档差/4
B	↕	1.8	同A点
	↔	1	同A点
C	↕	0.4	A点在臀高的2/3处，臀高的档差约为上裆档差的2/3，上裆档差约为0.8，因此A点纵向推档量为上裆档差的4/9，约等于0.4
	↔	1	同B点
D	↕	0.4	同C点
	↔	1	同C点

3. 贴边推板（图7-10）：各部位贴边的推档量与衣身对应部位相同，放缩说明见表7-12 ~ 表7-14。

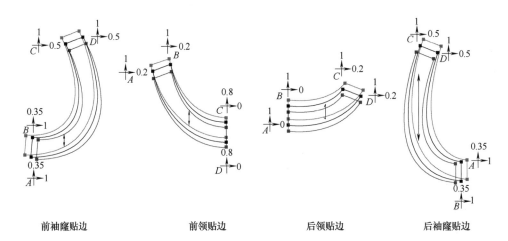

前袖窿贴边　　　　　　前领贴边　　　　　　后领贴边　　　　　　后袖窿贴边

图7-10　贴边推板图

表7-12　推档量与档差分配说明（前、后袖窿贴边） 单位：cm

代号	推档方向	推档量	放缩说明
A、B	↕	0.35	同前、后侧片E点
	↔	1	同前、后侧片E点
C、D	↕	1	同前、后侧片F点
	↔	0.5	同前、后侧片F点

表7-13　推档量与档差分配说明（前领口贴边） 单位：cm

代号	推档方向	推档量	放缩说明
A、B	↕	1	同前上片C点
	↔	0.2	同前上片C点
C、D	↕	0.8	同前上片D点
	↔	0	同前上片D点

表7-14　推档量与档差分配说明（后领口贴边） 单位：cm

代号	推档方向	推档量	放缩说明
A、B	↕	1	同后上片E点
	↔	0	同后上片E点

代号	推档方向	推档量	放缩说明
C、D	↕	1	同后上片F点
	↔	0.2	同后上片F点

【知识点7-1】吊带、低胸设计

吊带及低胸服装是指没有肩部造型的款式，吊带服装利用跨过肩部的带子将前、后衣片相连，因此在进行吊带服装设计时可以将胸围设计得略宽松，而低胸服装没有跨过肩部的带子将前、后片相连，因此在进行低胸服装设计时胸围不设计放松量，甚至胸围的放松量为负数。由于女性的胸部类似半球体，BP点至颈部呈略凹进的曲面，若进行吊带或者低胸设计时，服装上缘应包含一部分省量，必须将此省量转移，才能使服装上缘线与人体相应部位的曲线长度、形态相吻合，也可以采用缩褶或松紧带等形式处理。

【知识点7-2】无领、无袖设计

一、无领设计

无领结构是指只有领窝的形状变化，而没有领身的结构。看似简单，但要做到符合人体曲面特征还需要考虑一些细节问题。

1. 有门襟的无领结构：为了使领口服帖，可以利用撇胸来消除领口不平服的余量（图7-11）。

2. 无门襟的无领结构：

（1）设计横开领时要考虑的细节：在无领结构的设计中，挖大领口时，随着人体的活动，容易出现领口上爬、豁开的弊病。解决的办法是减小前横开领的尺寸，同时保证后横开领尺寸不变。

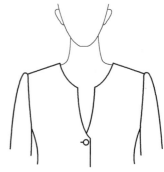

图7-11 有门襟的无领结构

（2）设计直开领时要考虑的细节：由于女性的胸部类似半球体，BP点至颈部呈略凹进的曲面，且直开领设计比较深的领型，领口呈曲线状态，通常处于面料的斜向，容易拉长变形，因此此处应包含一定的省量，而省道的大小、位置因人体体型的差异而略有区别，也与所穿着的内衣造型有关。所以我们在进行无领设计时必须将此处的省量进行转移，使领口线与相应部位的曲线长度、形态相吻合（图7-12）。

二、无袖设计

无袖设计是以袖窿弧线为造型而进行变化的一种袖型设计，其袖口可以设计在肩斜线上，也可以设计在肩斜线以

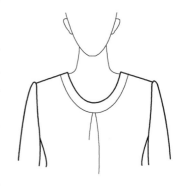

图7-12 无门襟开口的无领结构

外，形成落肩的造型。

在无袖设计中，袖窿不能设计得太深，胸围也不能有太多的放松量，否则会使袖口不贴体，内衣外露，有不雅观的感觉。袖窿也不能设计得太浅，否则会卡住腋下，既难受又不美观。

袖口设计在肩斜线以外的落肩造型，由于袖口在手臂上，因此袖口的大小必须满足手臂围及活动的要求。

【知识点7-3】纵横分割设计

一、分割线的种类：分割线在服装设计中起到很重要的作用，它既能使服装适应人体的曲面特征，又能塑造出丰富多彩的外观造型，既有装饰性又有功能性。分割线可以分为两大类：装饰性分割线和功能性分割线。

装饰性分割线是为了造型的需要，附加在服装上起装饰作用的线条。这些分割线的造型丰富多彩，有横、弧、斜等多种变化，形成有韵律的服装造型。通常使用在分割线上压明线的情况、两种面料拼接的情况或者缩褶等情况中，仅起装饰作用。

功能性分割线具有能使服装适合人体曲面形态及活动需要的特征。这些分割线可以与围度线相交，这种情况下省量包含在分割线中，如公主线、刀背缝。或者与围度线不相交，但省量可以转移至分割线中，如牛仔裤后片育克。

二、纵向分割设计

纵向分割即与围度线相交的分割线，常见的有公主线，刀背缝等。纵向分割能引导人的视线上下移动，具有强调高度的作用，给人以挺拔、修长和庄重的感觉（图7-13）。

图7-13　纵向分割线

三、横向分割设计

横向分割线即与围度线不相交的分割线，常见的有各种育克、下摆、腰节线、横向褶皱及横向口袋线等。横向分割线能引导人的视线左右横向移动，具有强调宽度的作用，给人以舒展平和、安静沉稳的感觉（图7-14）。

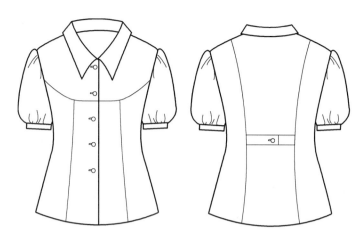

图7-14 横向分割线

四、特殊造型分割设计

包括斜向分割及弧线分割等特殊造型的分割线（图7-15）。斜向分割线具有运动感和活跃感。在服装设计中运用斜向分割能产生强烈的节奏感。使用斜向分割线时要注意，斜向分割线所形成的角度越小，越趋向于纵向分割线的修长感觉；而角度越大，则趋向于横向分割线的宽阔感觉。弧线分割能够把女性的曲线特征表现得淋漓尽致，表现出女性柔美、温柔、可爱的感觉。

图7-15 特殊造型分割线

【知识点7-4】胸凸量的处理

在本项目的结构设计中提到：因为此款连衣裙非常合体，所以将全部胸凸量处理在前片弧线分割线当中，完全突出胸部的造型。由于女性的体型起伏较大，因此一件女装如果合体至少应该满足以下几点：服装的放松量很小；胸部造型明显；腰部贴身。其中第1点主要对纸样绘制的规格尺寸有影响，而第2点和第3点则会对纸样绘制的过程起控制作用，这里主要讨论第2点。

如果胸部造型明显，就应该如本项目中所叙述的，将全部胸凸量处理到分割线中。但是如果胸部造型不明显，即服装略宽松或宽松，那么只需将全部胸凸量中的一部分处理到分割线中，处理到分割线中的胸凸量越多胸部造型越明显，反之越不明显。图7-16有两种胸凸量的处理方式，两种方法的相同之处是，在省道转移之前都是将原型前片靠近前中线处的腰围线与原型后片腰围线的延长线重合。两种方式的不同之处在于，胸凸量转移到分割线当中的数量不一样，左图中转移到分割线当中的胸凸量较大，右图中转移到分割线当中的胸凸量较小，从弧线分割线的开口大小及原型前片腰围线的起翘中可以看出这一点。由于胸凸量没有全部转移，因此腰围线没有处于水平状态，而裙底边又与腰围线平行，因此裙底边与腰围线的起翘数值相同。

在此知识点中，我们了解到，由于结构设计的过程不同，可以得到款式基本相同，而合身程度却大不相同的纸样。

注：图7-16仅讨论胸凸量的处理方式，不代表某款式的服装结构图。

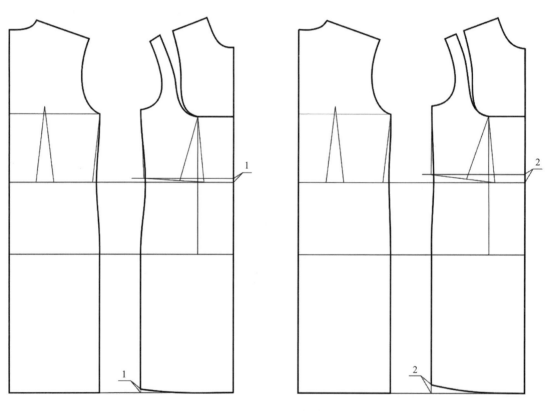

图7-16　胸凸量的处理

项目八　外套设计稿样板设计与制作

典型款一　套装式女外套设计稿样板设计与制作

套装式外套适合于日常的正式或非正式场合穿着，也是办公室人员职业着装的首选。套装式外套通常衣身较合体，款型的选择以 X 型居多。套装式外套的总体形象要求严谨、大方、庄重，因此通常会选择一些高支纱、贡丝锦、驼丝锦、华达呢、哔叽等面料；作为职业休闲装也可以选择一些毛涤混纺、毛丝混纺及棉麻类面料。

任务一　款式分析

步骤一：设计稿分析

此款女外套的整体廓型呈 X 型，三粒扣，领型为驳领【知识点 8-1】，前后身各有公主线分割，可以将胸凸量和收腰量很好地融入其中。前身腰节有带袋盖的双嵌线袋。袖型为两片袖【知识点 8-2】（图 8-1）。此款可采用混纺类面料制作，适合春秋季穿着，也适合作为办公人员的职业装。

图 8-1　设计稿款式图

步骤二：面料测试（取样和测试方法同上，此处略）

步骤三：规格设计

1. **成品规格设计**：以国家服装号型标准中标准体型 160/84A 体型为穿着对象，结合款式的风格、结构、款型特点，设计规格如下：

（1）衣长（后中线长）：可以身高 160cm 者从第七颈椎点测量至款式图中的下摆位置（袖口偏上 3cm 左右）。也可以根据号型标准计算。例如 160/84A 的人体的全臂长为

50.5cm，则袖长应为 56cm［50.5cm+5.5（增量）］，那么该款服装的后中衣长应为 56cm-3cm(袖口偏上量)+3cm（后中点比肩点高出的距离）= 56cm。

（2）袖长：如上所述 160/84A 号型全臂长为 50.5cm，则袖长应为 56cm 左右（增加 5 ~ 6cm 的放量）。

（3）胸围：人体的净胸围为 84cm，根据春秋装的松量配比原则加上 10cm 的松量，则胸围规格为 94cm。

（4）腰围：根据成衣胸腰差的比例关系，腰围应为 79cm 左右 [94cm-（14 ~ 16）cm]。

（5）臀围：由于女装的衣长变化较大，如果用数值来约束下摆的规格就比较困难，

所以通常设定一个臀围的规格，然后根据衣长来最终确定下摆线，衣摆在臀围线以上的，在腰围线与臀围线之间截取；衣摆在臀围线以下的，则在臀围线以下部位截取。160/84A 号型净臀围为 90cm，根据臀围的松量配比规律加上 8cm 的松量，臀围的规格为 98cm。

（6）肩宽：160/84A 号型净肩宽为 38.4cm，根据肩宽的松量配比规律加上 0.6cm 的松量，最终的肩宽规格为 39cm。

（7）袖口围：袖口的规格较难确定，为考虑穿脱的方便，一般袖口围尺寸为手掌围加上一定的松量（松量的大小视款式特点而定），160/84A 号型西服的袖口围约为 25cm。

具体成品规格见表 8-1。

表 8-1　成品规格

单位：cm

规格 ＼ 部位	衣长	胸围	腰围	臀围	肩宽	袖长	袖口
M	56	94	79	98	39	56	25

2. 成品主要部位规格允许偏差：中华人民共和国国家标准（GB/T 2665—2009）女西服，大衣标准中规定的主要部位规格偏差值见表 8-2。

表 8-2　部位规格偏差值

单位：cm

部位名称		允许偏差
衣长		± 1.5
胸围		± 2
领大		± 0.6
总肩宽		± 0.6
袖长	装袖	± 0.7
	连肩袖	± 1.2

3.制板规格设计：面料的性能和缩率会影响到服装的规格，同时，在服装的生产过程中，粘衬、缝制、熨烫等工艺手段也会或多或少影响服装成品后的规格尺寸。因此，为保证成品后服装规格在国家标准规定的偏差范围内，在设计制板规格时，应考虑以上影响成品规格的相关因素。假设以上面料测试中所测得的缩率：经向为 1.5%，纬向为 1%，M 号样板相关部位制板规格计算如下（表 8-3）：

（1）衣长：56×（1+1.5%）≈ 57。

（2）胸围：94×（1+1%）+ 工艺损耗 ≈ 96。

（3）腰围：因衣身分割较多，在缝制时易拉伸变大，故在原规格基础上减去 1cm。

（4）臀围：98×（1+1%）+ 工艺损耗 =100。

（5）肩宽：制作时容易拉长，尺寸不变；袖口围不变。

（6）袖长：56×（1+1.5%）≈ 57cm。

表 8-3　制板规格　　　　　　　　　　　　　　　　　　单位：cm

规格 ＼ 部位	衣长	胸围	腰围	臀围	肩宽	袖长	袖口围
M	57	96	78	100	39	57	25

任务二　初板设计

步骤一：面料样板制作

1. 结构设计（图 8-2）：

（1）由于女体的体形特点，前腰节应比后腰节高出 0.5 ~ 1cm，所以前片颈肩点应在后片的基础上抬高 0.5 ~ 1cm。

（2）套装式外套一般都为较合体，应突出女体的体形特点，制图时胸高点（BP）和胸省量的确定尤其重要。一般 160/84A 号型 BP 点距颈肩点 24.5 ~ 25cm，距前中线 9cm 左右；胸省量一般为 2.5 ~ 3cm。

（3）由于后片为无肩省造型，肩省的一部分转移作为袖窿的松量，另一部分作为后肩线的吃势，以吻合肩胛骨的突起。

（4）腰省的确定并非固定的数值，应按照胸腰之间的差数做适当调整。制图时应重视各部位规格的进一步核对，特别是胸、腰、臀等关键部位的尺寸核对。

（5）在领子制图中，先在翻折线的右侧按款式图画出领子造型，然后以翻折线为对称轴对折，再绘出领子的后半部分。图 8-2 中 c 点为 ab 线的中点，dc 垂直于 ab，连接 ab 并延长作领子倒伏量的依据，即领子的后领弧线与 ad 的延长线平行，再取领子的领弧线长度等于衣身的领口弧线长度，最后确定后领宽，领子绘制完成。

（6）前侧片应作好省道的合并，前片部分的小省量作为吃势。

（7）扣眼大一般比纽扣直径大 0.3cm，以前中线为基准，扣眼偏出前中线约 0.3cm。

（8）袖子在衣身袖窿弧线上制图，袖山高取 5/6 袖窿深平均值，套装式女外套袖子的吃势量一般为 2 ～ 3cm，应根据面料厚薄、性能及服装的款式造型设定相应的吃势，决定袖山吃势量的前、后袖山斜线的取值也相应在前、后 AH 值的基础上根据吃势的大小做相应的调整。袖子的前、后偏袖量也可根据款式特点和自身的喜好进行相应的调整。

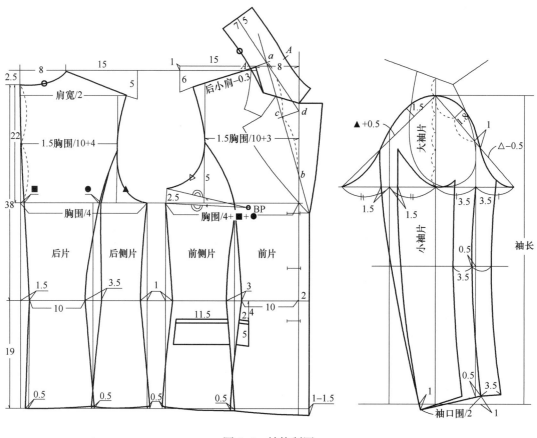

图 8-2　结构制图

2. 面料样板放缝（图 8-3）：

（1）放缝要点：

① 常规情况下，衣身分割线、肩缝、侧缝、袖缝、止口、袖窿、袖山、领口等部位缝份均为 1cm；后中背缝缝份为 1.5cm。

② 下摆贴边和袖口贴边宽为 4cm。

③挂面一般在肩缝处宽 4cm，止口处宽 7 ～ 8cm。挂面要求在翻折线和驳头外围加放一定的存量。挂面除底摆折边宽为 4cm 外，其余各边放缝 1cm。

④领里在净样的基础上四周放缝 1cm，领面的后中线为对折线，在翻折线、止口线切入存量后四周放缝 1cm。

⑤袋盖的上口放缝 1.5cm，其余三周在切入存势后放缝 1cm。

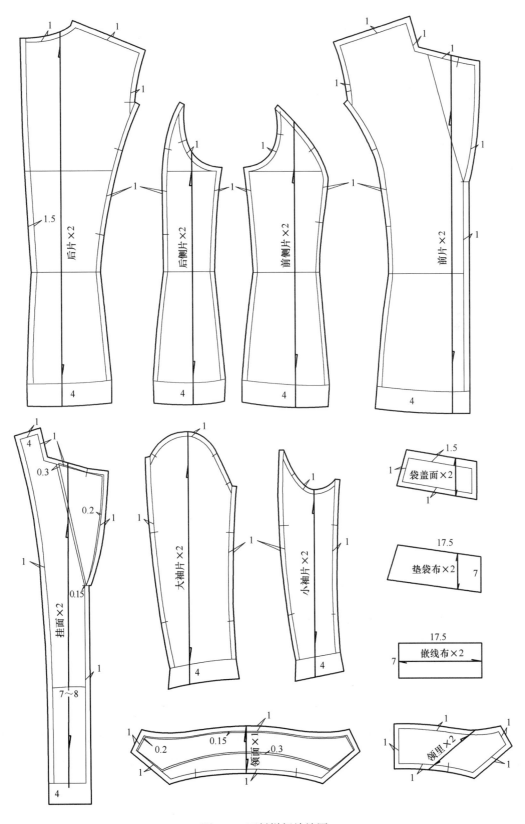

图 8-3　面料样板放缝图

⑥口袋嵌线长为袋口大加上 4cm 的缝份量，宽度一般为 7cm；双嵌线袋如一个口袋需用两根嵌线，其宽度一般为 4cm。

⑦袋贴布的长度和宽度同袋盖，其丝缕方向和斜度应同口袋相呼应。

⑧放缝时对合部位的缝份大小要求一致，弧线部分的端角要保持与净缝线垂直。

上衣样板的放缝并不是一成不变的，其缝份的大小可以根据面料、工艺处理方法等的不同而设计。如衣身的侧缝、分割缝、肩缝、袖子的拼缝等也可放缝 1.2cm 或 1.5cm，领口、止口、袖窿等部位也可放缝 0.6cm 或 0.8cm，下摆和袖口折边量也可根据需要作调整，可以是 3 ～ 3.5cm，也可以是 4.5 ～ 5cm。总之，可根据企业的生产特点结合款式和面料特点来确定样板的放缝量。需要注意的是，相关联部位的放缝量必须是一致的，例如衣身的领口和袖窿的缝份是 0.8cm，那么袖子的袖山弧线和领子的领口线缝份也必须是 0.8cm。

（2）样板标注：板上应标明丝缕线及服装的成品规格或号型规格，写清裁片名称和裁片数量（不对称裁片应标明上下、左右、正反等信息），并在必要的部位打上剪口。如有款式编号、样板编号及货号的，也应在样片上标明。有些企业为了书写方便，会对不同的裁片作出不同的编号，如前片用"F"表示，后片用"B"表示等等，在此不一一例举。

步骤二：里料样板制作

配置要点（图 8-4）：里布样板在面料毛样的基础上缩缝，在各个拼缝处应加放一定的坐势量，以适应人体的运动而产生的面料的舒展量。

（1）后中线放 1cm 的坐缝至腰节线，肩缝在肩点处加放 0.5cm 作为袖窿的松量，其余各边放 0.2cm 的坐缝，下摆在面样下摆净缝线的基础上下落 1cm（即按毛板缩短 3cm）；后侧片除下摆在面样下摆净缝线的基础上下落 1cm 外，其余各边均加放 0.2cm 的坐缝。

（2）前片按挂面毛缝线放出 2cm，肩缝同后片在肩端点处加放 0.5cm，其余各边放 0.2cm 的坐缝，A 种下摆分割缝处在面样下摆净缝线的基础上下落 2cm，前侧同面样下摆平齐；前侧片 A 下摆前中片的分割缝处在面样下摆净缝线的基础上下落量同前片为 2cm；前片和前侧片里布的下摆 B 种也可同后片里布的下摆一样在面样下摆净缝线的基础上下落 1cm，两种里布样板的处理方法不同，与面布缝合后的效果也不同（图 8-5）。两种方法前侧片的侧缝处下落量同后侧片，均为 1cm，其余各边均加放 0.2cm 的坐缝。

（3）大袖片在袖山顶点加放 0.3cm，小袖片在袖底弧线处加放 1cm，大小袖片在外侧袖缝线处抬高 0.5cm，在内侧袖缝线处抬高 0.8cm，内外袖缝线均放 0.2cm 的坐缝，袖口在面样袖口净缝线的基础上下落 0.5cm（即按毛板缩短 3.5cm）。

（4）袋盖里在袋口边放缝 1.5cm，其余放缝 1cm。

（5）袋布样板宽度同嵌线布、垫袋布的宽度、长度一般要求袋布装好后比衣身下摆短 3 ～ 4cm。当衣服的长度较长时，袋布的长度一般为 18 ～ 20cm 即可。

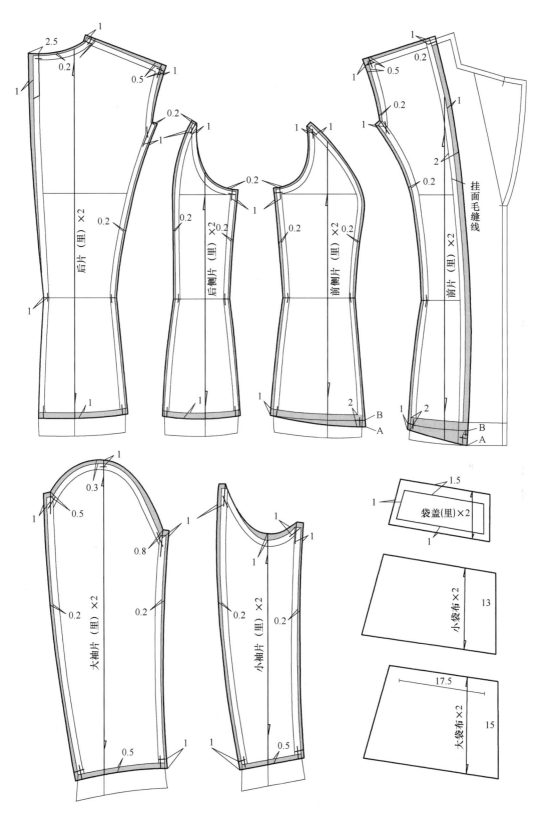

图 8-4　里料样板放缝图

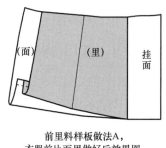

前里料样板做法A，
衣服前片面里做好后效果图

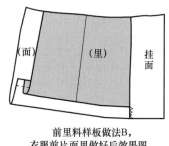

前里料样板做法B，
衣服前片面里做好后效果图

图 8-5　两种前身里布样板成型示意图

步骤三：衬料样板制作（图8-6）

配置要点：衬样在面料样板的基础上配置，配置时为防止粘衬外铺，在过黏合机时粘在机器上，以致损坏机器，所以衬样要比面料样板小 0.2 ~ 0.3cm。

（1）女外套前片和前侧片有时整片粘，有时为了使衣服做完好轻薄柔软一些，也可粘部分（一般粘至胸围线下 6 ~ 8cm），同时可选择质地轻薄柔软的黏合衬。

（2）后片和后侧片下摆黏合衬宽 5cm，肩部和袖窿处黏合衬视面料和款式特点选择，有时可不粘，用牵条代替。

（3）挂面、领面、领里及袋盖面、嵌线需整片粘衬。

（4）大、小袖片的袖口粘衬同后片衣身下摆，宽度为 5cm，大袖片的袖山粘衬视具体情况选择，一般可不粘。

衬料样板同面、里料样板一样，要做好丝缕线及文字标注。

步骤四：工艺样板制作（图8-7）

服装的前后工序设置会影响工艺样板的制作。如前片有公主线分割的衣片，其袋位工艺样板的制作就必须将前片与前侧片拼合后才能制作。领子的工艺样板是用来画领外围的净缝线，因此领子工艺样板的外围为净缝，领口为毛缝……

配置要点：工艺小样板的选择和制作要根据工艺生产的需要及流水线的编排情况决定。

（1）袋位样板：袋位涉及前片和前侧片，工艺制作中挖口袋时前片和前侧片已经拼合，因此在做袋位样板时也应该将前片和前侧片拼合，下摆、侧缝和止口与衣片完全吻合，找出袋口位置及前片和前侧片的拼合缝，用剪口做标记（也可用锥孔的方式）。

（2）领净样：画领净样在领子净样的基础上制作，在装领前领角和领外止口已经做好，因此净样的领角和领外止口是净缝，领下口和串口是毛缝。

（3）止口净样：止口净样是在合止口之前画止口线用的，因此止口边为净缝。

（4）袋盖净样：袋盖净样除袋口边为毛缝外，其余三边是净缝。

（5）扣眼位样板：扣眼位样板是在衣服做完后用来确定扣眼位置的，因此止口边应

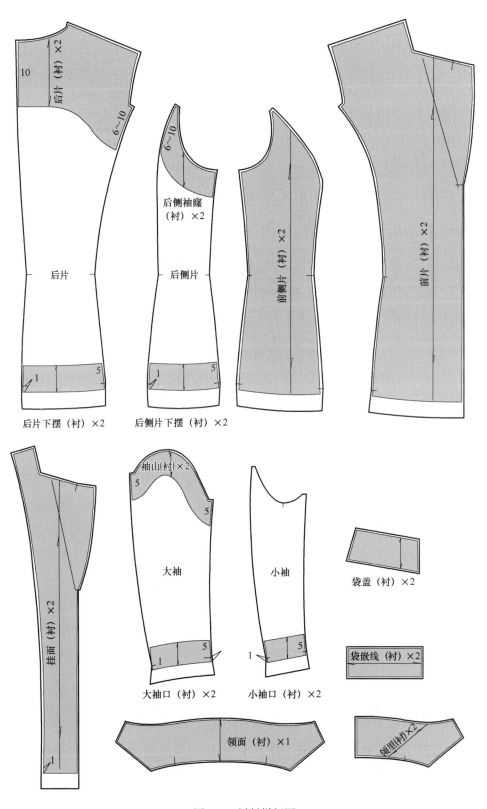

图 8-6　衬料样板图

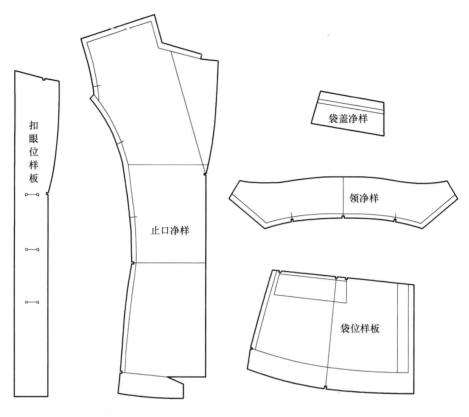

图 8-7 工艺样板图

该是净缝，扣眼大两边锥孔，锥孔应在实际扣眼边进 0.2cm 的位置。

步骤五：样板的校对

1. 缝合边的校对：在上装样板中，除前片和侧片缝合、后片和侧片缝合是在胸围线上下的位置前、后片要设置一定的缝缩量以符合体形需要外，通常两条对应的缝合边的长度应该相等。另外，还要校对装袖时袖子的吃势量、合领时领子和挂面的吃势是否合理，领子的下口弧线和衣身的领口弧线是否吻合。

2. 服装规格的校对：样板各部位的规格必须与预先设定的规格相同，在上衣样板中主要是要校对衣长、胸围、袖长、袖口等部位尺寸。另外，还须核对一下口袋大小、袋盖宽度等小部位的规格设置是否合理。

3. 根据样衣或款式图检验：首先，必须检验样板的制作是否符合款式要求；其次，检验样板是否完整、齐全；最后，还要核对样板是否根据款式或样衣的要求来放缝及做一些细节的处理。

4. 里料样板、衬料样板、工艺样板的检验：检验里料样板、衬料样板的制作是否正确，是否符合要求。工艺样板一般要等试制样衣之后，由客户或设计师确认样板没有问题的情况下再制作，然后确认其是否正确、准备是否完整、是否符合流水生产的要求。

5. 样板标识的检验：检验样板的剪口是否做好，应有的标注如裁片名称、裁片数、丝缕线、款式编号、规格等是否在样板上已标注完整，是否做好样板清单。

6. 检查整套样板是否完整，有无少片、漏片的情况。

7. 西服生产的工艺要求较高，且粘衬部位较多，为保证裁片的精确度，裁剪时很多时候都是先毛裁，然后再精修。如需要毛裁，则要检查毛裁样板是否准备好（毛裁板是在面料样板的基础上四周加放一定的余量），面料样板就是精修样板。

任务三 初板确认

步骤一：坯样试制

1. 排料、裁剪坯样：排料裁剪的注意点同上。中华人民共和国国家标准（GB/T 2665—2009）女西服，大衣标准中对于经纬纱向及对条、对格的规定见表8-4、表8-5。

表 8-4 经纬纱向规定

部位	经纬纱向规定
前身	经纱以领口宽线为准，不允斜
后身	经纱以腰节下背中线为准，倾斜不大于1cm，条格料不允斜
袖子	经纱以前袖缝为准，大袖片偏斜不大于1cm，小袖片偏斜不大于1.5cm（特殊工艺除外）
领面	纬纱偏斜不大于0.5cm，条格料不允斜
袋盖	与大身纱向一致，斜料左右对称
挂面	以驳头止口处经纱为准，不允斜

表 8-5 对条对格规定

部位	经纬纱向规定
左右前身	条料对条，格料对横，互差不大于0.3cm
手巾袋与前身	条料对条，格料对格，互差不大于0.2cm
大袋与前身	条料对条，格料对格，互差不大于0.3cm
袖与前身	袖肘线以上与前身格料对横，两袖互差不大于0.5cm
袖缝	袖肘线以上，后袖缝格料对横，互差不大于0.3cm
背缝	以上部为准，条格对称，格料对横，互差不大于0.2cm
背缝与后领面	条料对条，互差不大于0.2cm
领子、驳头	条格料左右对称，互差不大于0.2cm
侧缝	袖窿以下10cm处，格料对横，互差不大于0.3cm
袖子	条格顺直，以袖山为准，两袖互差不大于0.5cm

注 特别设计不受此限。

图8-8为外套排料图，里布排料方法相同。

2. 坯样缝制：坯样的缝制应参照样板要求和设计意愿，特别是在缝制过程中缝份大

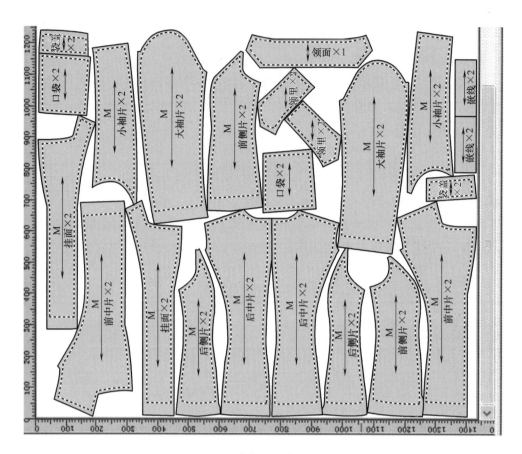

图 8-8　套装式外套排料图

小应严格按照样板操作。同时，还应参照中华人民共和国国家标准（GB/T 2665—2009）女西服、大衣的质量标准，标准中关于服装缝制的技术规定有以下几项。

（1）缝制质量要求：

①针距密度规定见表 8-6。

表 8-6　针距密度

项目		针距密度	备注
明暗线		11 ~ 13 针 /3cm	—
包缝线		不少于 9 针 /3cm	—
手工针		不少于 7 针 /3cm	肩缝、袖窿、领子不低于 9 针
手拱止口 / 机拱止口		不少于 5 针 /3cm	—
三角针		不少于 5 针 /3cm	以单面计算
锁眼	细线	12 ~ 14 针 /1cm	—
	粗线	不少于 9 针 /1cm	—

项目		针距密度	备注
钉扣	细线	每孔不少于 8 根线	缠脚线高度与止口厚度相适宜
	粗线	每孔不少于 4 根线	

注 细线指 20tex 及以下缝纫线；粗线指 20tex 以上缝纫线。

②各部位缝制线路顺直、整齐、牢固。主要表面部位缝制皱缩按"男西服外观起皱样照"规定，不低于 4 级。

③缝份宽度不小于 0.8cm（开袋、领止口、门襟止口缝份等除外）。起落针处应有回针。

④底、面线松紧适宜，无跳线、断线、脱线、连根线头。底线不得外露。

⑤袖子平服，领面松紧适应。

⑥袖圆顺，前后基本一致。

⑦袖窿、袖缝、底边、袖口、挂面里口、大衣摆缝等部位叠针牢固。

（2）外观质量规定见表 8-7。

表 8-7 外观质量规定

部位名称	外观质量规定
领子	领面平服，领窝圆顺，左右领尖不翘
驳头	串口、驳口顺直，左右驳头宽窄、领嘴大小对称，领翘适宜
止口	顺直平挺，门襟不短于里襟，不搅不豁，两圆头大小一致
前身	胸部挺括、对称，面、里、衬服帖，省道顺直
袋、袋盖	左右袋高低、前后对称，袋盖与袋口宽相适应，袋盖与大身的花纹一致
后背	平服
肩	肩部平服，表面没有褶，肩缝顺直，左右对称
袖	上袖圆顺，吃势均匀，两袖前后、长短一致

（3）缝制工艺流程：检查裁片→合缉前后片分割缝、背中缝→做袋盖、挖口袋→合拼挂面→合拼前后肩缝、侧缝→做领、装领→做袖、装袖→拼合里布→整理、整烫。

按以上的工序和要求完成坯样缝制。

步骤二：坯样确认与样板修正

坯样确认和样板修正的方法同衬衫。外套的样板核对与修正中应特别注意领型、袖型，同时注意袖山吃势量的控制及里布样板的合理配置。

任务四 系列样板

步骤一：档差与系列规格设计

根据国家号型标准中标准体型的系列档差设计系列规格，见表 8-8。

表 8-8 系列规格与档差 单位：cm

规格＼部位	衣长	胸围	腰围	臀围	肩宽	袖长	袖口围	后背长	领围
S	55	92	74	96	38	55.5	24		
M	57	96	78	100	39	57	25		
L	59	100	82	104	40	58.5	26		
档差	2	4	4	4	1	1.5	1	1	0.8

步骤二：推板

1. 前片推板：

（1）前中片推板（图 8-9）：以止口线为坐标基准线，各部位推档量和档差分配说明见表 8-9。

表 8-9 推档量与档差分配说明（前中片） 单位：cm

代号	推档方向	推档量	档差分配说明
B	↕	0.7	胸围档差 /6，等于 0.67，推 0.7
B	↔	0.2	领围档差 /5，即 0.8/5＝0.16，取 0.2
C	↕	0.55	前领深推档量（0.8/5＝0.16，取 0.2）的 2/3
C	↔	0.5	肩宽档差 /2
A	↕	0.6	B 点纵向推档量－领深推档量（0.8/5＝0.16，取 0.2）的 1/2
A	↔	0.15	B 点横向推档量的 4/5，取 0.15
D	↕	0.3	C 点纵向推档量的 1/2，取 0.3
D	↔	0.6	腰围档差的 0.15 倍
E	↕	0	位于横坐标基准线上，不推放
E	↔	0.6	胸围推档量（胸围档差 /4）的 6/10
F	↕	0.3	背长档差－B 点纵向推档量
F	↔	0.6	同 E 点横向推档量
G	↕	1.3	衣长档差－B 点纵向推档量
G	↔	0.6	同 E 点横向推档量

续表

代号	推档方向	推档量	档差分配说明
H	↕	1.3	同 G 点纵向推档量
	↔	0	位于纵坐标基准线上,不推缩
K、L	↕	0.6	同 A 点纵向推档量
	↔	0	位于纵坐标基准线上,不推缩
M、N	↕	0.4	F 点与 H 点推档量之和的 1/4
	↔	0.6	同 E 点横向推档量

(2)前侧片推板(图8-9):以分割线为坐标基准线,各部位推档量和档差分配说明见表8-10。

表 8-10 推档量与档差分配说明(前侧片) 单位:cm

代号	推档方向	推档量	档差分配说明
D	↕	0.3	同前中片 D 点纵向推档量
	↔	0	位于纵坐标基准线上,不推放
J	↕	0	位于横坐标基准线上,不推放
	↔	0.4	胸围推档量(胸围档差/4)-前中片 E 点横向推档量
F	↕	0.3	同前中片 F 点纵向推档量
	↔	0	位于纵坐标基准线上,不推放
I	↕	0.3	同 F 点纵向推档量
	↔	0.4	同 J 点纵向推档量
G	↕	1.3	同前中片 G 点纵向推档量
	↔	0	位于纵坐标基准线上,不推放
H	↕	1.3	同 G 点纵向推档量
	↔	0.4	胸围推档量(胸围档差/4)-前中片 G 点横向推档量
M	↕	0.4	同前中片 M 点纵向推档量
	↔	0	位于纵坐标基准线上,不推放
N	↕	0.4	同 M 点纵向推档量
	↔	0.3	袋口大档差

2. 后片推板：

（1）后中片推板（图8-9）：以后中线为坐标基准线，各部位推档量和档差分配说明见表8-11。

表8-11　推档量与档差分配说明（后中片）　　　　　　　单位：cm

代号	推档方向	推档量	档差分配说明
A	↕	0.7	胸围档差 /6 ≈ 0.67，取 0.7
A	↔	0	位于纵坐标基准线上，不推放
B	↕	0.75	A 点纵向推档量 + 后领深档差 [领深档差（0.8/5）的 1/3]
B	↔	0.2	领围档差 /5，即 0.8/5=0.16，取 0.2
C	↕	0.65	A 点纵向推档量 − 领深推档量（0.8/5=0.16）的 1/3
C	↔	0.5	肩宽档差 /2
D	↕	0.3	C 点纵向推档量 /2，取 0.3
D	↔	0.6	腰围档差的 0.15 倍
E	↕	0	位于横坐标基准线上，不推放
E	↔	0.6	同前中片 E 点横向推档量
F	↕	0.3	背长档差 − B 点纵向推档量，取 0.3
F	↔	0.6	同 E 点横向推档量
I	↕	0.3	同 F 点纵向推档量
I	↔	0	位于纵坐标基准线上，不推放
G	↕	1.3	衣长档差 − A 点纵向推档量
G	↔	0.6	同 E 点横向推档量
H	↕	1.3	同 G 点纵向推档量
H	↔	0	位于纵坐标基准线上，不推放

（2）后侧片推板（图8-9）：以分割线为坐标基准线，各部位推档量与档差分配说明见表8-12。

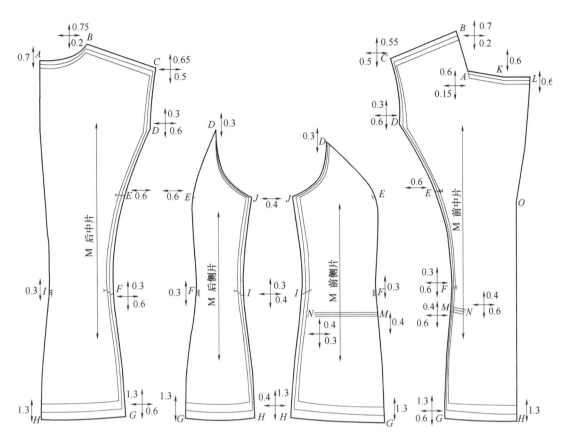

图 8-9 前、后片推板图

表 8-12 推档量与档差分配说明（后侧片）　　　　　　单位：cm

代号	推档方向	推档量	档差分配说明
D	↕	0.3	同后中片 D 点纵向推档量
	↔	0	位于纵坐标基准线上，不推放
J	↕	0	位于横坐标基准线上，不推放
	↔	0.4	胸围推档量（胸围档差/4）−后中片 E 点横向推档量
F	↕	0.3	同后中片 F 点纵向推档量
	↔	0	位于纵坐标基准线上，不推放
I	↕	0.3	同 F 点纵向推档量
	↔	0.4	同 J 点纵向推档量

代号	推档方向	推档量	档差分配说明
G	↕	1.3	同后中片 G 点纵向推档量
	↔	0	位于纵坐标基准线上，不推放
H	↕	1.3	同 G 点纵向推档量
	↔	0.4	胸围推档量（胸围档差 /4）– 后中片 G 点横向推档量

3．袖子推板

（1）大袖片推板（图 8-10）：以袖中线为坐标基准线，各部位推档量和档差分配说明见表 8-13。

表 8-13　推档量与档差分配说明（大袖片）　　　　单位：cm

代号	推档方向	推档量	档差分配说明
A	↕	0.5	前、后袖隆深档差的平均值乘以 80%，取 0.5
	↔	0	位于坐标基准线上，不推放
B	↕	0.2	位于袖山高的 1/3 处，取 0.2
	↔	0.4	袖隆门宽推档量 /2
C	↕	0	位于坐标基准线上，不推放
	↔	0.4	袖隆门宽变化量 /2
D	↕	1.0	袖长档差 – A 点纵向推档量
	↔	0.4	同 B 点横向推档量
E	↕	1.0	同 D 点纵向推档量
	↔	0.1	袖口档差 /2 – D 点横向推档量

（2）小袖片推板：以袖中线为坐标基准线，各部位推档量和档差分配说明见表 8-14。

表 8-14　推档量与档差分配说明（小袖片）　　　　　　　　单位：cm

代号	推档方向	推档量	档差分配说明
A	↕	0	位于坐标基准线上，不推放
A	↔	0	位于坐标基准线上，不推放
B	↕	0.2	位于袖山高的 1/3 处，取 0.2
B	↔	0.4	袖隆门宽档差量 /2
C	↕	0	位于坐标基准线上，不推放
C	↔	0.4	袖隆门宽推档量 /2
D	↕	1	袖长档差 – A 点纵向推档量
D	↔	0.4	同 B 点横向推档量
E	↕	1	同 D 点纵向推档量
E	↔	0.1	袖口围档差 /2 – D 点横向推档量

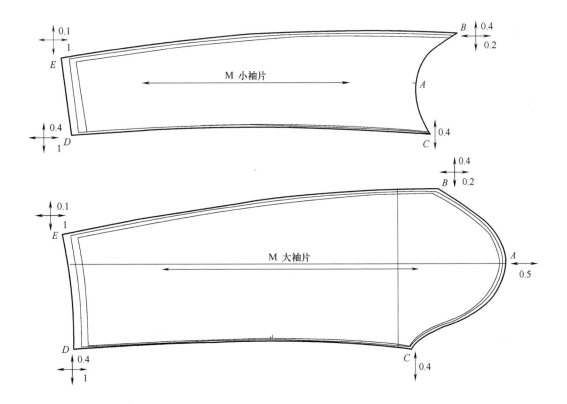

图 8-10　袖子推板图

4. 挂面及零部件：

（1）挂面推板（图8-11）：挂面以止口线为坐标基准线，各部位推档量和档差分配说明见表8-15。

表8-15 推档量与放缩说明（挂面） 单位：cm

代号	推档方向	推档量	档差分配说明
B、C	↕	0.7	同前中片 B 点纵向推档量
	↔	0.2	同前中片 B 点横向推档量
A	↕	0.6	同前中 A 点纵向推档量
	↔	0.15	同中片 A 点横向推档量
K、L	↕	0.6	同前中片 K、L 点纵向推档量
	↔	0	同前中片 K、L 点横向推档量
G、H	↕	1.3	衣长档差 – B 点、C 点纵向推档量
	↔	0	挂面宽度不变

（2）袋盖、嵌线、垫布推板（图8-11）：袋口变化量设定为0.3，所以袋盖宽、垫

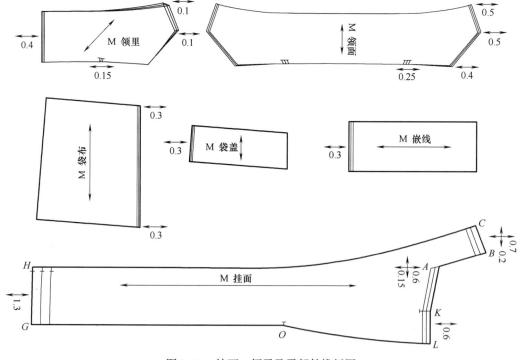

图8-11 挂面、领子及零部件推板图

布宽和嵌线长变化 0.3cm。

5. 领子推板：

（1）领面推板（图 8-11）：领面以领后中线为坐标基准线，领口处推 0.4cm, 串口线变化 0.1cm, 所以串口线和领角处推 0.5cm, 前后领口分界点推 0.25cm。。

（2）领底推板（图 8-11）：领底以领口线与串口线的交点为坐标基准点，后中推 0.4cm, 串口线变化 0.1cm, 所以串口线和领角处推 0.1cm，前、后领口分界点推 0.15cm。

【知识点 8-1】驳领结构设计

驳领是套装式外套常用的一种领型结构，驳领的外形可作多种变化，如平驳领、戗驳领；驳领的驳角和领角可以是圆形的，也可以是方形的，但不管是哪种驳领造型，其结构设计的原理和方法都是相同的。这里主要介绍一种影射法制图，如图 8-12 所示为影射法的驳领设计图。

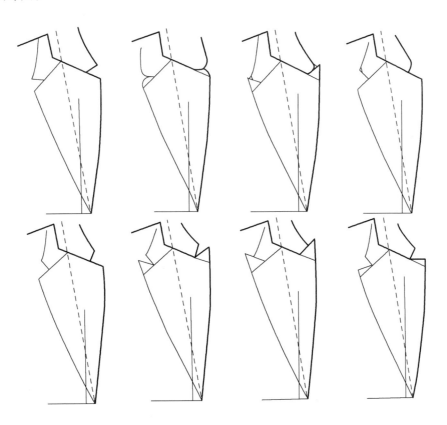

图 8-12　影射法的驳领结构设计

影射法制图容易控制领子的造型，效果直观，适合应用于不同结构的驳领，其制图的关键是要把握好后衣身部分领子的外围长度。图 8-12 为不同类型驳领的结构设计。

图 8-13 中不同类型的驳领在结构设计中都采用影射法，先在翻折线一侧画出领子和

驳头的造型，接着按翻折线对称画出前身的部分领子和驳头，然后将肩线延长线与翻折线的交点与前中线和翻折线的交点之间的距离平分，由平分点引出一条翻折线的垂线与前中线相交，再将该点和肩线延长线与翻折线的交点连接并延长；将此线作为翻折领倒伏量的参考线，从侧颈点引出一条长为"后领弧长 +0.2cm"的线与其平行，画顺领口弧线，在后领点作领口弧线的垂线，长为后领高，然后画顺领外口弧线，完成领子的造型。这种驳领结构设计方法对于后领高在 8cm 之内的领子来说，其领子的后半部分外口弧长都能满足"○ +（0.3 ~ 0.5）cm"，当领子的后领高大于 8cm 时，则需要拉开所缺的量来补足领子后半部分的外口弧长，以防外口弧长不够而产生爬领现象。

图 8-13（a）的领子较宽阔，后领高为 9cm，因此通过对比领外口线长度，发现需要补"□"的量，因此在领侧处拉开了相应的量，拉开后再画顺领上口弧线和领外口弧线。

图 8-13（b）为一种无驳角的驳领造型，但其结构设计的原理与方法同普通驳领。

图 8-13（c）是一种重叠的驳领造型，因此领子的领口线一致延长至与领角线的延长线相交，缝制时后领口线部分与衣身的后领口弧线缝合，前领口线部分领面里夹转翻出，明线缉压于挂面处。

图 8-13（d）所示实际是一种无领造型，制图时只要将驳头造型做出即可。

青果领是驳领的一种特殊形式，其领子与驳头连成一体，两者没有区分。因其属于驳

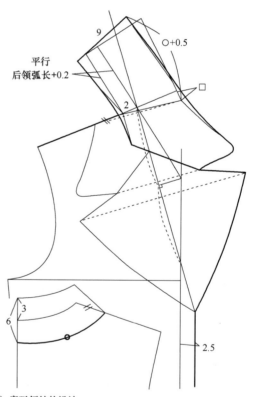

（a）宽驳领结构设计

图 8-13

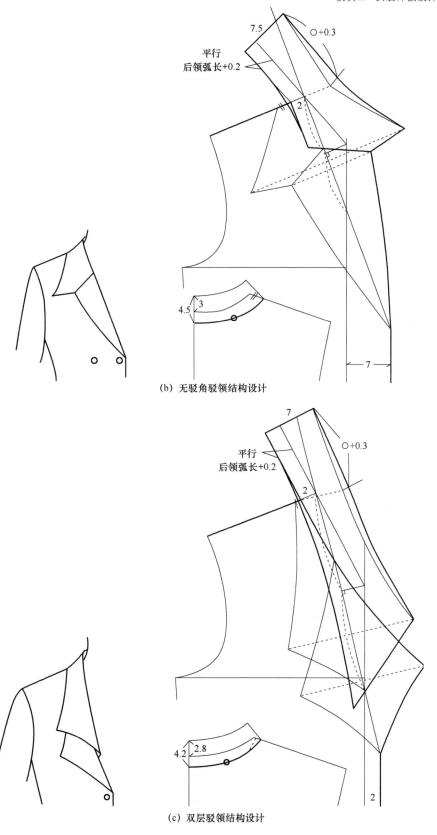

（b）无驳角驳领结构设计

（c）双层驳领结构设计

图8-13

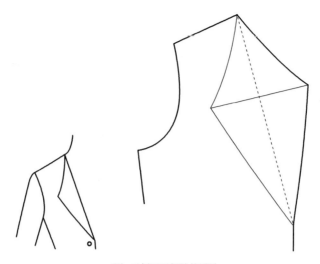

(d) 无领子驳领结构设计

图 8-13　不同类型驳领结构设计

款式图

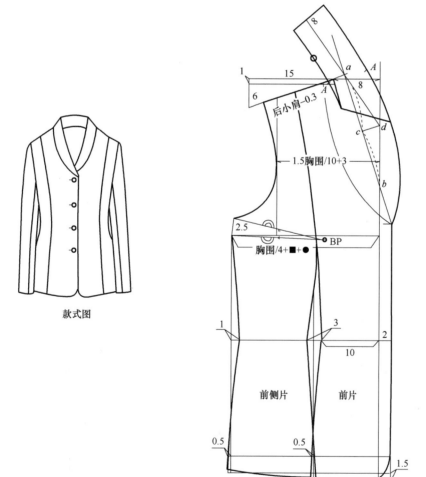

结构制图

图 8-14　青果领款式图与结构制图

领的一种，因此其结构设计方法同驳领，但放缝与挂面样板的制作与普通驳领略有不同。图 8-14 为一青果领外套的款式图和结构制图。

　　青果领因挂面与领子相连，挂面的取法与其他驳领不同，一般有以下两种取法（图 8-15）。

　　方法 a 是挂面从领口线与串口线的交点取肩线的平行线，宽度一般为 4cm。这种方法为缝制方便，须另取后领贴样板，并将前片的块面 A 接到后领贴处。

　　方法 b 挂面取法是直接沿领口弧线往下取挂面，这种方法不需要另取后领贴样板。

　　不管哪种方法，都需要在翻折线上口切入 0.3cm 的翻折存势，下口切入 0.15cm 的翻折存势，驳头上下放出 0.2cm 的存势至驳头止点，然后放缝。

　　因挂面的配置方法不同，相应的里布配置方法也有所不同，图 8-16 为对应两种挂面配置方法的前、后片里料样板配置图，前、后侧片的里料配置原理同前面的套装式外套的里料配置原理。

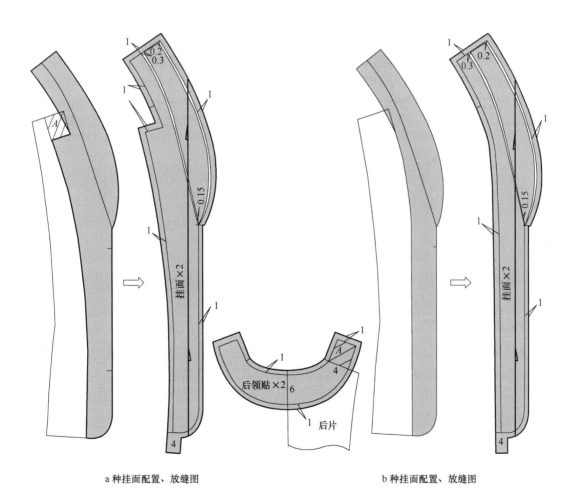

a 种挂面配置、放缝图　　　　　　　　　　b 种挂面配置、放缝图

图 8-15　青果领挂面配置与放缝图

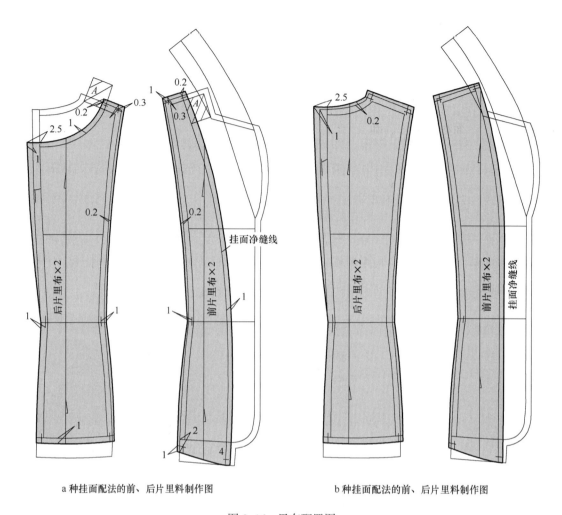

a 种挂面配法的前、后片里料制作图　　　　　　　　b 种挂面配法的前、后片里料制作图

图 8-16　里布配置图

【知识点 8-2】两片袖结构设计

　　衣袖包裹着人体的手臂部，而手臂是人体活动幅度较大的部位，因此好的袖子板型，不仅要看着美观，又要符合手臂的舒适性。而两片袖因其结构造型兼具美观与舒适性成为女装外套的首选袖型。

　　两片袖的结构设计方法很多，目前我国常用的有日本的文化式原型、基型法、比例法等。套装式外套的两片袖采用的是日本文化式原型两片袖结构设计方法，下面再介绍几种两片袖的结构设计方法。

　　图 8-17 为两片袖的各种结构设计方法。

　　在图 8-17（a）的比例法结构设计中，袖山高和袖肥的计算公式各不相同，可结合袖子的风格及面料的特性等自行选择；图 8-17（b）的基型配袖法是在一片袖原型的基础上根据需要来调整的。

　　袖子结构一直是服装结构设计中的一项技术难题，袖子样板的好坏，直接影响到工艺

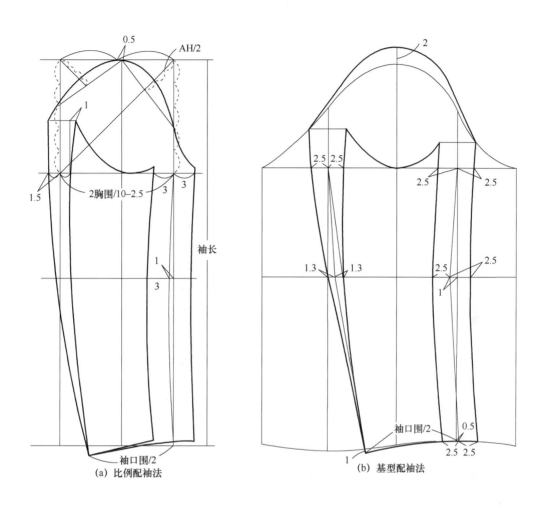

图 8-17 两片袖结构设计方法

生产的速度与效益，同时也是服装造型的重要保障。袖子结构设计的方法有很多种，但它们之间多多少少存在着差异。同一种款式、同一种面料、同一人体号型，采用不同的配袖方法制作出来的袖子板型无论是在结构上，还是在成衣效果上都会有所不同。下面介绍几种两片袖的变化结构。

图 8-18 为两片泡泡袖结构设计方法。在做两片泡泡袖的结构制图时，先做好基本袖的结构制图，然后将袖山剪开拉展出袖山所需要的褶皱量，最好再将袖子转化成两片袖。

图 8-19 为两片耸肩袖的结构设计方法。在做两片耸肩袖的结构制图时，同样先做好基本袖的结构制图（同图 8-18 中的基本袖制图），然后将袖山剪开拉展折叠后做出袖山耸肩的造型，最好再将袖子转化成两片袖。图 8-19 中款式图（a）的耸肩是省道的造型；款式图（b）的耸肩是分割线的造型，两者在转化成两片袖时的结构设计方法有所不同，具体见图 8-19。

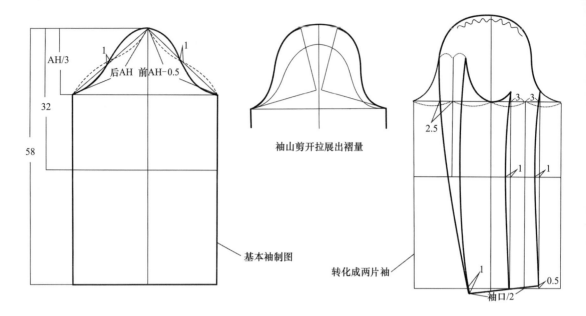

AH/3

后AH 前AH-0.5

32

58

袖山剪开拉展出褶量

基本袖制图

2.5

转化成两片袖

袖口/2

图 8-18 两片袖泡泡袖结构设计方法

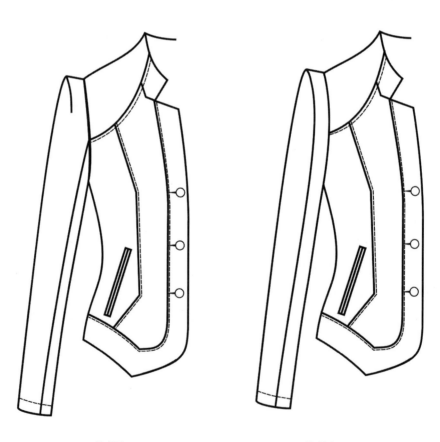

a款式图   b款式图

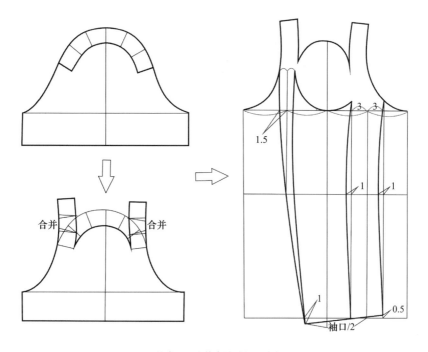

a 款式图两片耸肩袖结构设计方法

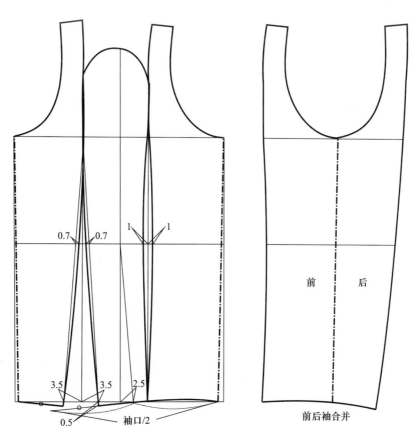

b 款式图两片耸肩袖结构设计方法

图 8-19 两片袖耸肩袖结构设计方法

典型款二　大衣式外套设计稿样板设计与制作

大衣式外套一般为冬季穿着，面料一般采用毛料、毛混纺织物及毛呢类织物[知识点8-3]。大衣式外套的廓型选择范围更广，可以是 A 型、H 型、O 型、T 型和 X 型等。X 型一般为合体型、较合体型服装；H 型一般为较宽松型、宽松型服装；A 型一般为较合体型、较宽松型、宽松型服装；O 型一般为宽松型服装。

任务一　款式分析

步骤一：设计稿分析

此款为中长款外套（图 8-20），整体廓型呈 X 型，腰节下设分割线，并有腰带装饰。前身两侧各打两个活褶，后身左右各一个活褶，下摆略收呈 O 型。前身在腰节下分割处装两袋盖，并有两斜插袋[知识点8-4]。前上半身右前胸有一袋盖装饰，左前肩有一覆势装饰。前后身的斜省和方形公主线分割，可以将胸凸量和收腰量很好地融入其中。领型采用可立、可翻的宽立领造型，袖型为两片袖，袖口有袖襻装饰。此款可采用中厚型的毛呢类面料制作，适合深秋或初冬季节穿着。

(a) 效果图　　　　　　　　　　　(b) 平面款式图

图 8-20　设计稿

步骤二：面料测试

操作方法同套装式女外套的面料测试，在此不再赘述。

步骤三：规格设计

1. 成品规格设计：以国家服装号型标准中标准体型 160/84A 体型为穿着对象，结合款式的风格、结构、款型特点，设计规格如下：

（1）衣长：臀围线下 20cm 左右。160/84A 人体的坐姿颈椎点高为 62.5cm，则有衣长 =62.5+20=82.5，取 82cm。

（2）胸围：84cm+12cm（该款介于较合体与较宽松之间，放松量为 8 ～ 18cm）=96cm。

（3）腰围：因为款型介于较合体与较宽松之间，则胸腰差为 6 ～ 10cm，设定腰围为 86cm。

（4）臀围：女装的衣长变化较大，如果用数值来约束下摆的规格就比较困难，所以通常设定一个臀围的规格，然后根据衣长来最终确定下摆线，衣摆在臀围线以上的，在腰围线与臀围线之间截取；衣摆在臀围线以下的，则在臀围线以下部位截取。160/84A 号型的人体的净臀围为 90cm，臀围加放同胸围的松量，则有 90+12=102cm。

（5）肩宽：160/84A 号型人体的净肩宽为 38.4cm，设计肩宽为 38.4+0.6=39cm。

（6）袖长：160/84A 号型人体的全臂长为 50.5cm，则设计袖长为 56cm 左右（增加 5 ～ 6cm 放量）。

（7）袖口围：为考虑穿脱方便，一般袖口围尺寸为手掌围加上一定的松量（松量的大小视款式特点而定），160/84A 的外套常规袖口围尺寸为 25 ～ 27cm，本例取 26cm。

具体成品规格见表 8-16。

表 8-16 成品规格表 单位：cm

规格＼部位	衣长	胸围	腰围	臀围	肩宽	袖长	袖口围
M	82	96	86	102	39	56	26

2. 成品主要部位规格允许偏差：中华人民共和国国家标准（GB/T 2665-2009）女西服，大衣标准中规定的主要部位规格偏差值见表 8-2。

3. 制板规格设计：设计方法同套装式女外套，最终设大衣式外套的制板规格见表 8-17。

表 8-17 制板规格表 单位：cm

规格＼部位	衣长	胸围	腰围	臀围	肩宽	袖长	袖口围
M	83.5	98	86	104	39	57	26

任务二 初板设计

步骤一：面料样板制作

1. 结构设计（图 8-21）：

（1）先绘出上衣基本型的领口线、肩斜线，根据设计稿的款型确定胸凸量。

（2）根据设计稿的款式结构确定前后领宽及衣身分割、细部结构和部件的位置及规格。

（3）驳领的驳头与领型结构要求按照款式图绘制，初学者可以先在翻折线一侧依图画出领子和驳头结构，然后再对称过来绘制，最后绘出领子的后半部分结构。

（4）两片袖结构应依据衣身的袖窿弧线绘制，注意吃势的控制和袖底弧线与衣身袖窿底弧线吻合。

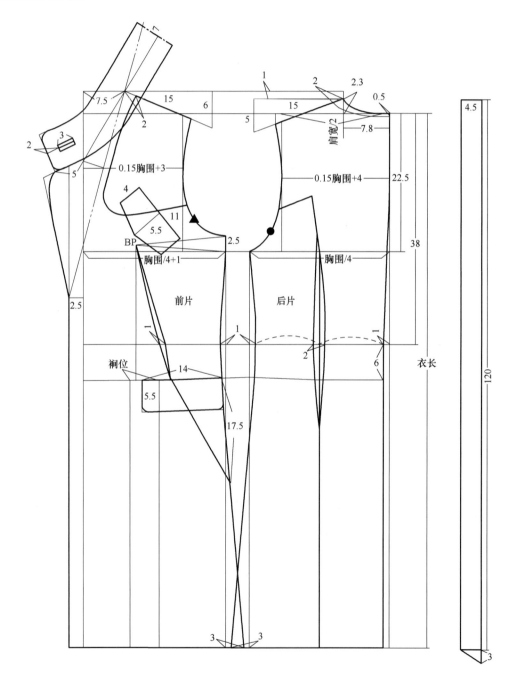

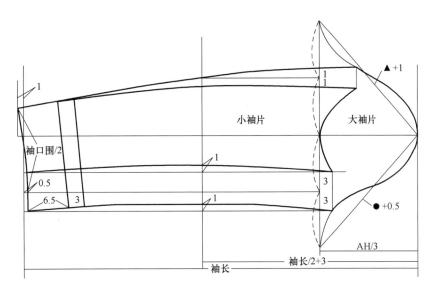

图 8-21 结构制图

（5）前、后衣身下侧做好褶裥量的展开。

2. 面料样板放缝（图 8-22）：

①常规情况下，衣身分割线、肩缝、侧缝、袖缝的缝份为 1 ~ 1.5cm；袖窿、袖山、

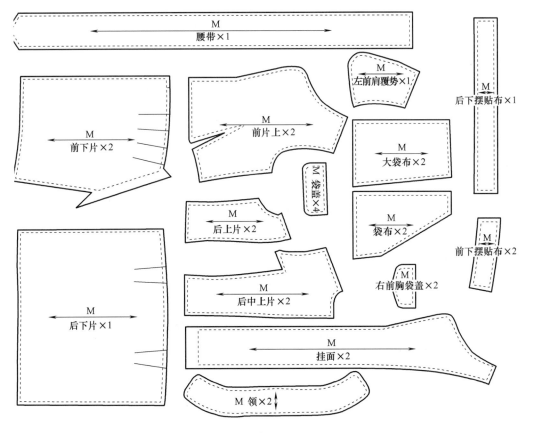

图 8-22

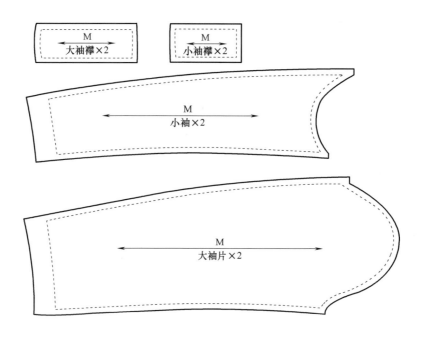

图 8-22　面料样板放缝图

领口等弧线部位缝份为 0.6 ~ 1cm；后中背缝缝份为 1.5 ~ 2.5cm。

②下摆折边和袖口折边宽为 3 ~ 4cm。

③放缝时弧线部分的端角要保持与净缝线垂直。

3. 样板标示：

①样板上做好丝缕线；写明样片名称、裁片数、号型等不对称裁片应标明上下、左右、正反等信息。

②做好定位、对位等相关剪口。

步骤二：里料样板制作

1. 里料样板结构（图 8-23）：里布样板在面料净样的基础上缩放，在各个拼缝处应加放一定的坐势量，以适应人体运动而产生的面料的舒展量。

（1）后片上侧靠近领口的后中线位置加放 1cm 的坐缝收至腰节线，其余各边放 0.2cm 的坐缝；后片上侧的分割线简化为省道。

（2）前片止口同挂面边，其余各边放 0.2cm 的坐缝。

（3）前后片下侧下摆至面料样板净缝线，侧缝边加放 0.2cm 的坐缝。

（4）大袖片在袖山顶点加放 0.3cm，小袖片在袖底弧线处加放 1cm，大小袖片在外侧袖缝线处上提 0.5cm，在内侧袖缝线处上提 0.8cm，内外袖缝线均放 0.2cm 的坐缝，袖口在面料样板袖口净缝线上。

2. 里料样板放缝（图 8-24）：里布样板的缝份均为 1cm，不包含坐缝量。

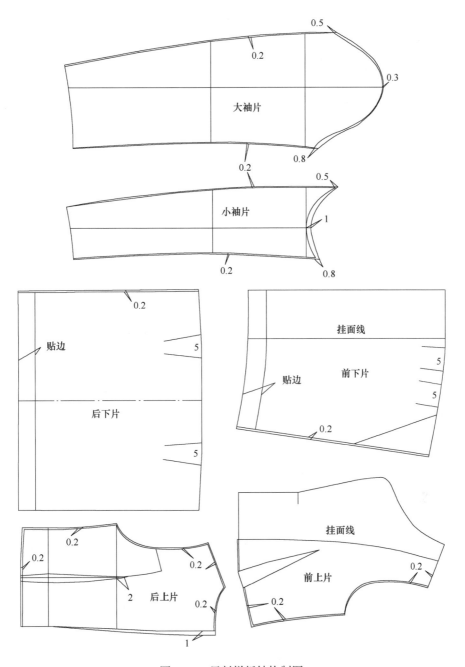

图 8-23 里料样板结构制图

步骤三：衬料样板制作（图8-25）

（1）衬料样板在面料样板毛样的基础上制作，整片粘衬部位，其衬料样板要比面料样板四周小 0.3cm。

（2）常规情况下，挂面、领子、下摆、袋口、嵌线、袖口等部位需要粘衬；正规的职业外套有时前衣身、后背部分及袖子的袖山部分也需粘衬，休闲风格的外套粘衬部位相对较少。

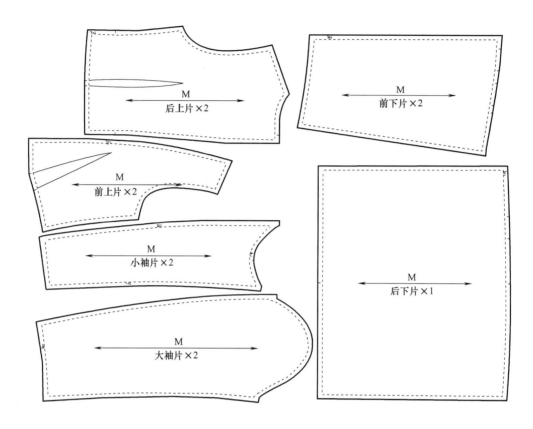

图 8-24　里料样板放缝图

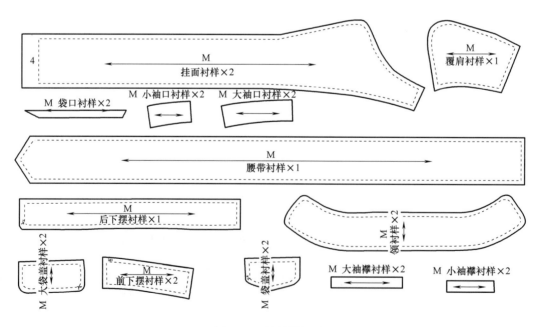

图 8-25　衬料样板图

（3）衬料样板的丝缕一般同面样丝缕，在某些部位起加固作用的（如防止衣身斜丝部位拉升等），则采用直丝。

步骤四：工艺样板制作（图8-26）

服装的前后工序会影响工艺样板的制作。如前片有公主线分割的衣片，其袋位工艺样板的制作就必须将前片与前侧片拼合后才能制作。领子的工艺样板是用于修补领外口的净缝线，因此领子工艺样板的外口线为净缝，领口为毛缝……

配置要点：工艺小样板的选择和制作要根据工艺生产的需要及流水线的编排情况决定。

（1）省位样板：前片的第一个工序就是收省，因此四周均是毛缝（省尖用锥孔的方式定位）。

（2）领净样：领净样在领子面料净板的基础上制作，在装领前，领外口已经合好，因此除领口边是毛样外，其余各边都是净缝。

（3）止口净样：止口净样是在合止口之前修正止口用的，因此止口边是净缝。

（4）袋盖净样：袋盖净样除袋口边为毛缝外，其余三边是净缝。

（5）扣眼位样板：扣眼位样板是在衣服做完后用来确定扣眼位置的，因此止口边应该是净缝。

（6）覆肩净样：领口、肩缝与袖窿毛样，其余均为净样。

（7）领扣眼位样板：在做领前挖好，因此是毛缝。

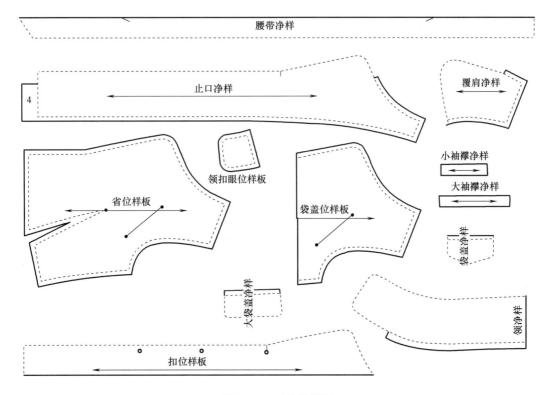

图 8-26　工艺样板图

（8）袖襻、腰带样板：四周净样。

在工艺小样板中，定位板在锥孔或打剪口时应比实际点的位置进 0.2cm，以免衣服做好后盖不住定位痕迹；定型板在劈净缝时应比实际的净缝线进 0.1cm，因为在用定型板画线时，线条粗一般约有 0.1cm。

任务三　初板确认

步骤一：坯样试制

1．排料、裁剪坯样：排料裁剪的要求和标准与套装式女外套相同，在此不再赘述。图 8-27 为面料排料图。

2．坯样缝制：坯样的缝制应严格按照样板操作，其具体的要求和标准同套装式女外套。

大衣式女外套的缝制工序：检查裁片→合缉前后省道、分割缝、背中缝→拼合前后上下片→做袋盖、覆肩→装袋盖、覆肩→合拼挂面→做领、装领→做袖、装袖→整理、整烫。

按以上的工序和要求完成坯样缝制。

步骤二：坯样确认与样板修正

对比分析坯样与设计稿，其主要的确认内容与方法同套装式女外套。

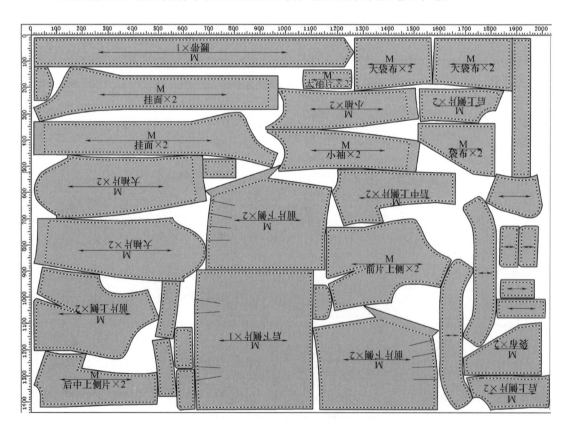

图 8-27　面料排料图

任务四　系列样板

步骤一：档差与系列规格设计

根据国家号型标准中标准体号型的系列档差设计系列规格，见表 8-18。

表 8-18　系列规格及档差　　　　　　　　　　　　　　　　　　单位：cm

规格＼部位	衣长	胸围	腰围	臀围	肩宽	袖长	袖口围	背长	领围
S	80.8	94	82	100	38	55.5	25		
M	83.5	98	86	104	39	57	26		
L	86.2	102	90	108	40	58.5	27		
档差	2.7	4	4	4	1	1.5	1	1	0.8

步骤二：推板

1. 前片推板：

（1）前上片推板（图 8-28）：以止口线为坐标基准线，各部位推档量和档差分配说明见表 8-19。

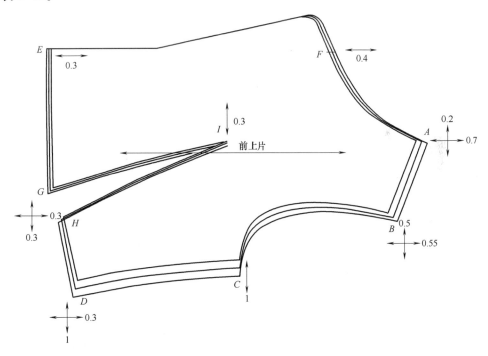

图 8-28　前上片推板图

表 8-19　推档量与档差分配说明（前上片）　　　　　　　　　　单位：cm

代号	推档方向	推档量	档差分配说明
A	↕	0.7	袖窿深档差为胸围档差的 1/6=0.67，取 0.7
	↔	0.2	领围档差 /5，即 0.8/5=0.16，取 0.2

续表

代号	推档方向	推档量	档差分配说明
B	↕	0.55	A 点纵向推档量 – 领深推档量（直开领变化 0.2cm 的 2/3）
	↔	0.5	肩宽档差 /2
C	↕	0	位于坐标基准点，不推放
	↔	1.0	胸围档差 /4
D	↕	0.3	背长档差 – A 点纵向推档量
	↔	1.0	腰围档差 /4
E	↕	0.3	同 D 点纵向档差
	↔	0	位于纵向坐标基准线上，不推放
F	↕	0.4	F 点位于袖窿深的 2/3 处，取 0.4
	↔	0	不推放
G、H	↕	0.3	同 D 点纵向推档量
	↔	0.3	BP 点的横向推档量（一般为 0.3）
I	↕	0	位于坐标基准线上，不推放
	↔	0	BP 点的横向推档量（一般为 0.3）

（2）前下片推板（图 8-29）：以止口线为坐标基准线，各部位推档量和档差分配说明见表 8-20。

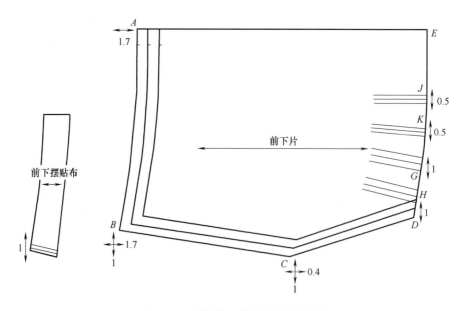

图 8-29　前下片、前下摆贴布推板图

表 8-20　推档量与档差分配说明（前下片）　　　　　　　　　　　单位：cm

代号	推档方向	推档量	档差分配说明
A	↕	1.7	衣长档差 – 前片上的推档量
A	↔	0	位于坐标基准线上，不推放
B	↕	1.7	同 A 点
B	↔	1	臀围档差 /4
C	↕	0.4	袋口大变化量（胸围档差 /10）
C	↔	1	臀围档差 /4
D	↕	0	位于坐标基准线上，不推放
D	↔	1.0	同前片上侧 D 点
E	↕	0	位于坐标基准线上，不推放
E	↔	0	位于坐标基准线上，不推放
G、H	↕	0	位于坐标基准线上，不推放
G、H	↔	1	同 D 点（褶大与袋口的距离不变）
J、K	↕	0	位于坐标基准线上，不推放
J、K	↔	0.5	G 点、H 点推档量 /2

（3）前下摆贴布（图 8-29）：前下摆贴布的宽度不变，长度变化臀围档差 /4，为 1cm。

（4）挂面推板（图 8-30）：以止口线为坐标基准线，各部位推档量和档差分配说明见表 8-21。

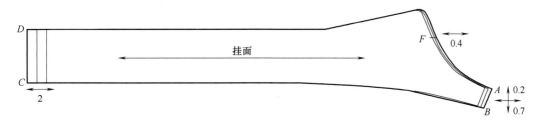

图 8-30　挂面推板图

表 8-21　推档量与档差分配说明（挂面）　　　　　单位：cm

代号	推档方向	推档量	档差分配说明
A、B	↕	0.7	同前片上侧 A 点纵向推档量
	↔	0.2	同前片上侧 A 点横向推档量
C、D	↕	2	衣长档差 – A 点、B 点纵向推档量
	↔	0	挂面宽度不变
F	↕	0.4	同前片上侧 F 点纵向推档量
	↔	0	同前片上侧 F 点横向推档量

2. 后片推板

（1）后上中片推板（图 8-31）：以后中线为坐标基准线，各部位推档量和档差分配说明见表 8-22。

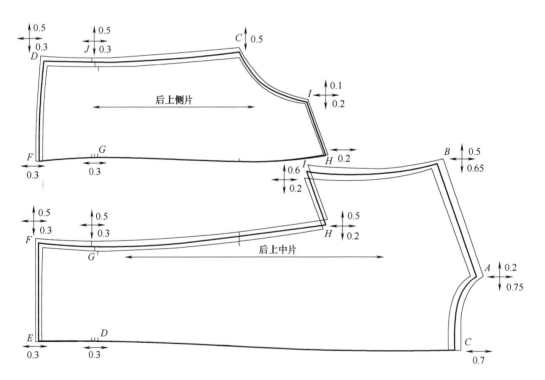

图 8-31　后上中片、后上侧片推板图

表 8-22　推档量与档差分配说明（后上中片）　　　　　　　　　　单位：cm

代号	推档方向	推档量	档差分配说明
A	↕	0.75	C 点推档量 + 领深推档量（领围档差 /3），取 0.75
A	↔	0.2	同前片上侧 A 点
B	↕	0.65	C 点推档量 – 领深推档量（领围档差 /3），取 0.65
B	↔	0.5	肩宽档差 /2
C	↕	0.7	袖隆深变化量（胸围档差的 1/4），取 0.7cm
C	↔	0	纵坐标基准线上的点，不推放
D、E	↕	0.3	背长档差 – C 点纵向推档量
D、E	↔	0	位于纵坐标基准线上，不推放
F、G	↕	0.3	同 D 点、E 点纵向推档量
F、G	↔	0.5	位于胸围 1/2 处，取胸围推档量 1 的 1/2
H	↕	0.2	位于袖隆深 1/3 处，取 0.2
H	↔	0.5	同 F 点、G 点横向推档量
I	↕	0.2	同 H 点纵向推档量
I	↔	0.6	胸围档差 /6，取 0.6

（2）后上侧片推板（图 8-31）：以后上侧片与后上中片的分割线为坐标基准线，各部位推档量和档差分配说明见表 8-23。

表 8-23　推档量与档差分配说明（后上侧片）　　　　　　　　　　单位：cm

代号	推档方向	推档量	档差分配说明
C	↕	0	位于坐标基准线上，不推放
C	↔	0.5	同后上中片 F、G 点横向推档量
J、D	↕	0.3	同后上中片 D、E 点纵向推档量
J、D	↔	0.5	同后上中片 D、E 点横向推档量
F、G	↕	0.3	同后上中片 F、G 点纵向推档量
F、G	↔	0	位于坐标基准线上，不推放

续表

代号	推档方向	推档量	档差分配说明
H	↕	0.2	同后上中片 H 点纵向推档量
	↔	0	位于坐标基准线上，不推放
I	↕	0.2	同后中上片 I 点纵向推档量
	↔	0.1	后背宽档差 – C 点横向推档量 =0.6 – 0.5=0.1

（3）后下片推板（图 8–32）：以后中线为坐标基准线，各部位推档量和档差分配说明见表 8–24。

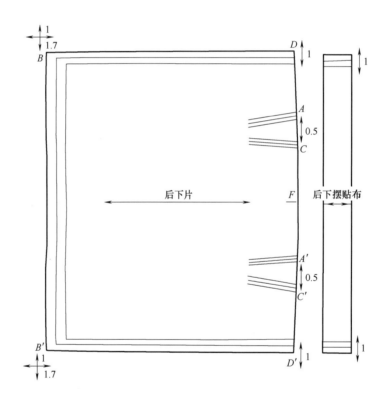

图 8–32　后下片、后下摆贴布推板图

表 8–24　推档量与档差分配说明（后下片）　　　　　　　　　单位：cm

代号	推档方向	推档量	档差分配说明
D	↕	0	位于坐标基准线上，不推放
	↔	1	腰围档差 /4

续表

代号	推档方向	推档量	档差分配说明
B	↕	1.7	同前下片 B 点横向推档量
	↔	1	同前下片 B 点纵向推档量
A、C	↕	0	位于坐标基准线上，不推放
	↔	0.5	D 点推档量 /2

（4）后下摆贴布（图 8-32）：后下摆贴布的宽度不变，长度变化臀围档差 /4，为 1cm。

3．袖子推板：

（1）大袖片推板（图 8-33）：以袖中线为坐标基准线，各部位推档量和档差分配说明见表 8-25。

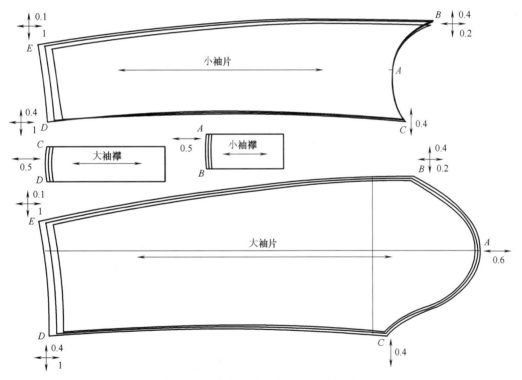

图 8-33　大小袖片、大小袖襻推板图

表 8-25　推档量与档差分配说明（大袖片） 单位：cm

代号	推档方向	推档量	档差分配说明
A	↕	0.5	前后袖窿深档差的平均值 ×80%，取 0.5
	↔	0	位于坐标基准线上，不推放

代号	推档方向	推档量	档差分配说明
B	↕	0.2	位于袖山高的1/3处，取0.2
	↔	0.4	袖隆门宽推档量/2
C	↕	0	位于坐标基准线上，不推放
	↔	0.4	袖隆门宽推档量/2
D	↕	1	袖长档差－A点纵向推档量
	↔	0.4	同B点横向推档量
E	↕	1	同D点纵向推档量
	↔	0.1	袖口档差/2－D点横向推档量

（2）小袖片推板（图8-33）：以袖中线为坐标基准线，各部位推档量和和档差分配说明见表8-26。

表8-26　推档量与档差分配说明（小袖片）　　　　单位：cm

代号	推档方向	推档量	档差分配说明
A	↕	0	位于坐标基准线上，不推放
	↔	0	位于坐标基准线上，不推放
B	↕	0.2	位于袖山高的1/3处，取0.2
	↔	0.4	袖隆门宽推档量/2
C	↕	0	位于坐标基准线上，不推放
	↔	0.4	袖隆门宽推档量的1/2
D	↕	1	袖长档差－A点纵向推档量
	↔	0.4	同B点横向推档量
E	↕	1	同D点纵向推档量
	↔	0.1	袖口档差/2－D点横向推档量

（3）袖襻推板（图8-33）：大小袖襻的宽度不变，长度变化袖口档差的1/2，为0.5cm。

4. 零部件推板（图8-34）：

（1）领片推板：领子以后中线为坐标基准线，领角放缩0.5cm。

（2）大袋布推板：袋口变化量为胸围档差 1/10，所以袋布宽变化 0.4cm。

（3）小袋布推板：袋布宽 B 点变化 0.4cm；袋长点 A 点纵向变化 0.4cm，横向推档量为 0.4cm（袋口宽）。

（4）大袋盖推板：大袋盖长度变化为袋口变化量（胸围 /10），宽度不变。

（5）小袋盖推板：小袋盖长度变化为 0.3cm，宽度不变。

（6）左前肩覆势：以领口边为坐标基准线，A 点横向变化 0.3cm（肩点变化量 0.5 — 颈侧点变化量 0.2）。A 点纵向变化 0.15cm（颈侧点变化量 0.7 —肩点变化量 0.55）。

B 点横向变化量同 A 点横向变化量，纵向为袖窿深的 2/3，取 0.4cm。

覆势长度变化为袖窿深的 2/3，取 0.4cm。

5. 里料推板：里料推板同布料样板，在此不再叙述。

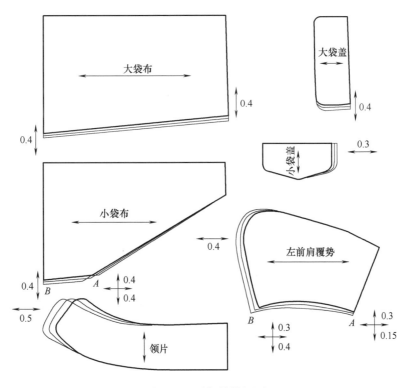

图 8-34 零部件推板图

【知识点 8-3】混纺、羊绒面料知识

混纺面料打破了原来的棉、麻、丝、化纤之间的界限，将不同的元素融合、叠加和借鉴，弥补了单一纺织材料的不足，做到各种材料的优势互补，为服装设计打开了新的设计空间。

混纺面料有化纤与天然纤维混纺、天然纤维与天然纤维混纺和化学纤维与化学纤维混纺三大类。

一、化纤与天然纤维的混纺面料

1. 化纤与棉纤维的混纺面料：化纤与面纤维混纺的有棉涤混纺、棉锦混纺、棉氨混纺、涤锦棉三合一混纺等。棉涤混纺材料具有挺括、滑爽、易染色、免烫性好，快干等优点；棉锦混纺面料具有"软、滑、光、弹"的效应，经树脂整理后，其手感与免烫性得到进一步改善。如棉锦混纺的直贡织物，其布面匀整、表面光泽好、质地柔软，具有精致的缎纹效果，耐磨、弹性好，吸湿性也较强，在国外把它作为理想的军用服装面料；棉氨混纺的面料广泛应用于紧身衣、运动服、内衣、弹性休闲服；涤锦棉三合一混纺面料集三种纤维的优点于一身，是理想的服装面料。另外棉与再生纤维如黏胶、天丝、莫代尔、竹纤维等混纺，在新型面料的开发中占据着重要地位。

2. 化纤与麻纤维的混纺面料：涤麻混纺的面料既具有涤纶的高弹性、挺括性，又具有麻纤维的的凉爽、舒适、透气性，目前开发出来的品种有细布、色织布、帆布、花呢、派力司，适合制作西服、时装、套装、夹克衫等；还有涤粘麻、涤毛麻、涤麻棉、涤腈麻等三合一的混纺面料，既具有麻织物的特性，又具有其他纤维的优良特点，也适合制作男、女各式时装；另外还有麻与大豆纤维的混纺面料具有色泽柔和、手感丰满、挺括而不失细腻，强力高、吸水亲肤性好，具有较好的保健功能；天丝与麻的混纺织物手感柔软、保形性好、抗菌抑臭、防紫外线，是一种很好的绿色环保面料。

3. 化纤与毛的混纺面料：常见的混纺面料有毛涤、毛黏、毛腈混纺等。毛涤混纺是混纺面料中最普遍的一种；毛腈混纺面料具有手感柔软、弹性好、保暖性好、耐磨、抗起球以及颜色鲜艳、成本低等特点，广泛应用于针织面料；另外，羊毛纤维与大豆纤维、天丝、莫代尔、竹纤维、水溶性维纶、玉米纤维等新型纤维的混纺，是各类女时装及休闲装的最佳选择。

4. 化纤与丝的混纺面料：丝与化纤的混纺既保持了丝织物的柔软性和悬垂性，又克服了其不宜机洗、洗涤后易起皱的缺点，是各种锦衣华服面料的首选。

二、天然纤维与天然纤维的混纺面料

1. 棉混纺面料：棉毛混纺面料具有棉纤维良好的吸湿性和毛纤维的弹性，纹理细致、手感柔软，适于制作秋冬季休闲服；丝棉混纺织物兼具棉质的吸湿透气，又有真丝的优雅光泽、柔软手感和悬垂感。

2. 麻混纺面料：麻棉混纺面料凉爽透气、吸湿性好，且都为轻薄型，适应于制作夏季服装；麻毛手感滑爽、挺括、弹性好，适应于制作男、女各式套装；丝麻混纺面料也适应于制作夏令服装。

3. 毛混纺面料：毛混纺面料注重羊毛与各类纤维的创新组合。羊毛与特种纤维如兔毛、山羊绒等的混纺，改善了毛织物的手感和呢面效果，赋予织物轻柔、细腻的质感，适合制作秋冬季外套；毛棉混纺织物适合于制作各类运动休闲服；毛麻混纺是夏季休闲服装的面料首选；羊毛与真丝面料的混纺集合了羊毛的弹性和丝的光泽，已广泛应用于男正装的制作中。

4．丝混纺面料：丝混纺面料在最大限度发挥丝绸产品优点的同时，借鉴了其他纺织产品的特色，如丝棉、丝毛、丝麻等混纺产品，具有环保、舒适的特点。

三、化学纤维与化学纤维的混纺面料

化学纤维通过混纺，大大拓展了化学纤维的应用领域，改善了化纤产品的服用性能。如涤黏混纺、维黏混纺等比较适宜作为家居服装面料；涤腈混纺具有良好的抗皱性和免烫性，适宜制作套装、上衣、裤子等；黏锦混纺结实耐磨、吸湿透气；醋酯纤维与黏胶纤维混纺具有仿丝或麻的外观和手感；醋酯纤维与涤纶或锦纶混合，再加上弹性纤维，适合于制作高级女装面料。

羊绒面料是一种高档面料。羊绒织物表面毛绒丰满厚实，具有很好的保暖性，是春、秋、冬季比较理想的服装面料。传统的羊绒面料有顺毛风格、千鸟格、人字纹、双面呢等，有些羊绒面料的手感、光泽以及后整理风格已经接近意大利产品，能把羊绒特有的柔滑、漂光等特性通过后整理表现出来。

山羊绒是紧贴山羊皮生长的浓密细软的绒毛，具有集细、轻、柔、暖、滑、弹于一身的优良特性。光泽柔和、吸湿性是所有纤维之冠，保暖性比绵羊毛好，卷曲、摩擦系数较羊毛低，但细度细，所以缩绒性与细羊毛接近，山羊绒价格很高，有"软黄金"之称。

【知识点 8-4】口袋变化

口袋是服装的主要部件之一，口袋的造型变化较多。其功能有两个：一是具有实用功能，能用来装一些小物件；二是具有一定的装饰功能，能对职业服装起到点缀装饰的作用。

口袋的分类和及造型结构设计大致有以下几种：

一、贴袋

贴袋的样式很多，其制作工艺相对比较简便，只要将布料剪成相应的形状直接缝制到服装的相应部位即可。在打板时，同样只要在衣片样板的相应部位画出贴袋形状，然后拷贝下来放缝就可以了，放缝时需要注意的是袋口的贴边宽一般为 3 ~ 4cm。除了常规的方角贴袋和圆角贴袋外，图 8-35 所示是几种变化的贴袋款式。

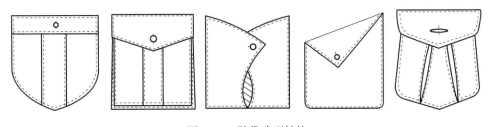

图 8-35　贴袋造型结构

二、挖袋

挖袋是一种按一定的形状剪开成袋口，然后以袋嵌条固定袋口，再用袋里或袋布（带有袋贴）作为底层的一种袋型。挖袋的袋口变化同样比较丰富，可以是单线型的，也可以是双线型的，还有的是箱型（方形）的或圆弧形的及带袋盖等。

挖袋在制板时同样需要在衣身样板上画出口袋位置，然后配以相应的嵌条、袋贴、袋布等。图8-1所示的套装式外套口袋即为一种带袋盖的双线型挖袋。图8-36是挖袋的一些变化形式。

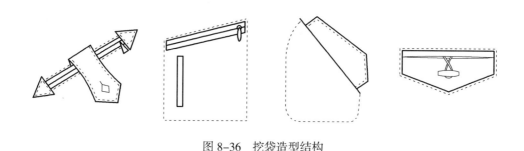

图8-36　挖袋造型结构

三、插袋

插袋有两种形式：一种为服装的拼接缝间留出的口袋，如裤子的直插袋。上衣做在侧缝线的插袋等；另一种是借助分割线另外作出形状的插袋，如裤子的斜插袋、牛仔裤的月亮型插袋等。插袋的形式也是多种多样的，可以是直的、斜的也可以是弧形的及其他变化形状，也可以在插袋上夹装袋盖等装饰。

插袋如果是做在拼接缝的，制板时在相应的部位可直接多放缝份留出袋口折边和袋垫布；也可以保持常规的放缝不变，另外配置袋口折边和袋垫布。如是变化型的插袋，则需要在衣片上作出相应的造型，然后在配置相应的袋口折边和袋垫布。图8-37所示是几种插袋的造型结构。

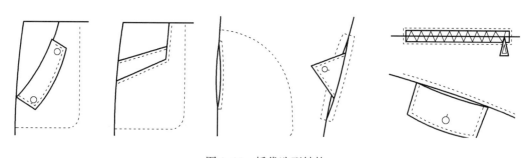

图8-37　插袋造型结构

四、假袋

假袋是指那些没有实用功能，只是用来丰富服装细节设计的一种装饰性口袋，假袋可以是贴袋、挖袋，也可以以袋盖的形式来体现。其结构设计的方法对应相应的贴袋和挖袋结构设计，只是在做挖袋的假袋时，不需要配置袋布样板。图8-38所示为几种假袋的结构造型。

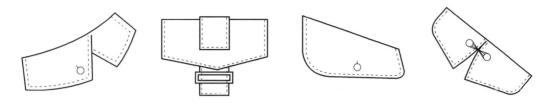

图 8-38　假袋造型结构

典型款三　风衣式外套设计稿样板设计与制作

风衣式外套适宜于春秋季节穿着，风衣的款型选择比较丰富，可以是宽松的，也可以是合体的。风衣在款式设计上有很多带襻、连帽[知识点 8-5]的设计，面料的选择多强调舒适、保暖、耐磨及防风、防水性能，常用的有全棉、棉涤卡其布、牛仔布、竹节帆布、PVC 涂层面料等。

任务一　款式分析

打样单（表 8-27）也是设计稿的一种形式，在企业里一般由设计人员制作，其设计完款式后，在完成打样单的制作，然后根据款式特点，制订设计款的成品规格及工艺要求，并填写相应的面辅料要求和后整理要求等，完成打样单（也称样衣生产通知单），然后将打样单下发到技术部门进行打板、制作样衣。

步骤一：打样单分析

1. 款式的分析：根据设计师提供的款式和款式说明分析款式，确定制板方案。

2. 规格尺寸的分析：分析规格表里的成品规格，与设计稿进行比对，如发现有不合适之处，可与设计师商量并予以修正或调整。

步骤二：面料测试

操作方法同套装式女外套的面料测试，在此不再赘述。

步骤三：制板规格设计

1. 成品主要部位规格允许偏差：中华人民共和国国家标准（GB/T 2665—2009）女西服，大衣标准中规定的主要部位规格偏差值见表 8-2。

2. 制板规格设计：设计方法同套装式女外套，最终设计风衣式外套的制板规格见表 8-28。

任务二　初板设计

步骤一：面料样板制作

1. 结构设计（图 8-39）：

（1）由于风衣是穿在其他衣服外面的服装，因此腰节线应适当降低，为 39cm。胸凸量也可适当减少，前片前腰节比后腰节高出 0.5cm，胸省量设定为 2.0 ~ 2.5cm。

表 8-27　风衣式外套打样单

打样单			
款式编号：WF2010C001		名称：立翻领双排扣风衣	
下单日期：2010.3.5	完成日期：2010.3.10	规格表（M 码　号型：160/84A）　单位：cm	

款式图：	部位	尺寸	部位	尺寸
	衣长	100		
	胸围	96		
	腰围	89		
	臀围	100		
	肩宽	39.5		
	袖长	57		
	袖口围	26		

正面　　　　　　　背面

款式说明：此款为立翻领[知识点 8-6]风衣式外套，双排扣、插袋，前后肩有覆势装饰，腰间有一腰带。袖子为两片袖，袖口有袖襻装饰

面辅料： 45mm 日字扣 1 粒 30mm 日字扣 2 粒 20mm 纽扣 9 粒	工艺要求：衣片分割缝拼合平整；前片装覆势、衣片分割、止口拼合后缉 0.8cm 明线，要求左右对称；前片口袋嵌条宽 3cm，大小一致；领子、袖子平服、左右对称；腰带宽窄一致。样衣要求缝线平整，整洁无污渍，无线头
印、绣花：无	后整理要求：无

改样记录：

设计：*****	制板：*****	样衣：	日期：

表 8-28　制板规格　　　　　　　　　　　　　　　　　　　单位：cm

规格＼部位	衣长	胸围	腰围	臀围	肩宽	袖长	袖口围
M	101	98	88	102	39.5	58	26

（2）由于衣服不是很合体，肩线可以前后一样长，后肩线也可以设置少量吃势，以吻合肩胛骨的突起。

（3）腰省的确定并非固定的数值，应按照胸腰之间的差数做适当调整。制图时应重视各部位规格的进一步核对，特别是胸、腰、臀等关键部位的尺寸核对。

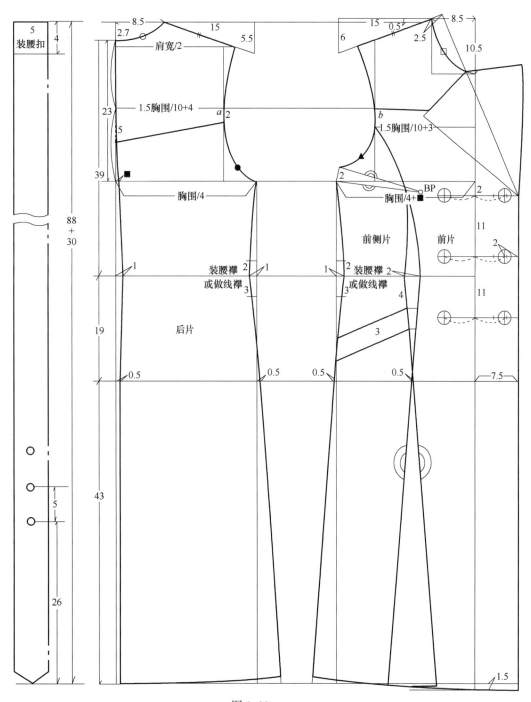

图 8-39

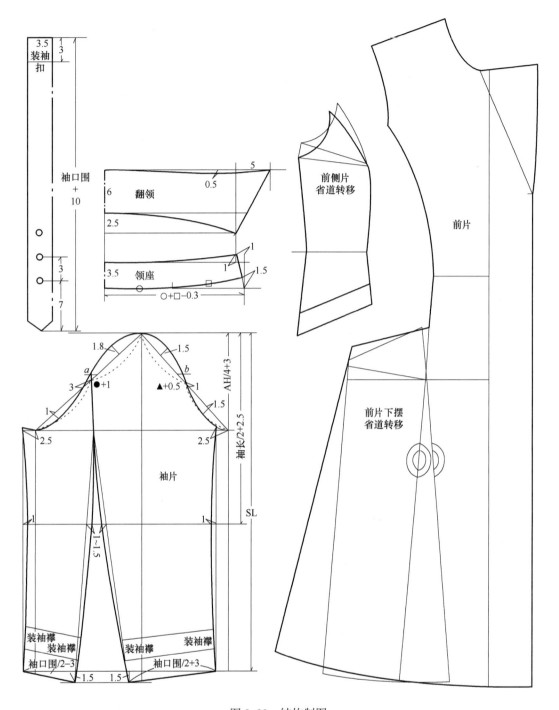

图 8-39　结构制图

（4）在领子制图中，先在翻折线的右侧绘出如款式图的驳头造型，然后以翻折线为对称轴对折。领子为立翻领造型，分为翻领和领座，制图时翻领的弧度应比领座的弧度大1.5cm 以上，领子越合体，弧度越大。

（5）前侧片应作好省道的合并，前片部分的小省量作为吃势。前片下摆做好省道合并。

（6）双排扣一般搭门宽 6 ~ 8cm（可根据款式特点选择）。扣眼大一般比纽扣直径大 0.3cm，以前止口线进 1.7cm 作扣眼。由于纽扣扣好后比止口线偏进 2cm，因此双排扣纽扣位确定以前中线为对称轴。另外，双排扣由于叠门较宽，为防止甲层止口下坠外露，通常要在左侧锁一个暗扣扣眼、右侧钉一暗扣（男装刚好相反）用以固定。

（7）袖子的袖山高取 AH/4+3cm，袖子的吃势量设定为 1.5 ~ 2cm，袖子的前后偏袖量为 2.5cm。注意调节好袖山弧线上的刀眼与衣身袖窿弧线上的刀眼的平衡。

（8）腰带和袖襻的长度为衣服净腰围、净袖口的规格再增加一定的余量。

2. 面料样板放缝（图 8-40）：放缝要点和样板标注同套装式和大衣式外套。

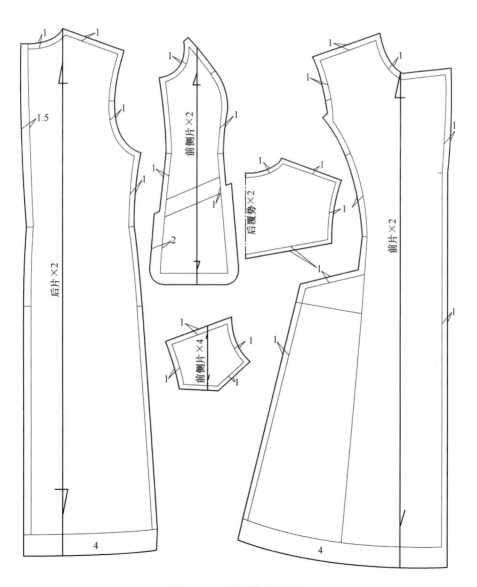

图 8-40　面料样板放缝图

步骤二：里料样板制作（图8-41）

配置要点：

（1）前片因去掉挂面后剩余的量很小，做里料样板时可将前片与前侧片合并在一

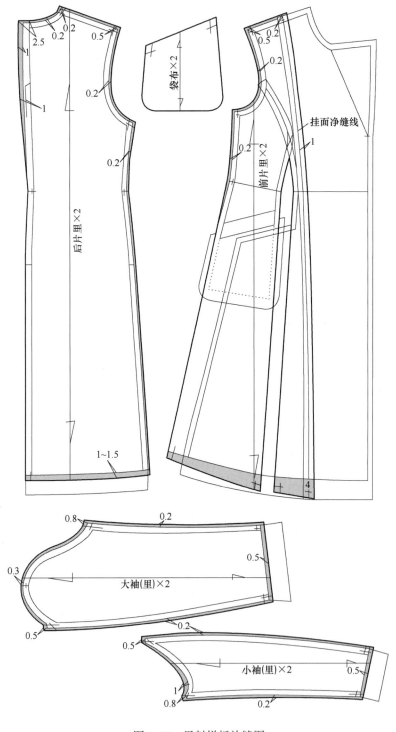

图 8-41　里料样板放缝图

起，合并后侧缝顺延多放出来的量在腰省上收掉，省道一直收至下摆。肩缝在肩点处放出 0.3 ~ 0.5cm 作为袖窿松量，其余各边放 0.2cm 的坐缝；前侧在挂面净缝线的基础上放缝 1cm；下摆方法同套装式女外套的里料。

（2）后片的后中线放 1cm 的坐缝至腰节线，肩缝在肩点处放出 0.3 ~ 0.5cm 作为袖窿松量，其余各边放 0.2cm 的坐缝，下摆在面料样板下摆净缝线的基础上下落 1 ~ 1.5cm（一般的面料下落 1cm 就可以了，如面料比较重、悬垂性较好的话下落 1.5cm）。

（3）大袖片在袖山顶点加放 0.3cm，小袖片在袖底弧线处加放 1cm，大小袖片在外侧袖缝线处抬高 0.5cm，在内侧袖缝线处抬高 0.8cm，内外袖缝线均放 0.2cm 的坐缝，袖口在面料样板袖口净缝线的基础上下落 0.5cm（即按毛板缩短 3.5cm）。

步骤三：粘衬样板制作（图8-42）

配置要点：

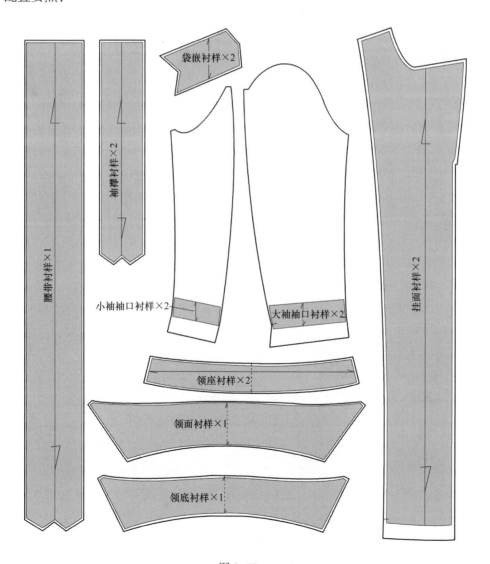

图 8-42

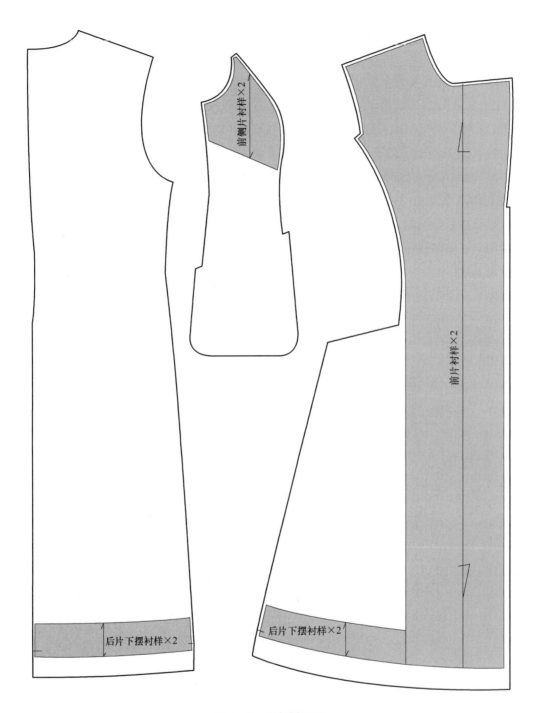

图 8-42　衬料样板图

　　该款风衣由于下半身面积较大，衬料一般前面一部分，前侧片一般粘至胸围线下 6 ~ 8cm。

　　前片、后片下摆衬宽 5cm。

　　其他部位配衬同女西服款。

衬样同面、里料样板一样，要做好丝缕线及文字标注。

步骤四：工艺样板制作（图8-43）

配置要点：工艺小样板的选择和制作要根据工艺生产的需要及流水线的编排情况决定。

图 8-43　工艺样板图

（1）扣位净样：双排扣由于纽扣位置偏进，纽扣位需要做净样。同时，在右挂面内侧须钉暗扣。

（2）扣眼位净样：扣眼位在左前片须锁一暗扣扣眼。

（3）腰带和袖襻净样：腰带和袖襻夹好后要打眼，眼位与腰带和袖襻的净样合用。

（4）前后覆势净样：前后覆势在下口做光，肩缝和袖窿同前片衣身一起与后肩缝和袖子缝合，因此这两边是毛边。扣眼位可同净样合用。

袋嵌、领子和止口净样做法同套装式女外套。

任务三　初板确认

步骤一：坯样试制

1. 排料、裁剪坯样：排料裁剪的要求和标准与套装式女外套相同，在此不再赘述。

2. 坯样缝制：坯样的缝制应严格按照样板操作，其具体的要求和标准同套装式女外套。

风衣式女外套的缝制工序：检查裁片→合缉前分割缝、后背中缝→做口袋→做覆势→装袋盖覆势→合拼挂面→做领、装领→做袖、装袖→整理、整烫。

按以上的工序和要求完成坯样缝制。

步骤二：坯样确认与样板修正

对比分析坯样与设计稿，其主要的确认内容与方法同套装式女外套。

任务四　系列样板

系列样板制作原理与方法同套装式及大衣式女外套，在此不再赘述。

【知识点 8-5】帽子结构设计

在风衣的款式设计中，有很多是连帽或者另带帽子的款式。帽子的设计有的强调实用性，有的则纯粹是用来装饰的。实用型的帽子在结构设计时要考虑人体的头部结构与衣身领圈的关系，保证帽子戴在头上的合体性；装饰性的帽子规格可大可小，还可以根据服装的风格自由设计，主要是要体现帽子与服装的整体协调性。当然更多的帽子设计是兼具实用和装饰性的。

图 8-44 是两款帽子的款式图和结构图。在这两款帽子的结构设计中，主要要测量人体头部左右脸颊绕过头部后脑勺之间的距离（A）及前领深点绕过人体左脸颊、头顶至右脸颊、再至前领深点的距离（B），以保证帽子规格的合体。帽子也在基本型结构的基础上，做结构上的任意分割，图 8-44（b）款帽子是在帽子的后中有一长条形分割，在分割时要保证帽中长条的宽度不变及与两侧帽身拼合边 cd 间的距离不变。

有些可脱卸的帽子在设计时可装拉链或按扣、纽扣等，但其结构设计方法都是一样的，只是在该结构的基础上安装相应的纽扣或拉链即可（也有一些在帽子的领口边装一贴边，

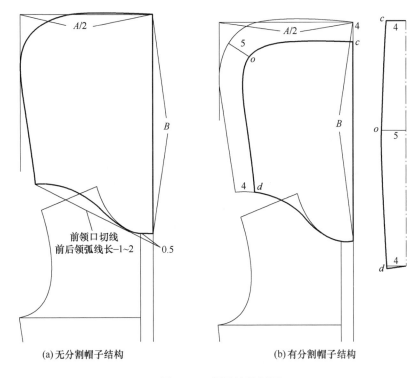

(a)无分割帽子结构　　　　(b)有分割帽子结构

图 8-44　帽子结构制图

用来做重叠量）。

【知识点 8-6】立翻领结构设计

立翻领的结构一般有两种，一种就是图 8-39 中的翻领与领座分开的立翻领形式；另一种则是立领与翻领部分不分开的一种形式；图 8-45 中的即为立领与翻领不分开的结构制图。

制图要点：

连接翻折止点 *a* 点和肩线延长 2.5cm 的 *b* 点，在左侧画出领子和驳头的造型；*bc* 为领子领座立起后的翻折线并延长；分别按 *ab* 和 *bc* 线对称领子和驳头，连接 *hc* 点，画好领圈弧线、驳头；作 *cd* 延长线的平行线 *ef* 长为后领圈弧线长减去 0.3 ~ 1cm，作 *ef* 的垂线 *fg* 长 4cm，连顺领圈弧线 *gd*（*d* 点为领口点下 0.3cm），然后绘领口弧线的垂线 *gi*，长 8.5cm（领座高 3.5cm，翻领宽 5cm），画顺领外口线 *ih*，画顺 *dch* 线；连接 *jc* 线，*jc* 为立翻领的翻折线。

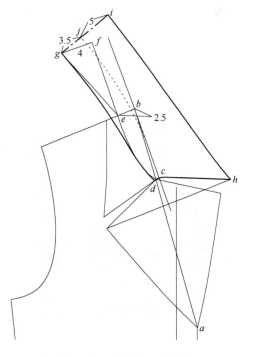

图 8-45　立翻领结构制图

模块三　男装样板设计与制作

项目九　西裤实物样板设计与制作

男西裤是男子裤装的重要品种，一般为正式着装。面料一般选用毛料、毛混纺面料及毛呢类面料。男西裤的廓型以直筒和锥型居多，有腰头，前片有折裥，后片收省道。随着社会的进步和发展，现在休闲西裤也日益流行，相对于正装西裤而言，休闲西裤的面料选择可以更多样，棉、毛、麻以及混纺面料都可以运用，休闲西裤的款式设计和细节设计也更多样。

典型款一　正装男西裤实物样板设计与制作

任务一　款式分析

步骤一：实物分析

1. 款式结构分析：由于男、女体型不同，造成男女服装在结构处理上亦有差异[知识点9-1]。包括裤子整体廓型、宽松程度、裤身造型、长短、脚口大小、分割线设置、口袋、腰头、门襟形式等方面。

实物男裤：如图9-1所示，此款为较贴体型长裤，直筒裤口，前片双褶裥，后片两个

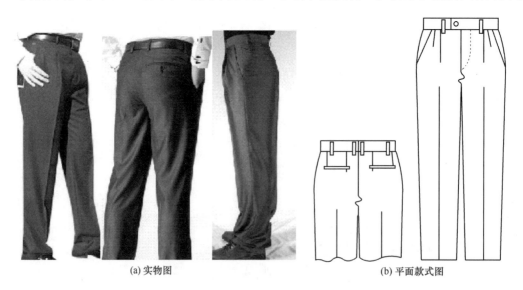

(a) 实物图　　　　　　　　　　　(b) 平面款式图

图9-1　实物图与平面款式图

省，前口袋为斜插袋，后口袋为嵌线袋，有腰头。

2．工艺特点分析：包括腰头、门里襟、口袋、嵌线、镶边、缉明线等特点及与板型的联系。

实物男裤：普通腰头；拉链式门里襟，止口处套结，缉明线；前口袋为斜插袋，袋口缉明线，后口袋为双嵌线开牙袋；侧缝不缉明线；后中预设可调节余量。

3．面料分析：男裤面料种类很多，任何季节都可以用含天然纤维的精纺面料，夏季用薄料，冬季用厚料，也可以用混纺面料。面料有精纺和粗纺之分。

实物男裤：采用薄型精纺呢，是一种高支精纺加捻毛纱，平纹织物，挺括。

步骤二：规格测量

测量实物"裤子"尺寸要点：裤子被测量的部位一定要摆放平整，松紧适宜，才可丈量。

1．基本部位尺寸的测量：裤长、腰围、臀围、上裆、脚口宽。如图9-2所示。

（1）裤长：沿侧缝线测量裤腰上口至脚口的距离（图中①）。

（2）上裆：自腰围向下量至臀沟的距离（图中②）。

（3）腰围：将裤子放平后，测量腰口对折后的长度，再乘以2（图中③）。

（4）臀围：将裤子放平后，测量股上长1/3处的臀部对折后的长度，再乘以2（图中④）。

（5）脚口宽：将裤子放平后，测量脚口处裤腿的宽度（图中⑤）。

（6）腰带宽：腰头的宽度（图中⑥）。

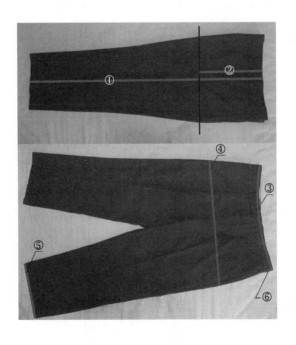

图9-2 男西裤规格测量

2. 细节部位尺寸的测量：

（1）腰头部分。

（2）口袋部分。

（3）纽扣或者拉链设计等。

（4）省道、褶裥的位置等。

步骤三：规格制定

1. 成品规格：按照实物测量，各个部位的尺寸见表 9-1。

表 9-1　成品规格　　　　　　　　　　　　　单位：cm

部位	裤长	腰围	臀围	上裆	脚口宽
规格	102	76	102	27	22

2. 成品主要部位规格允许偏差：中华人民共和国国家标准（GB/T 2666—2001）男西裤标准中规定的主要部位规格偏差值见表 9-2。

表 9-2　主要部位规格偏差值　　　　　　　　　单位：cm

部位名称	允许偏差
裤长	±1.5
腰围	±1
臀围	±1

3. 制板规格设计：面料的性能和缩率会影响服装的规格，同时，在服装的生产过程中，粘衬、缝制、熨烫等工艺手段也会或多或少影响服装成品的规格尺寸。因此，为保证成品后服装规格在国家标注规定的偏差范围内，在设计制板规格时，应考虑以上影响成品规格的相关因素。假设以上面料测试中所测得的缩率：经向为1.5%，纬向为1%，计算表 9-1 中的相关部位制板规格如下（表 9-3）。

（1）裤长：$102 \times (1+1.5\%) \approx 103.6$cm。

（2）腰围：$76 \times (1+1\%) \approx 76.8$cm。

（3）臀围：$102 \times (1+1\%) \approx 103$cm。

（4）上裆：$27 \times (1+1.5\%) \approx 27.5$cm。

（5）脚口宽：$22 \times (1+1\%) \approx 22.2$cm。

表 9-3　制板规格　　　　　　　　　　　　　单位：cm

部位	裤长	腰围	臀围	上裆	脚口宽
规格	103.6	76.8	103	27.5	22.2

任务二 初板制作[知识点9-1]

步骤一：面料样板制作

1. 结构设计：如图9-3所示。

（1）绘制基准线：裤基本线、裤长线、横裆线、后落裆线、臀围线、中裆线和臀围宽线。

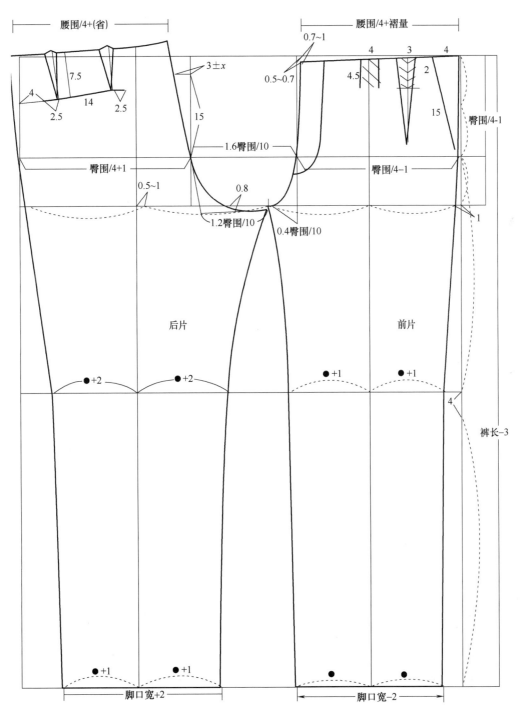

图9-3 结构制图

前、后臀围分配依次为臀围 /4-1cm，臀围 /4+1cm。

（2）确定前、后裆宽大小，绘制前、后烫迹线；再确定腰围和脚口大小，绘制上、下裆线和侧缝线；其中总裆宽为 1.6 臀围 /10，前、后裆宽的分配比例为 0.4 臀围 /10 和 1.2 臀围 /10，上裆长按照实际测量绘制，后片烫迹线可以向侧缝偏移 0.5 ~ 1cm，注意前、后片侧缝长度要等长。

（3）按照实物确定前片褶位；再绘制后片两省，定后片口袋位置，并加深净样轮廓线。注意腰围线的圆顺。

2. 零部件结构制图：如图 9-4 所示，包括门里襟、腰头、口袋垫布、口袋布等的结构制图。

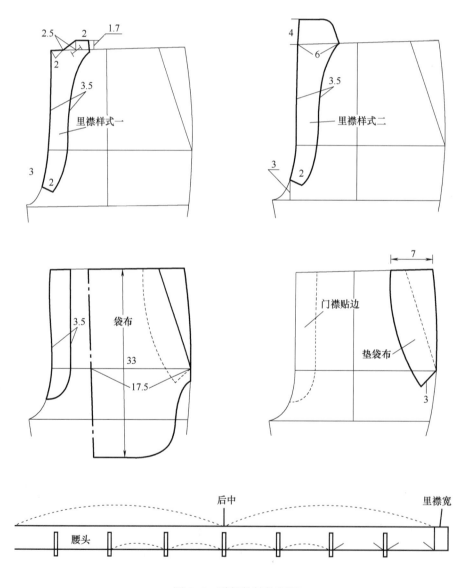

图 9-4　零部件结构制图

3．放缝：如图 9-5、图 9-6 所示。

（1）常规情况下，裤身侧缝、内侧缝的缝份一般为 1cm 或者 1.2cm；后中缝份为 2.5cm；裤脚口折边一般为 3 ~ 4cm，其余部位一般为 1cm。

（2）放缝时弧线部分的端角要保持与净缝线垂直。

（3）斜插袋袋口部位可直接加放约 2.5cm 的贴边，也可另作贴边。

（4）腰面宽 5cm，与裤片缝合一侧留 1cm 缝份，另一侧留 1cm 缝份。

（5）为防止起吊、起皱，门、里襟在一侧追加 0.3cm 松量，门襟宽 3.5cm，周边各加 1cm 缝份，里襟比门襟宽出约 0.3 ~ 0.5cm，以防门襟外露，里襟里采用 60° 斜料。

（6）为防止起吊、起皱，斜插袋贴袋布、袋布在腰口部放出 0.5cm 的松量，袋布制作须先将褶合并，一侧取袋口净线，另一侧取完整裤片并放出 2 倍缝份。

（7）将后片省道合并，确定后袋位，并在腰线放出 0.7cm 的松量制作后袋布。

（8）其他小部件的制作：包括大档底布、串带等。

4．样板标注：样板标注方法同前（此处略）。

步骤二：里料样板制作（图 9-7）

男西裤只在前裤片装部分里布，称为膝盖绸。膝盖绸长度比裤长略短或者至中档下

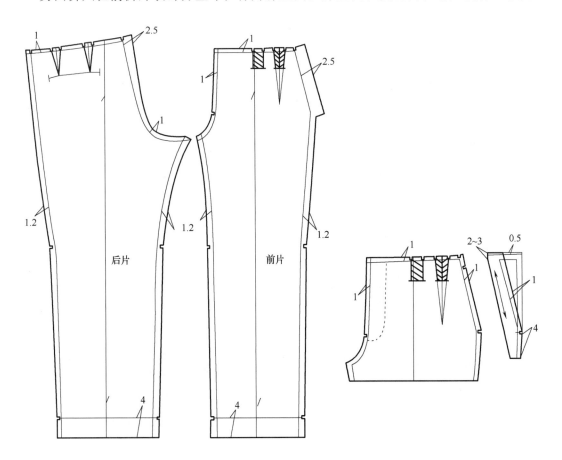

图 9-5 面料样板放缝图

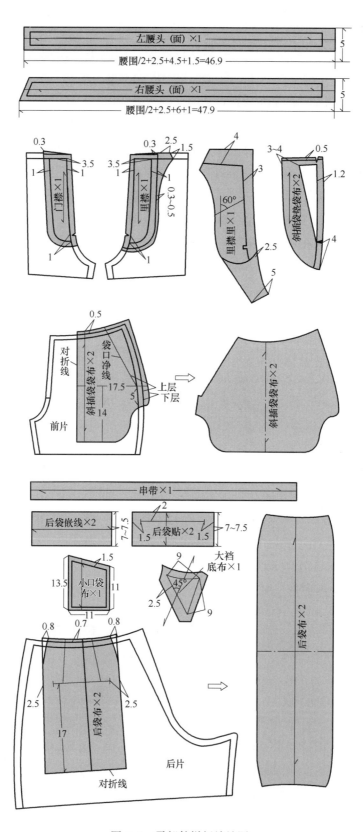

图9-6 零部件样板放缝图

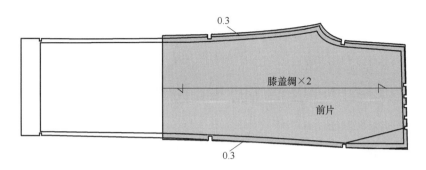

图 9-7 里料样板放缝图

10cm 处。

步骤三：衬料样板制作（图 9-8）

男西裤一般只需在腰头、门里襟及袋口部位粘衬，衬样一般比毛样略小一点。腰头衬料样板一般比净腰头宽稍窄。

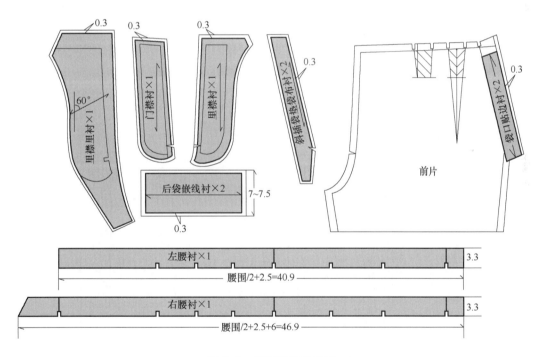

图 9-8 衬料样板放缝图

步骤四：工艺样板制作（图 9-9）

配置要点：

（1）后省定位样：确定后省省尖位置，因本款男裤后中缝份不是上下一致的，需画出后中心线，可在同一样板中完成。

（2）前褶定位样：确定前褶位置，同时确定前斜插袋袋口位置。

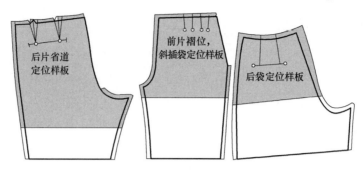

图 9-9　工艺样板图

（3）后袋定位样：取收省后后裤片形状，确定后袋袋口位置。

任务三　初板确认

步骤一：坯样试制

1. 排料裁剪（图 9-10）

（1）排料的基本原则：部件齐全、排列紧凑、拼接合理、纱向准确、较少空隙、两端齐口。

（2）排料的一般规律：

①齐边平靠：样板平直边尽量相互平齐靠拢或者平贴于布料边缘。

②斜边颠倒：使斜边顺向一致，两线并拢，减少空隙。

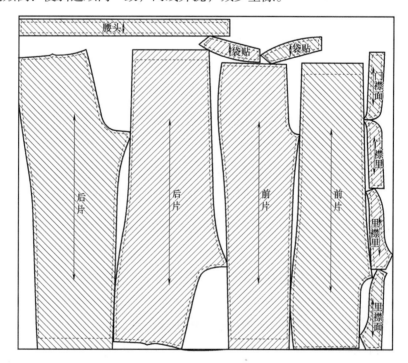

图 9-10　面料样板排料图

③弯弧相交。

④凹凸互套。

⑤大片定局，空档填小。

⑥ 经短为省，纬满在巧。

（3）裁剪要求：

①裁片注意色差、色条、破损。

②纱向顺直、不允许有偏差。

③裁片准确、两层相符。

④刀口整齐、深 0.5cm。

2. 坯样缝制：坯样的缝制应参照样板要求和设计意愿，特别是在缝制过程中缝份大小应严格按照样板操作。同时还应参照中华人民共和国国家标准（GB/T 2666—2001）男、女西裤的质量标准，标准中关于服装缝制的技术规定有以下几项：

（1）缝制质量要求：

①针距密度规定见表 9-4。

表 9-4　针距密度规定

项目		针距密度	备注
明暗线		12 ～ 14 针 /3cm	特殊需要除外
包缝线		不少于 9 针 /3cm	—
手工针		不少于 7 针 /3cm	—
三角针		不少于 4 针 /3cm	以单面计算
锁眼	细线	12 ～ 14 针 /1cm	机锁眼
	粗线	不少于 9 针 /1cm	手工锁眼
钉扣	细线	每孔不少于 8 根线	缠脚线高度与止口厚度相适宜
	粗线	每孔不少于 4 根线	

注　细线指 20tex 及以下缝纫线；粗线指 20tex 以上缝纫线。

②各部位缝制线路顺直、整齐、平服、牢固。

③底、面线松紧适宜，无跳线、断线。起落针处应有回针。

④侧缝袋口下端打结处以上 5cm 至以下 10cm 之间、下裆缝上 1/2 处、后裆缝、小裆缝缉两道线，或用链式线迹缝制。

⑤垫袋布要折光边或者包缝。

⑥袋口两端应打结，可采用套结机或平缝机回针。

⑦锁眼定位准确，大小适宜，扣与眼对位，整齐牢固。纽脚高低适宜，线结不外露。

⑧商标、号型标志、成分标志、洗涤标志位置端正，清晰准确。

⑨各部位缝纫线迹 30cm 以内不得有两处单跳或连续跳针，链式线迹不允许跳针。

（2）外观质量规定见表 9-5。

表 9-5　外观质量规定

部位名称	外观质量规定
腰头	面、里、衬平服，松紧适宜
门、里襟	面、里、衬平服，松紧适宜，长短互差不大于 0.3cm。门襟不短于里襟
前、后裆	圆顺、平服
串带	长短、宽窄一致，位置准确、对称，前后互差不大于 0.6cm，高低互差不大于 0.3cm
裤袋	袋位高低、前后大小互差不大于 0.5cm，袋口顺直平服
裤腿	两裤腿长短、肥瘦互差不大于 0.3cm
裤脚口	两脚口大小互差不大于 0.3cm

（3）缝制工艺流程：检查裁片→包缝（拷边）→做零部件（直插袋、串带、腰头装串带等）→缉后省、合侧缝→装斜插袋、装里襟→缝合下裆缝→装腰头→扣脚口折边→锁扣眼→整烫→钉纽。

（4）整烫：

①整烫程序：右里襟部位→右腰头、褶裥、袋口、裆缝→后裆缝→左腰头、省缝、袋口、褶裥→左门襟部位→腰里→小裆→后裆下部→左右下裆缝→左右侧缝→脚口→裤中线定型。

②熨烫质量要求：裤子各部位整烫平服，无烫黄、极光、水渍、变色等现象；前、后片烫迹线要烫煞，后臀部位按照归拔原理将其向外推平，臀部以下要归拢，使裤子摆平时符合人体体型。

步骤二：坯样确认与样板修正

1. 对比分析坯样（图 9-11）：具体方法同童装和女装坯样分析，在此不再赘述。

图 9-11　对比分析坯样

2．样板修正与确认：

（1）针对弊病作样板修正：针对以上的分析与讨论结果，对于样板上的弊病或者需改进之处进行样板修正，一般在基准样板上进行调整、改正，然后重新拷贝样板。对于改动较多、较大的样板，需要重新制作试样修正。

（2）确认基准样：经过几次的试样、改样，一直到样衣、样板符合要求后，将基准样确定下来，然后封样。表9-6为封样单格式。

表9-6 封样单

×××公司	首件试样封样单（制衣）		表码:×××	
			修改次数:（×××）	修订日期:×××
产品名称	正装男西裤	款式		
货号	×××	试样车间	×××	
		试样人	×××	
尺码:	裤长	腰围	臀围	上裆	脚口宽
指示	103.6	76.8	103	27.5	22.2
成衣	102	76	102	27	22
尺码:	腰带宽	袋口			
指示	4.5	15			
成衣	4.5	15			
封样意见: 1. 成衣各部位尺寸符合规格要求； 2. 上裆线处理圆顺，裆部尺寸及分配合理； 3. …… 4. ……					
封样人	×××	×××	封样日期	×××	
打样人	×××	样板号	×××	审核人	×××

任务四 系列样板

步骤一：档差与系列规格设计

根据国家号型标准中标准体号型的5·2系列设计档差及系列规格（M码号型：170/74A），见表9-7。

表9-7　系列规格与档差　　　　　　　　　　　单位：cm

部位 ＼ 成品规格	号	160	165	170	175	180	规格档差
	型	70A	72A	74A	76A	78A	
腰围		72	74	76	78	80	2
臀围		98.8	100.4	102	103.6	105.2	1.6
裤长		96	99	102	105	108	3
脚口围		42	43	44	45	45	1
上裆		26.2	26.6	27	27.4	27.8	0.4

步骤二：推板

1. 前片推板（图9-12）：前片以横裆线和烫迹线为坐标基准线，各部位推档量与档差分配说明见表9-8。

表9-8　推档量与档差分配说明（前片）　　　　　　单位：cm

代号	推档方向	推档量	档差分配说明
A	↕	0.4	直接取值
	↔	0.34	腰围档差/4 — F点的横向推档量
B、C	↕	0.4	同A点的纵向推档量
	↔	0.18	A点横向推档量/2=0.18
D、E	↕	0.4	同A点的纵向推档量
	↔	0	近纵向坐标轴，不推放
F	↕	0.4	同A点的纵向推档量
	↔	0.16	臀围档差/4 — A点横向推档量
G	↕	0.13	臀高档差 = 上裆档差/3
	↔	0.24	（前小裆宽档差 + 臀围档差/4）/2=0.24
H	↕	0.13	同G点的纵向推档量
	↔	0.16	臀围档差/4 — G点横向推档量
I、J	↕	0	位于横向坐标线上，不推放
	↔	0.24	（前小裆宽档差 + 臀围档差/4）/2=0.24
K	↕	1.24	（下裆档差2.6 — 臀高档差0.13）/2
	↔	0.25	裤口档差/4=0.25

续表

代号	推档方向	推档量	档差分配说明
L	↕	1.24	（下裆档差 2.6 −臀高档差 0.13）/2
	↔	0.25	同 K 点横向推档量
M	↕	2.6	裤长档差−上裆推档量
	↔	0.25	裤口档差 /4=0.25
N	↕	2.6	同 M 点纵向推档量
	↔	0.25	同 M 点横向推档量
P	↕	0.4	同 A 点的纵向推档量
	↔	0.35	同 A 点的横向推档量
Q	↕	0.13	同 G 点的纵向推档量
	↔	0.24	同 G 点的横向推档量
R	↕	0.22	上裆档差−腰臀深变化量（上裆档差−臀高档差）的 2/3
	↔	0.18	同 C 点的横向推档量

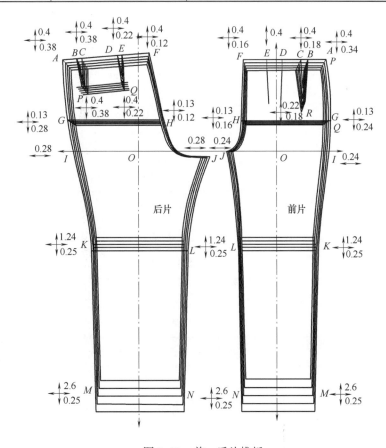

图 9-12　前、后片推板

2. 后片推板：后片以烫迹线为纵坐标，以横裆线为横坐标。各部位推档量与档差分配说明见表 9-9。

表 9-9　推档量与档差分配说明（后片）　　　　　单位：cm

代号	推档方向	推档量	档差分配说明
A	↕	0.4	直接取值
	↔	0.38	腰围档差 /4 — F 点横向推档量
B、C	↕	0.4	同 A 点的纵向推档量
	↔	0.38	同 A 点的横向推档量
D、E	↕	0.4	同 A 点的纵向推档量
	↔	0.22	A 点的横向推档量—袋大档差（臀围档差 /10）=0.22
F	↕	0.4	同 A 点的纵向推档量
	↔	0.12	同 H 点的横向推档量
G	↕	0.13	臀高档差 = 上裆档差 /3
	↔	0.28	（后大裆宽档差 + 臀围档差 /4）/2=0.28
H	↕	0.13	同 G 点的纵向推档量
	↔	0.12	臀围档差 /4 — G 点横向推档量
I、J	↕	0	位于横向坐标线上，不推放
	↔	0.28	（后大裆宽档差 + 臀围档差 /4）/2=0.28
K	↕	1.24	（下裆档差 2.6 —臀高档差 0.13）/2
	↔	0.25	裤口围档差 /4=0.25
L	↕	1.24	（下裆档差 2.6 —臀高档差 0.13）/2
	↔	0.25	同 K 点横向推档量
M	↕	2.6	裤长档差—上裆档差
	↔	0.25	裤口围档差 /4=0.25
N	↕	2.6	同 M 点纵向推档量
	↔	0.25	同 M 点横向推档量
P	↕	0.4	同 A 点的纵向推档量
	↔	0.38	同 A 点的横向推档量

续表

代号	推档方向	推档量	档差分配说明
Q	↕	0.4	同 A 点的纵向推档量
	↔	0.22	P 点的横向推档量—袋口大档差 =0.24

3. 零部件推板（图 9-13）

（1）腰头：宽度不变，长度档差 1cm（一半计算）。

（2）门襟、里襟：宽度不变，长度档差同上裆长档差为 0.4cm。

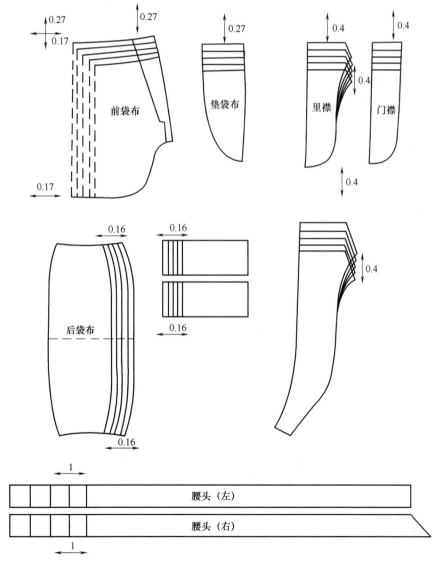

图 9-13 零部件推板图

（3）后袋布、嵌线：长度不变，宽度推袋口的档差 0.16cm（0.1 臀围档差）。

（4）斜插袋袋布：长度推袋长变化量 0.27cm（上档档差 – 臀高档差），宽度推袋口的档差 0.17cm（A 点横向变化量 /2）。

【知识点 9-1】男女体型、结构比较

一、男性体型的特殊性

男体相对于女体有其特殊性，其中尤以躯体为典型。男女体体型差异以及与结构设计有关的主要特殊性如下：

1. 由于男体颈部斜方肌、乳突肌发达，故领围和肩斜度均比女性大。

2. 由于男体肩宽比女体宽，加上臂部肌肉发达，故男装肩宽比女装大。

3. 由于男体背部肌肉浑厚，故后衣身肩省量比女装肩省量稍大。

4. 由于男性胸部形态为扁圆状，故其前衣身胸省的大小及处理方法不同于女装。

5. 男性前腰节长比女性长，一般占超过 3 个头身的位置，以 0.25h+2cm 为准。

6. 男性后腰节长比前腰节长 1.5cm，不同于女体的前腰节比后腰节长 1.5cm。

7. 男性胸腰差、胸臀差，以 A 体为例，分别为 16 ～ 12cm，2 ～ 4cm，比女性 A 型体小。

8. 由于男性手臂自然状态下前曲倾斜的程度和肘部弯曲程度比女体大，故正常男体手臂前倾度比女性手臂前倾度大 2° ～ 4°。

9. 由于男体臂山肌肉发达，故袖山形状应呈浑圆状，袖肥比同类风格女装袖肥大。

10. 由于男下体侧部倾斜角比女性小，故后臀沟垂直倾斜角较小。

二、男装衣身结构平衡和前衣身胸省、后衣身肩省消除的特殊性

男装的衣身结构平衡与女装相同，有三种形式，即梯形平衡、箱形平衡和梯形—箱形平衡。

但由于男体相对于女体有明显的差异及男装结构设计的保守性，故男装前后衣身肩省量的消除有其特殊性。

男体胸部呈圆台状，不同于女体圆锥状胸部，故男装前衣身胸省不能通过省道来消除，而更多地通过撇胸、下放和工艺处理等方法以分散形式消除。男装前衣身胸省大小的理论值 = 净胸围 /40=2.2cm（其中净胸围 =88cm）。男装对前衣身胸省量的消除一般有三种方法：第一种为前衣身胸省量全部放在撇胸处，或大部分放在撇胸处少部分放在袖窿处，主要用于西装类外套；第二种为前衣身胸省量大部分下放在前衣身腰围线下，少部分放在袖窿处，主要用于衬衫类；第三种为前衣身胸省量部分下放在前衣身腰围线下，部分放在前衣身的撇胸处，主要用于夹克、中山装类。

男装后衣身肩省量的大小的理论值 = 净胸围 /40-0.4cm=1.8cm 男装对后衣身肩省量的消除一般有两种方法：第一种为后衣身肩省量通过肩背处的分割线消除，用于衬衫、夹克等肩背处有分割线的服装；第二种为后衣身肩省量全部或部分放在肩缝、袖窿、后中线处，通过缝缩、牵带或归拢等工艺处理来消除，用于肩背处无分割线的服装。

男装衣身结构平衡的要素与女装相同，故前衣身胸省量计算公式 = 前衣身胸省量理论值 – 垫肩量 –0.05（胸围 – 净胸围 –18cm），后衣身肩省量计算公式 = 后衣身肩省量理论值 –0.7 垫肩量 –0.02（胸围 – 净胸围 –18cm）。

典型款二　休闲男西裤实物样板设计与制作

任务一　款式分析

步骤一：实物分析

1. 款式结构分析：分析思路同前。

实物男裤：如图 9-14 所示，此款式为贴体型长裤，直筒脚口，前口袋为斜插袋，后口袋为单嵌线挖袋，后片一个省道，有腰头。

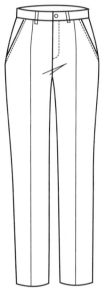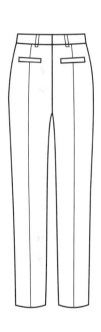

图 9-14　实物图与平面款式图

2. 工艺特点分析：分析思路同前。

实物男裤：普通腰头，拉链式门里襟，止口处套结，缉明线，前口袋为斜插袋，袋口缉明线，后口袋为单嵌线挖袋，后中预设可调节余量。

3. 面料分析：分析思路同前。

实物男裤：面料采用薄型卡其棉布，斜纹织物，挺括。

步骤二：规格测量

内容同前，此处不再赘述。

步骤三：规格制定

1. 成品规格：按照实物测量，各个部位的尺寸见表 9-10。

表 9-10 成品规格

单位：cm

部位	裤长	腰围	臀围	上裆	脚口宽
规格	102	76	94	26	21

2. 成品主要部位规格允许偏差：内容同前，此处略。

3. 制板规格设计：假设以上面料测试中所测得的缩率：经向为1.5%，纬向为1%，计算表9-9中的相关部位制板规格如下（表9-11）。

（1）裤长：$102 \times （1+1.5\%） \approx 103.6cm$。

（2）腰围：$76 \times （1+1\%） \approx 76.8cm$。

（3）臀围：$94 \times （1+1\%） \approx 95cm$。

（4）上裆：$26 \times （1+1.5\%） \approx 26.4cm$。

（5）脚口宽：$21 \times （1+1\%） \approx 21.2cm$。

表 9-11 制板规格

单位：cm

部位	裤长	腰围	臀围	上裆	脚口宽
规格	103.6	76.8	95	26.4	21.2

任务二 初板制作

步骤一：面料样板制作

1. 结构设计：如图9-15所示。

（1）绘制基准线：裤基本线、裤长线、横裆线、后落裆线、臀围线、中裆线和臀围宽线。前后臀围分配依次为臀围/4-1cm，臀围/4+1cm。

（2）确定前、后裆宽大小，绘制前、后烫迹线；再确定腰围和脚口大小，绘制上、下裆线和侧缝线；其中总裆宽为1.5臀围/10，前后裆宽的分配比例为0.4臀围/10和1.1臀围/10，上裆长按照实际测量绘制。由于前面没有省道，所以在绘制腰围线，处理臀腰差值时，可以将前腰围设计为腰围/2，后腰围设计为腰围/2+2cm。后片烫迹线可以向侧缝偏移0.5~1cm，注意前、后片侧缝长度要等长。

（3）按照实物确定前片口袋位；再绘制后片省道，定后片口袋位置，并加深净样轮廓线。注意腰围线的圆顺。

（4）绘制零部件结构图，包括门里襟、腰头、口袋布等的结构制图。

2. 面料样板放缝与标注：如图9-16所示，放缝与样板标注要点同正装男西裤，在此不再赘述。

步骤二：工艺样板制作

配置要点：

（1）后省定位样：确定后省省尖位置，因本款男裤后中缝份不是上下一致的，需画

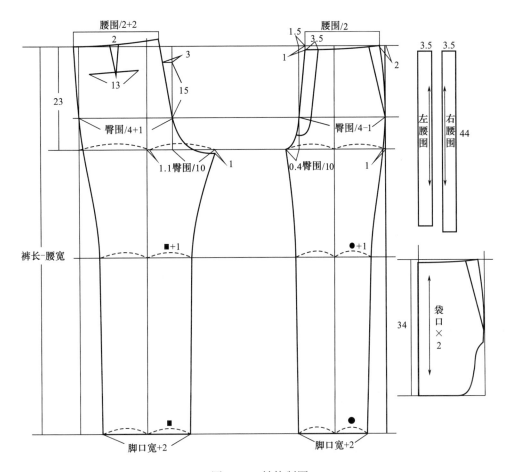

图 9-15　结构制图

出后中心线，可在同一样板中完成。

（2）后袋定位样：取收省后后裤片形状，确定后袋袋口位置。

（3）腰头净样板：四周净样。

任务三　初板确认

步骤一：坯样试制

1. 排料裁剪：排料、裁剪的相关要点同正装男西裤，在此不再赘述。图 9-17 为面料样板排料图。

2. 坯样缝制：坯样的缝制应参照样板要求和设计意愿，特别是在缝制过程中缝份大小应严格按照样板操作。同时还应参照中华人民共和国国家标准（GB/T 2666—2001）男、女西裤的质量标准，其中缝制质量要求和外观质量要求具体注意要点同正装男西裤，在此不再赘述。

（1）缝制工艺流程：检查裁片→包缝（拷边）→做零部件（斜插袋、腰头装串带等）→缉后省→缝制后片单嵌线挖袋→合侧缝→装前片斜插袋、装里襟→缝合下裆缝→装腰头

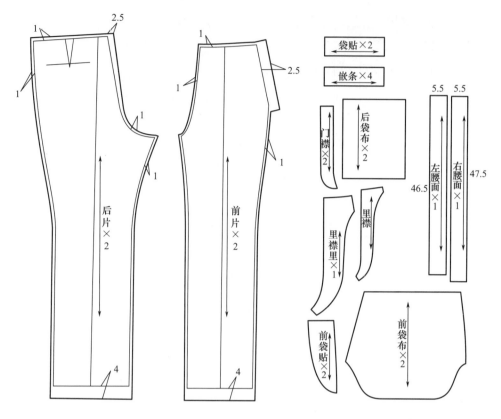

图 9-16　面料样板放缝图

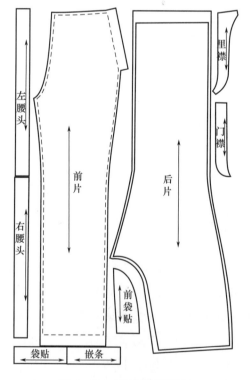

图 9-17　面料样板排料图

→扣脚口折边→锁扣眼→整烫→钉纽。

（2）整烫：注意要点同正装男西裤，在此不再赘述。

步骤二：坯样确认与样板修正

坯样确认与样板修正的方法同正装男西裤。此款裤装应特别注意的是缉明线的针距、线迹及成品规格。

任务四　系列样板

步骤一：档差与系列规格设计

根据国家号型标准中标准体号型的5·2系列设计档差及系列规格（M 码号型：170/74A），见表9-12。

表 9-12　系列规格与档差　　　　　　　　单位：cm

成品规格 / 部位	号	160	165	170	175	180	规格档差
	型	70A	72A	74A	76A	78A	
腰围		72	74	76	78	80	2
臀围		90.8	92.4	94	95.6	97.2	1.6
裤长		96	99	102	105	108	3
脚口围		40	41	42	43	44	1
上档		25.2	25.6	26	26.4	26.8	0.4

步骤二：推板

1. 前片推板（图9-18）：前片以横档线和烫迹线为坐标基准线，各部位推档量与档差分配说明见表9-13。

表 9-13　推档量与档差分配说明（前片）　　　　　　　　单位：cm

代号	推档方向	推档量	档差分配说明
A	↕	0.4	直接取值
	↔	0.34	腰围档差 /4 — B 点的横向推档量
B	↕	0.4	同 A 点的纵向推档量
	↔	0.16	同 D 点的横向推档量
C	↕	0.13	臀高档差 = 上档档差 /3
	↔	0.24	（前小档宽档差 + 臀围档差 /4）/2=0.24

续表

代号	推档方向	推档量	档差分配说明
D	↕	0.13	同 C 点的纵向推档量
D	↔	0.16	臀围档差 /4 — C 点横向推档量
E	↕	0	位于横向坐标线上，不推放
E	↔	0.24	（前小裆宽档差 + 臀围档差 /4）/2=0.24
F	↕	0	位于横向坐标线上，不推放
F	↔	0.24	（前小裆宽档差 + 臀围档差 /4）/2=0.24
G	↕	1.24	（下裆档差 2.6 — 臀高档差 0.13）/2
G	↔	0.25	裤口档差 /4=0.25
H	↕	1.24	（下裆档差 2.6 — 臀高档差 0.13）/2
H	↔	0.25	同 G 点横向推档量
I	↕	2.6	裤长档差—上裆档差
I	↔	0.25	裤口档差 /4=0.25
J	↕	2.6	同 I 点纵向推档量
J	↔	0.25	同 I 点横向推档量

2. 后片推板：后片以烫迹线为纵坐标，以横裆线为横坐标。各部位推档量与档差分配说明见表 9-14。

表 9-14　推档量与档差分配说明（后片）　　　　单位：cm

代号	推档方向	推档量	档差分配说明
A	↕	0.4	直接取值
A	↔	0.38	腰围档差 /4 — B 点横向推档量
B	↕	0.4	同 A 点的纵向推档量
B	↔	0.12	同 D 点的横向推档量
C	↕	0.13	臀高档差 = 上裆档差 /3
C	↔	0.28	（后大裆宽档差 + 臀围档差 /4）/2=0.28

续表

代号	推档方向	推档量	档差分配说明
D	↕	0.13	同 C 点的纵向推档量
	↔	0.12	臀围档差 /4 — C 点横向档差
E	↕	0	位于横向坐标线上，不推放
	↔	0.28	（后大档宽档差 + 臀围档差 /4）/2=0.28
F	↕	0	位于横向坐标线上，不推放
	↔	0.28	（后大档宽档差 + 臀围档差 /4）/2=0.28
G	↕	1.24	（下档档差 2.6 —臀高档差 0.13）/2
	↔	0.25	裤口档差 /4=0.25
H	↕	1.24	（下档档差 2.6 —臀高档差 0.13）/2
	↔	0.25	同 G 点横向推档量
I	↕	2.6	裤长档差—上档档差
	↔	0.25	裤口档差 /4=0.25
J	↕	2.6	同 I 点纵向推档量
	↔	0.25	同 I 点横向推档量
K	↕	0.4	同 A 点的纵向推档量
	↔	0.38	同 A 点的横向推档量
L	↕	0.4	同 A 点的纵向推档量
	↔	0.22	K 点的横向档差—袋大档差 =0.22
M	↕	0.4	同 A 点的纵向档差
	↔	0.3	（K 点横向档差 +L 点横向档差）/2=0.3
N	↕	0.4	同 A 点的纵向推档量
	↔	0.3	同 M 点的纵向推档量

3. 零部件推板（图 9-18）

（1）腰头：宽度不变，长度档差 1cm（一半计算）。

（2）门襟、里襟：宽度不变，长度档差同上档长档差为 0.4cm。

（3）后袋布、嵌线：长度不变，宽度推袋口的档差 0.16cm（0.1 臀围档差）。

（4）斜插袋袋布：长度推袋长变化量 0.27cm（上档档差—臀高档差），宽度推袋口的档差 0.18cm（A 点横向变化量 /2）。

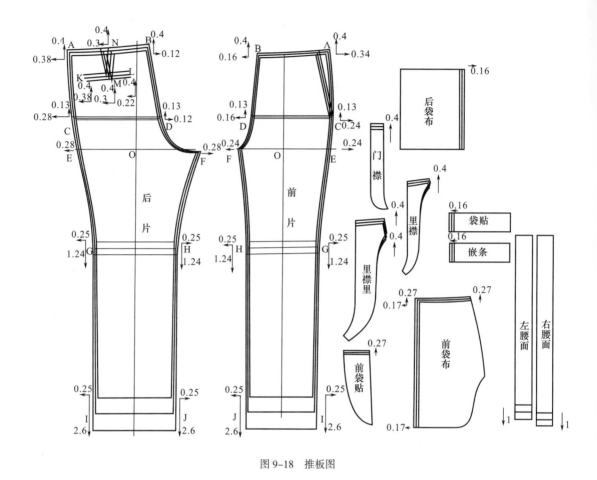

图 9-18　推板图

项目十　衬衫设计稿样板设计与制作

一、衬衫的发展概况

衬衫是在 19 世纪末期受到西方经济和文化的影响，随其他新鲜事物一同飘洋过海才来到我们这片习惯于穿宽袍大衫的国度的。衬衫一词在英文中称为"shirt"，我们的语言并没有单纯的以外来语的形式给予这个新事物音译的名称，而是在对于它的功能和穿着方式有了一定的认识之后，根据自身语言所包容的概念才产生了"衬衫"这个名词。"衬"在《康熙字典》中解释一为"裹覆之物"，二为"衣之在内者"，也就是贴身之衣的意思；"衫"为古代无袖头的开衩上衣，多为单衣，也有夹衣，发展到后来又可归纳为衣服的总称。那么，把这两个字合二为一组成一个词汇所能表达的内容也就是"贴身穿的单衣"。衬衫的面料【知识 10-1】的选择广泛，如 100% 纯棉面料、混纺面料、100% 化纤面料、亚麻面料、羊毛、真丝面料等都可以用来制作不同款式的衬衫。

二、衬衫的定义

衬衫的定义包含了两层意思：一是指近身的衣服；二是指今日常用的便衣，与西服配套或独立穿着。

三、衬衫的分类

衬衫按日常的穿着用途可以分为日常衬衫、礼服衬衫和便服衬衫三大类。

1. 日常衬衫：可分为两类：一种是穿在西装内的衬衫；另一种是外穿式衬衫。西装内穿用的衬衫是衬衫的最基础造型设计，其设计简练，不需过多的附加装饰，结构较为合体，设计重点在于领子的造型[知识10-2]。外穿式衬衫有长袖和短袖两种形式。其胸围、袖围等部位造型较内穿式宽松，腰呈直线型。领子可以是关闭式也可以是敞开式，有硬衬和软衬两种。门襟可以设计成明门襟和普通门襟两种。外穿式衬衫在办公、会客等正式场合需打领带，长袖衬衫的袖头需扣住。

2. 礼服衬衫：此类衬衫多与晨礼服、燕尾服配套，在重大的礼仪庆典场合穿着，显出优雅高贵的绅士风度。晨礼服衬衫结构合体，腰部略为内收。通常采用普通领或双翼领领型，配以领带或阿司克领巾，成为晨礼服的标准形式。

3. 便服衬衫：也称休闲衬衫，是衬衫外衣化的一种形式，其造型洒脱、穿着舒适，多用于上街、散步、旅游、家居等休闲时光。一般不系领带，领口部位不扣第一粒纽扣，故对衣领尺寸的设计较宽松。领子除了可采取硬领、软领以外，还可设计成翻驳领。胸前可设计一个或多个贴袋[知识10-3]，造型及位置设计随意，无过多约束。衣长设计自由，下摆可为平角，也可为圆角，两侧可开衩或不开衩。袖子造型[知识10-4]变化丰富，可为平装袖、落肩袖、插肩袖等多种形式。

下面以图 10-1 的男衬衫款为例，分析讲解其订单制板过程。

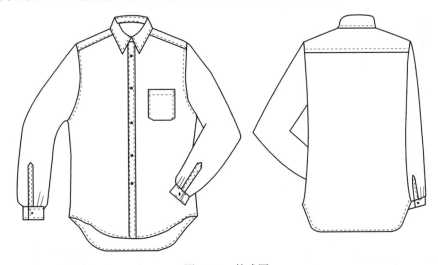

图 10-1 款式图

任务一 订单分析

订单分析的分析主要涉及具体服装的款型、风格、结构及面辅料、工艺特点等内容，以便能合理制定制板规格，正确制作服装样板。具体的分析方法同童装模块的婴儿连体衣订单分析，在此不再赘述。

步骤一：款式分析

图 10-1 中衬衫造型特征是：领型是由领座和翻领构成；肩部有育克（过肩），左胸一贴袋，后身为增加背宽部位的活动量，有褶裥。衣摆呈前短后长的圆摆，袖窿深较合体，袖长比外穿西装长 1 ~ 1.5cm，袖头为圆角，连接剑型明袖衩。前门襟明搭门，钉六粒扣。

步骤二：面料的缩率测试

此款男衬衫面料采用浸水缩率测验方法：将面料在水中浸透，然后测量其经、纬向的缩水长度，计算收缩率。

取样方法同上，将样品浸在 60℃左右的清水中，用手轻揉，使面料完全浸透，浸泡 15min 后取出，压去水分（不能拧绞），抚平，自然晾干，测量其长与宽并计算缩率。图 10-2 为缩率测试前后的长宽测量示意图。

(a) 缩前尺寸　　　　　　　　　　(a) 缩前尺寸

图 10-2　缩率测试前后长宽测量示意图

步骤三：规格设计

1. 成品规格设计：表 10-1 为衬衫订单中的成品系列规格，其中灰色底纹设定为中间体的成品规格，即"M"码规格。

表 10-1　订单尺寸　　　　　　　　　　　　　　　单位：cm

部位	衣长	胸围	肩宽	袖长	领围	袖口宽
165/84	70	100	43.6	57.5	39	23
170/88	72	104	44.8	59	40	24
175/92	74	108	46	60.5	41	24
180/96	76	112	47.2	62	42	25
185/100	78	116	48.4	63.5	43	25

2. 制板规格设计：假设测得的面料缩率经向为 2%，纬向为 3%，考虑工艺缝制中的损耗及订单中的公差范围，计算男衬衫的中间体关键部位制板规格见表 10-2。确定衬衫

局部的小尺寸，预先查看订单中是否有注明要求，没有就需要结合实际情况以常规的比例来定，表 10-3 为零部件制板规格。

表 10-2 男衬衫制板规格表

单位：cm

部位	衣长	胸围	肩宽	袖长	领围
175/92	75.5	112	47.2	62	42

表 10-3 男衬衫零部件规格表

单位：cm

部位	袖头宽	袖叉长	袖叉宽	门襟宽	里襟宽	后育克宽	袋口缉线
规格	6	13	2.5	3.5	2.5	8	3

如订单中没有对衬衫各部位的公差范围作出明确的标识，则参照 GB/T 2660—2008 男衬衫产品标准。

任务二 初板设计

步骤一：面料样板制作

1. 男衬衫结构制图（图 10-3）：

（1）门襟设计中结构可以分为另加门襟和原身加门襟，原身加门襟的结构比较浪费面料，但缝制工序较简单方便；而另加门襟的结构在缝制过程中多一道工序，但排料时宜

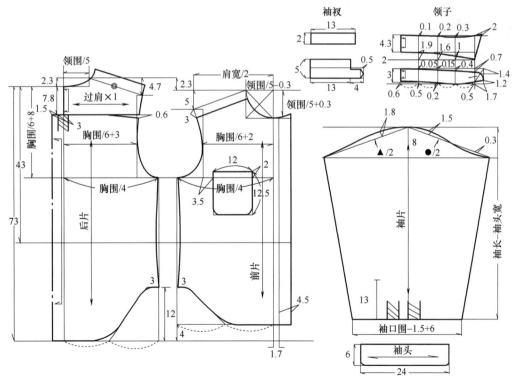

图 10-3 结构图

省布，纸样在制图时需要确定适合衬衫的风格及订单要求。

（2）领子设计制图时，先确定前后身的领口线，再以领口弧线长绘制领子。领子在前中心抬高的尺寸越大，就越贴近脖颈，抬高的尺寸越小，就越离开脖颈。座领的领口弧度越强，翻领部分的领口弧度也必须增大。

（3）袖山与袖窿之间差量的控制，一般衬衫袖子采用包缝工艺，所以袖山的吃势不易过大，差量控制在0.5cm以内，否则袖山会起褶。

2. 放缝（图10-4）：

男衬衫放缝参考放量：

（1）底摆：一般平摆衬衣3 ~ 3.5cm 一般圆摆衬衣：1 ~ 1.2cm。

（2）袖口：一般缝份1cm。

（3）领口：弧线造型放缝一般为0.8cm。

（4）侧缝：使用包缝工艺，前片放0.6cm；后片面1.2cm。

（5）口袋：明贴袋无盖式袋口为6cm；有盖式袋口为3.5cm；袋边缝1cm。

（6）育克：弧线造型放缝一般为0.8cm；袖窿0.5cm，其他为1cm。

（7）门襟：根据实际情况，连裁门襟止口线外4.5cm。

（8）袖片：使用包缝工艺，袖山1.6cm；前袖弧线0.6cm；后袖弧线1.2cm；袖口1cm。

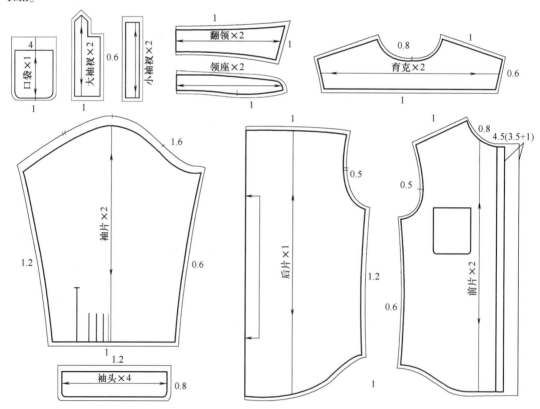

图10-4　面料样板放缝及标注

（9）袖头：弧线造型圆角处一般为 0.8cm，装袖口 1.2cm。

（10）领座与翻领：弧线造型放缝一般为 0.8 ~ 1cm。

（11）袖衩：大小袖衩长度方向放 1cm，普通缝份 0.6cm。

3．样板标注：样板的标识同上，此处略。

4．样板核对：样板完成后，要对各部件进行核对，以保证各部位对合长短一致。图
10-5 为袖子的修正弧线与衣身的袖窿弧线的核对，领口与领子的核对。

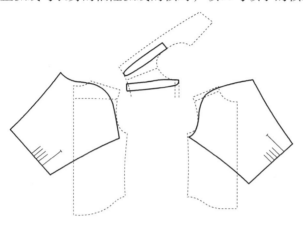

图 10-5　样板核对

步骤二：衬料样板制作（图 10-6）

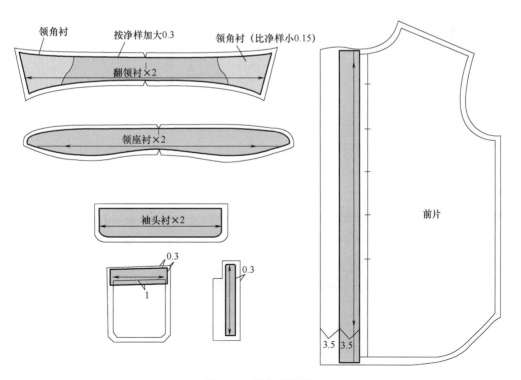

图 10-6　衬料样板图

衬样在面料毛板的基础上配置，比面料样板小 0.2 ~ 0.3cm。

男衬衫粘衬部位较少，前门襟、贴袋袋口、袖头、大袖衩需用无纺黏合衬，翻领及领座整片粘树脂衬，翻领领角部位另加领角衬。

步骤三：工艺样板制作（图 10-7）

配置要点：

（1）领面外口为净样，装领座线留出一个缝份。

（2）领座、袖头、袖衩、贴袋都为净样。

（3）前面襟纽扣定位样板一般宽 4 ~ 5cm 与止口线对齐，钮位打孔。

（4）前贴袋定位样板以毛料样板上半部分为主，长度至腰节线，前中至止口线。

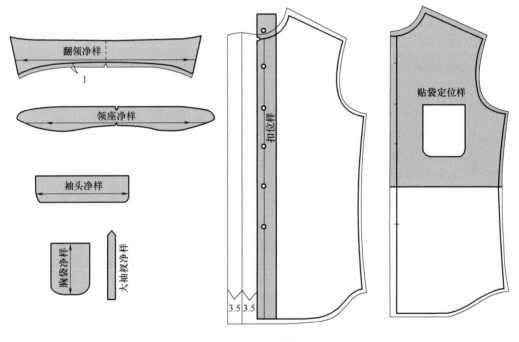

图 10-7 工艺样板图

步骤四：变化衬衫样板制作

1. 规格尺寸（表 10-4）：

表 10-4 礼服衬衫零部件规格　　　　单位：cm

部位	衣长	胸围	肩宽	袖长	领围	领高
尺寸	79	104	46	60	41	4.5

2. 款式分析：

款式见图 10-8，翼领，胸部带褶裥贴，前门襟明 6 粒扣设计。长袖法式双叠袖口，宝剑头袖衩，袖口双褶裥，需配袖扣。下圆摆，前高后低状。后片双层过肩。

图 10-8 礼服衬衫款式图

3. 工艺细节（图 10-9）：

（1）燕子领，完美角度，领结黑白经典配色，高贵典雅［图 10-9（1）］。

（2）精致 Logo 树脂扣，小巧简约，时尚精致，多股线反复缝合，结实耐用［图 10-9（2）］。

（3）袖口：双折袖设计，中国结扣，典雅别致，双锁眼运用，可搭配袖扣［图 10-9（3）］。

（4）过肩：肩部精湛的车线工艺，严实合缝［图 10-9（4）］。

（1）

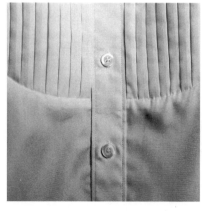

（2）

图 10-9

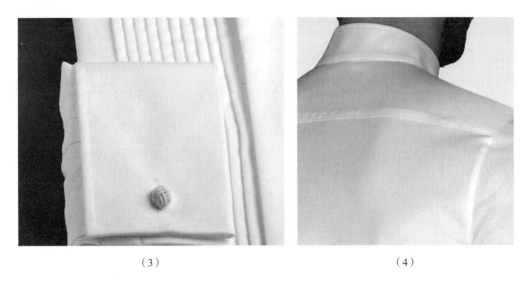

（3） （4）

图 10-9　礼服衬衫细节图

4. 结构制图：

结构制图要点如下（图 10-10 ～ 图 10-12）：

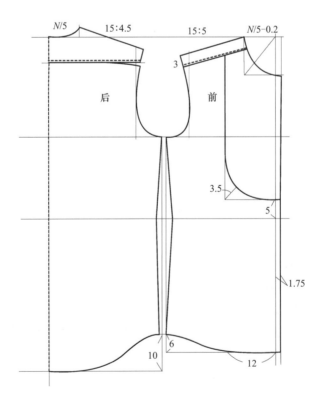

图 10-10　结构制图

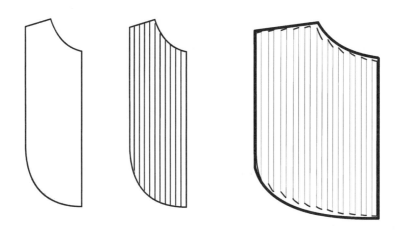

图 10-11　胸片展开图

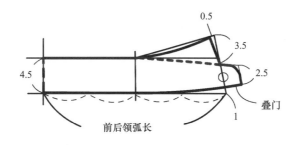

图 10-12　领结构图

（1）先做出男衬衫衫基本框架。

（2）根据款式图确定前后衣身分割、细部结构和部件的位置及规格。

（3）按照款式图对衣身前片进行 U 字分割后将前襟装饰片纸样展开。

（4）袖子结构设计中，注意控制吃势和袖片弧线与衣身袖窿底弧线匹配。

（5）按照礼服衬衫款式绘制礼服袖头。

（6）按照款式图绘制翼领。

5. 其余变化：

（1）领型变化

男衬衫的领型变化主要是对领角的角度进行设计——左右领角中夹角的变化。细长略尖的领型，线条简洁得体，具有新世纪服饰多元化的特点。对领带不是很挑剔，抽象、卡通、稍艳丽的印花，古典型的条纹皆宜，适于搭配最新流行的窄驳头两粒扣西服外套，时尚又内敛。左右领子的角度在 120° ～ 180° 之间的领子又称"温莎领"。据说当年温莎公爵最喜爱这种领子造型，领结宽阔新世纪浪漫风潮的回归，使"温莎领"再度流行。

（2）袖长变化

男衬衫袖子变化主要体现在袖子的长度上，一般春秋冬长袖至虎口处，夏季以短袖为主，大约在手肘线上 10 厘米左右。另外对于袖头的设计也是男衬衫设计中的亮点。

任务三　初板确认

步骤一：坯样试制

1. 排料裁剪：排料裁剪的要点同以上服装，在此不再赘述。此款衬衫采用 144cm 幅宽面料裁制，图 10-13 为男衬衫的排料图。

排料后，要对裁片的数量进行核对，具体见表 10-5。

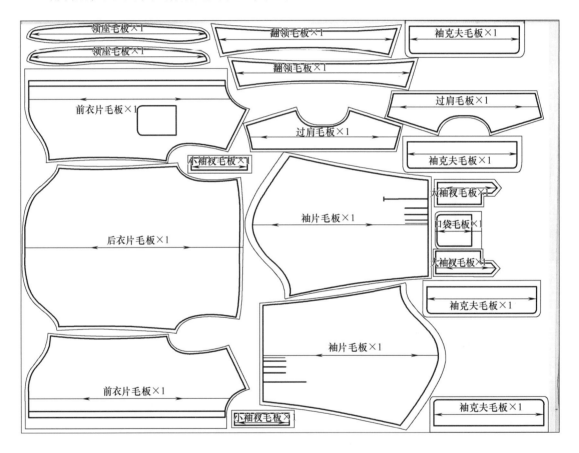

图 10-13　排料图

表 10-5　男长袖衬衫裁片数量　　　　　　　　　　　　　单位：cm

编号	部件名称	裁片数量	用料及要求
1	前衣片	2	两片对称，挂面利用布边
2	后衣片	1	背中连折

续表

编号	部件名称	裁片数量	用料及要求
3	过肩	2	直丝下料
4	袖片	2	两片对称
5	翻领	2	领面、领里各1，直丝
6	领座	2	领面、领里各1，直丝
7	胸袋	1	或根据款式要求
8	袖头	4	面、里各2，直丝
9	大、小袖衩	各2	或用直袖衩
10	翻领衬	2	毛、净各1，黏合衬，或按面料配置
11	底领衬	2	净衬，直丝黏合衬，或按面料配置
12	袖头衬	2	直丝黏合衬

2. 坯样缝制：坯样的缝制应按订单要求，特别是在缝制过程中缝份大小应严格按照样板操作。若订单中没有说明，则参照中华人民共和国国家标准（GB/T 2665—2008）衬衫的质量标准，标准中关于服装缝制的技术规定有以下几项：

（1）缝制质量要求：

①针距密度规定见表10-6。

表 10-6 针距密度规定

项目	针距密度	备注
明暗线	不少于 15 针 /3cm	—
绗缝线	不少于 9 针 /3cm	—
包缝线	不少于 12 针 /3cm	包括锁缝（链式线）
锁眼	不少于 9 针 /1cm	—
钉扣	每孔不少于 6 根线	—

②各部位缝制线路顺直、整齐、牢固、平服。

③缝份宽度不小于 0.8cm（开袋、领止口、门襟止口缝份等除外）。起落针处应有回针。

④底、面线松紧适宜，无跳线、断线、脱线、起落针处有回针。

⑤领子平服，领面、里、衬松紧适宜，领尖不反翘。

⑥绱袖圆顺，吃势均匀，两袖前后基本一致；

⑥钉扣与眼位相对，整齐牢固。缠脚线高低适宜，线结不外露。

（2）外观质量规定见表10-7：

表 10-7　外观质量规定

部位名称	外观质量规定
领子	领子左右对称，缉线宽窄一致，左右对称领尖不翘
下摆	底边卷边平整，宽窄一致
前身	门、里襟长短一致，准确无歪斜，明缉线宽窄一致；纽扣高低对齐
袋	贴袋平服，不涟、不皱、不斜，袋盖与大身的花纹一致
后背	后衣片育克平服，缉明线顺直，匀称
肩	肩部平服，表面没有褶，肩缝顺直，左右对称
袖	袖山处包缝均匀左右一致，袖头左右对称，缉线顺直，宝剑头袖衩平服无毛出，袖口打裥大小均匀
外观	平整无皱，整洁，内外无线头，无跳线、跳针现象，整烫平挺，无烫黄现象，无污迹

（3）缝制工艺流程（图 10-14）：

步骤二：坯样确认与样板修正

坯样确认和样板修正同上，此略。

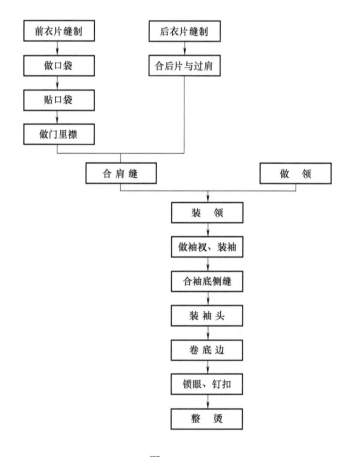

图 10-14

任务四 系列样板

步骤一：档差与系列规格设计

订单上的档差和系列规格见表10-8。

表 10-8 系列规格及档差 单位：cm

成品规格 部位	号	165	170	175	180	185	规格档差
	型	84	88	92	96	100	
领围		39	40	41	42	42	1
衣长（后中）		70	72	74	76	78	2
胸围		104	108	112	116	120	4
肩宽		43.6	44.8	46	47.2	48.4	1.2
袖长		57.5	59	60.5	62	63.5	1.5
袖口大		23	24	24	25	25	1

步骤二：推板（见图10-14，只显示3个码）

1. 前片推板：以止口线为纵向坐标基准线，胸围线为横向坐标基准线。各部位推档量和档差分配说明见表10-9。

表 10-9 前片推档量与档差分配说明 单位：cm

代号	推档方向	推档量	档差分配说明
A	↕	0.5	B点纵向推档量—领深推档量（领围档差/5）
	↔	0	位于纵向基准线上，不推放
B	↕	0.7	前上片的分割线大约在袖窿深线的位置，袖窿深的计算为胸围/6+7，因此前上片的长度方向约为胸围档差/6
	↔	0.2	领围档差/5
C	↕	0.7	同B点
	↔	0.6	肩宽/2
D	↕	0	位于横向基准线上，不推放
	↔	1	胸围档差/4
E	↕	1.3	衣长档差—B点纵向推档量
	↔	1	同D点

代号	推档方向	推档量	档差分配说明
F	↕	1.3	同 E 点
	↔	0	位于纵向基准线上，不推放

2. 后片推板：以后中线为纵向坐标基准线，胸围线为横向基准线。各部位推档量和档差分配说明见表 10-10。

表 10-10 后片推档量与档差分配说明 单位：cm

代号	推档方向	推档量	档差分配说明
C	↕	0.7	推袖窿深的推档量，袖窿深的计算为胸围 /6+7，因此其纵向推档量约为胸围档差 /6
	↔	0.6	背宽的推档量，背宽的计算公式为 1.5B/10+3，因此 C 点的横向推档量为胸围档差的 1.5/10
D	↕	0	位于横向基准线上，不推放
	↔	1	胸围档差 /4
E	↕	1.3	同前片 E 点
	↔	1	同前片 E 点
F	↕	1.3	同前片 F 点
	↔	0	同前片 F 点
G	↕	0.7	同 C 点
	↔	0	位于纵向基准线上，不推放
H	↕	0	覆势的领深不变，不推放
	↔	0.2	领围档差 /2
I	↕	0	同 H 点
	↔	0.6	肩宽 /2
J	↕	0	同 B 点
	↔	0.6	同 C 点

3. 袖子推板：以袖中线为纵向坐标基准线，袖肥线为横向坐标基准线。各部位推档量和档差分配说明见表 10-11。

表 10-11　袖子推档量与档差分配说明　　　　　　　　　　单位：cm

代号	推档方向	推档量	档差分配说明
K	↕	0.4	取衣片袖窿宽档差
K	↔	0	位于纵向基准线上，不推放
L	↕	0	位于横向基准线上，不推放
L	↔	0.7	取衣片袖窿深档差
M	↕	1.1	取衣片袖长 – 袖山高档差
M	↔	0.5	袖口围档差 /2
P	↕	1.1	取衣片袖长 – 袖山高档差
P	↔	0.25	袖口围档差 /4
Q	↕	0.6	P 点纵向推档量 – 袖衩档差（袖口档差 /2）
Q	↔	0.25	袖口围档差 /4
R	↕	1.1	取袖长档差 – 袖山高档差
R	↔	0.25	袖口围档差 /4
N	↔	1	取袖口围档差
0	↔	0.5	袖叉长变化一般为袖口围档差 /2

4. 领子与口袋推板：领子以领角为基准，后中推领围档差 /2，即 0.5cm；口袋以袋口和一边为基准，取袋口变化量为胸围档差 /10，即 0.4cm，袋长档差取 0.5cm。

【知识 10-1】衬衫常用面料

男衬衫常用的面料有以下几种：

一、100% 纯棉面料

纯棉面料的衬衫穿着舒适、柔软、吸汗。对于皮肤过敏者来说，只有天然的纯棉才不会让皮肤感到不适。而现在存在着一种普遍的误区，那就是衬衫越厚越好。其实纯棉面料是由棉线织成的，而棉线是越细越好且价格越贵，较粗的棉线如牛津纺面料，制造成本很低，面料质感粗，属于非常低档衬衫面料。高级纯棉面料，免熨整理是一种化学处理，往往会改变纯棉面料亲肤感极佳的特性，同时留下有害化学物质。个别确实可以说是具备免熨效果的，但其面料已经丧失了纯棉的弹性和亲肤感，触摸手感接近于化纤面料。

二、混纺面料

混纺面料是棉和化纤按照一定比例混合纺织而成的。这种面料既吸收了棉和化纤各自的优点，又尽可能地避免了它们各自的缺点。普通衬衫大部分都采用这种面料，不易变形，不易皱，不易染色或变色。有些混纺面料具备一些功能性，如相对较高的弹性，也被应用于专门用途的较高级衬衫。

三、100% 化纤面料

利用高分子化合物为原料制作而成的纤维的纺织品。它们共同的优点是色彩鲜艳、质地柔软、悬垂挺括、滑爽舒适。它们的缺点则是耐磨性、耐热性、吸湿性、透气性较差，遇热容易变形，容易产生静电。100% 的化纤面料意味着廉价和低档，但某些种类的化纤面料具备一些独特的特性，如高弹力、高透气防水性、高光泽度、高耐磨度等，所以纯化纤面料也应用于特殊用途的衬衫，如需要光泽的演出服、需要弹力的舞蹈服、需要防水的户外服等。

四、亚麻面料

衬衫面料中的贵族，穿着舒适、柔软、吸汗，但极易褶皱、变形，易染色或者变色。亚麻天然的透气性、吸湿性和清爽性，使其成为自由呼吸的纺织品，常温下能使人体室感温度下降 4 ~ 8℃，被称为"天然空调"。当然，麻也有着易皱的缺陷，穿上几十分钟之后就会皱纹累累。

五、羊毛

由纯羊毛精纺而来的面料具有保暖、厚实的特点，视觉效果好。但是易褶皱、变形，易虫蛀、缩水。建议只有在冬季考虑保暖因素的时候才购买羊毛衬衫，因为护理比亚麻和纯棉更加麻烦。

六、真丝面料

真丝面料是纯桑蚕丝织物，是全球公认最华贵的面料，浑然天成地散发着美丽光泽，高克重的真丝面料一直都是顶级奢华衬衫的面料。现在，随着科技的发展，面料本身的很多制作工艺也迅速发展着。比如一种叫"色丁"的加工工艺，可以使真丝面料通过编织的方法呈现出自然的暗光，显得更加高贵。

【知识 10-2】男衬衫领变化

男衬衫领的变化主要体现在领角造型及装饰等方面，图 10-15、图 10-16 为男衬衫领角及领角装饰的变化；图 10-17 为衬衫领角钉扣的变化。

【知识 10-3】衬衫口袋变化

衬衫口袋的变化也是男衬衫设计的要点之一。我们可以在口袋大小被限定的情况下，对口袋的外形做造型变化，对口袋内部做分割线变化、钉扣位置变化和缉线变化，也可以采用直线与弧线交替对口袋进行分割，设计出多种类型风格的袋型。图 10-18 ~ 图 10-20 为几种袋型的变化形式。

【知识 10-4】男衬衫袖子造型变化

衬衫的袖子造型变化丰富，也有平装袖、落肩袖、插肩袖等多种形式（图 10-21）。不过男衬衫袖型变化其一表现为长短袖的不同，其二表面为对袖克夫的变化设计（图 10-22 ~ 图 10-24）

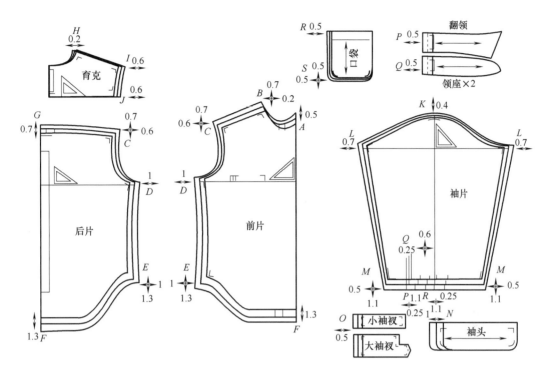

图 10-15　推板图

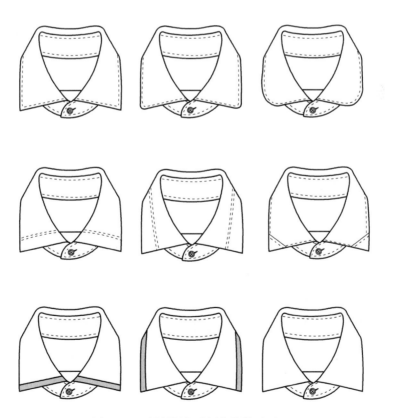

图 10-16　衬衫领角及领角装饰（1）

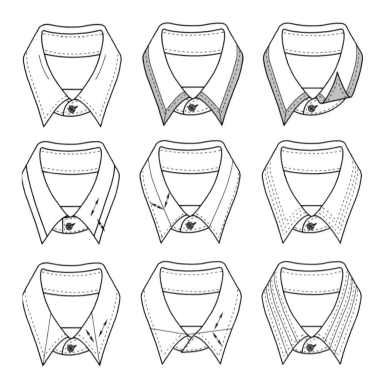

图 10-17　衬衫领角及领角装饰（2）

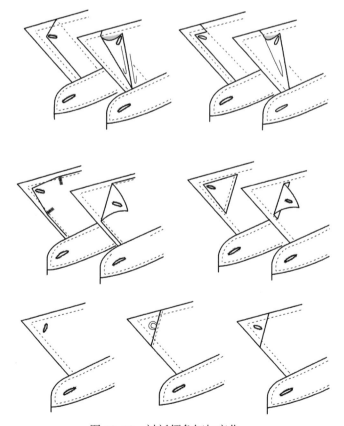

图 10-18　衬衫领角钉扣变化

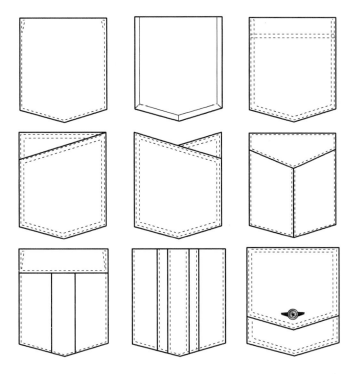

图 10-19　衬衫袋型变化（1）

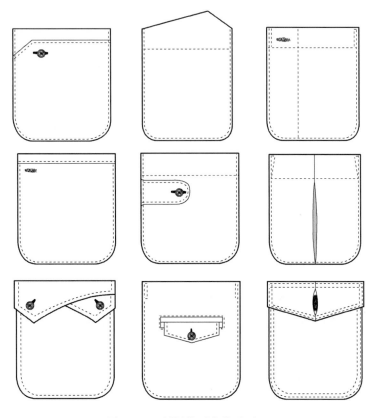

图 10-20　衬衫袋型变化（2）

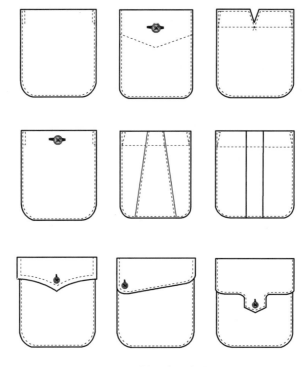

图 10-21　衬衫袋型变化（3）

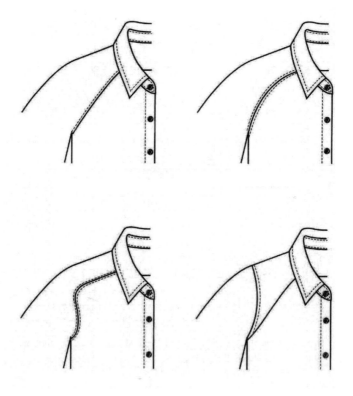

图 10-22

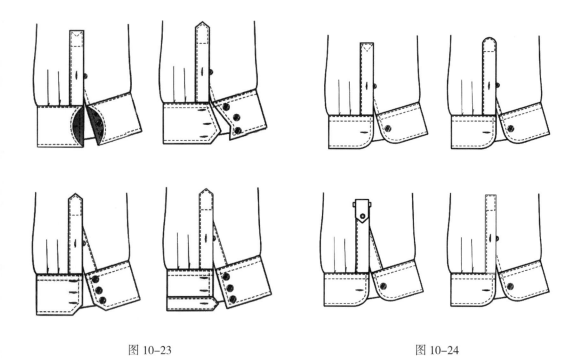

图 10-23　　　　　　　　　　　　　　　　图 10-24

项目十一　夹克设计稿样板设计与制作

夹克衫指衣长较短，宽胸围、紧袖口、紧下摆式样的上衣，表现为开衫、紧腰、松肩的造型特征。常见的领型有翻领、关领、驳领、罗纹领等。单衣、夹衣、棉衣都可，男女老少皆宜，穿着舒适大方，搭配轻便随意，风格变化万千。

夹克衫的起源，是从中世纪男子穿用的叫夹克（Jack）的粗布制成的短上衣演变而来的。15 世纪的 Jack 有鼓出来的袖子，但这种袖子是一种装饰，胳膊不穿过它，耷拉在衣服上。到 16 世纪，男子的下衣裙比 Jack 长，用带子扎起来，在身体周围形成衣褶，进入 20 世纪后，男子夹克衫从胃部往下的扣子是打开的，袖口有装饰扣，下摆的衣褶到臀上部用扣子固定着。而这时妇女上装也像 18 世纪妇女骑马的猎装那样，变成合身的夹克衫，其后，经过各种各样的变化，一直发展到现在，夹克衫几乎遍及全世界各民族。不过，正如历史上所记载的那样，妇女真正开始大量穿用夹克衫，是进入 20 世纪以后。

夹克衫的选购除看款式外，还要看面料质地如何。夹克衫面料选用范围很广，高档面料有天然的羊皮、牛皮、马皮【知识点 11-1】等，还有就是毛涤混纺、毛棉混纺以及各种处理的高级化纤混纺或纯化纤织物也非常合适；中高档面料有各种中长纤维花呢、涤棉防雨府绸、尼龙绸、TC 府绸、橡皮绸、仿羊皮等；中低档面料有黏棉混纺及纯棉等普通面料。

各种款式的夹克衫与其合适的面料相匹配，如蝙蝠夹克衫采用华丽光亮的尼龙绸或TC府绸面料制做，再配上优质辅料和配件，穿着后使女性风彩翩翩。如果是猎装夹克，衣料的质量要求较高，外观要紧密平挺、质地稍厚、抗皱性能好，男子穿着后更加健美挺拔。还有一些夹克装有内胆【知识点11-2】，保暖性较好。

任务一　款式分析

步骤一：设计稿分析

1. 款型分析：此款男夹克的设计比较轻便、灵活、随意，自然。通过对图11-1中各种夹克的效果图的分析，可将夹克的款型归纳如下：

（1）衣长：比一般外衣稍短，最短长度至腰节处，下摆采用橡皮筋适度收紧。前后身多采用分割断设计，分割线处缉明线作为装饰。

（2）领子：有立领、翻领、西服领、罗口领等，关门领式多用于春秋冬季，防风保暖性好。

（3）门襟【知识点11-3】：根据门襟的宽度和门襟扣子的排列特征，门襟可分为单排扣和双排扣。根据门襟的位置特征，门襟又可以分为正开襟、偏开襟和插肩开襟。

（4）肩部：比较夸张，平肩一般要加垫肩。由于胸围松量较大，故肩宽借袖部分很多。

（5）袖子【知识点11-4】：袖子应用较灵活，一般采用一片袖、两片袖、三片袖和插肩袖。

（6）口袋：多采用较大的插袋、贴袋及各种装饰袋，口袋的设计变化是夹克衫的最大特点。

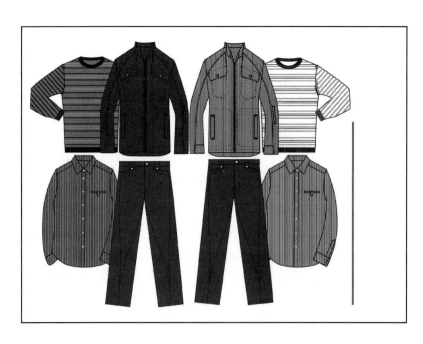

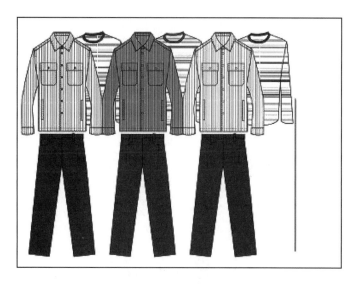

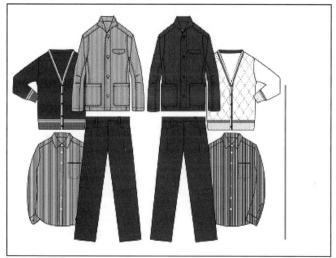

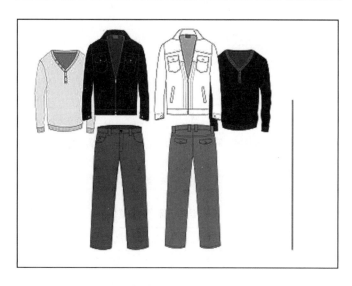

图11-1 各类夹克设计与搭配效果图

（7）装饰物：有各种金属或塑胶拉链、金属圆扣，金属卡子和各式塑料配件的相互搭配运用较多。

下面以图11-2的款式图为例，对具体一个款式的款型特点进行分析：

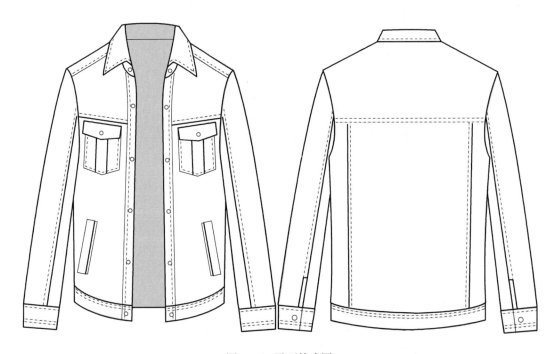

图11-2　平面款式图

此款男夹克的整体廓型呈上宽下窄的"T"字体形，六粒扣，领型为翻立领，前后身各有分割线，前身腰节有两个插袋，前身胸部有两个贴袋加袋盖，袖型为两片袖加袖头。此款可采用混纺类面料制作，适合春秋季穿着。

步骤二：面料测试

测试取样与测试方法同上，在此不再赘述。

步骤三：规格设计

1. 成品规格设计：

国家服装号型标准中标准体型为A型体，号为175cm，型为92cm。具体控制部位规格见表11-1。结合设计稿款式的结构、工艺特点和服装的风格、款型，设计夹克的成品规格如下：

表11-1　标准体控制部位数值表　　　　　　　　　　　　　　　　单位：cm

国家标准175/92A人体控制部位数据表							
部位	身高	颈椎点高	坐姿颈椎点高	全臂长	腰围高	胸围	领围	总肩宽
数据	175	149.0	68.5	57.0	105.5	92	37.8	44.8

（1）衣长：衣长=70cm。

（2）胸围：92+28=120cm。

（3）肩宽：44.8+5.2=50cm。

（4）袖长：57+3=60cm。

（5）袖口围：为考虑穿脱的方便，一般袖口尺寸为手掌围加上一定的松量（松量的大小视款式特点而定），175/92A的外套常规袖口大约为27cm。综合规格设计见表11-2。

表11-2　成品规格　　　　　　　　　　　　单位：cm

规格＼部位	衣长	胸围	肩宽	袖长	袖口	下摆宽	袖头宽
L	70	120	50	60	27	4.5	4.5

2. 成品主要部位规格允许偏差：中华人民共和国国家标准（GB/T 2665—2009）男夹克标准中规定的主要部位规格偏差值见表11-3。

表11-3　部位规格偏差值　　　　　　　　　　单位：cm

部位	公差
衣长	±1
胸围	±2
腰围	±2
臀围	±2
袖长	±0.7
肩宽	精纺±0.5，粗纺±1
袖口围	±0.5

3. 制板规格设计：综合考虑影响成品规格的相关因素设计制板规格。假设以上面料测试中所测得的缩率：经向为1.5%，纬向为1%，计算M号的相关部位制板规格如下（表11-4）：

（1）衣长：70×（1+1.5%）=71。

（2）胸围：120×（1+1%）+工艺损耗=122。

（3）肩宽：肩宽尺寸不变50cm。

（4）袖长：60×（1+1.5%）=61。

表11-4　制板规格表　　　　　　　　　　　　单位：cm

规格 \ 部位	衣长	胸围	肩宽	袖长	袖口	下摆、袖头宽
L	71	122	50	61	27	4.5

任务二　初样设计

步骤一：面料样板制作

1. 结构设计（图11-3）：结构设计要点：

（1）先绘出夹克基本框架。

（2）根据设计稿的款式结构确定前后领宽、衣身分割、细部结构和部件的位置及规格。

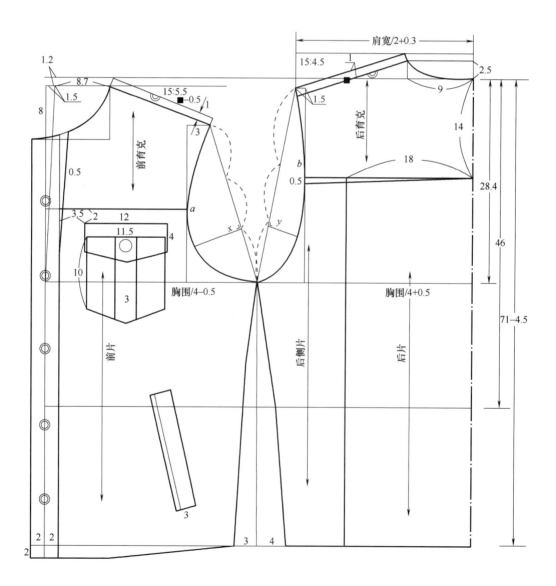

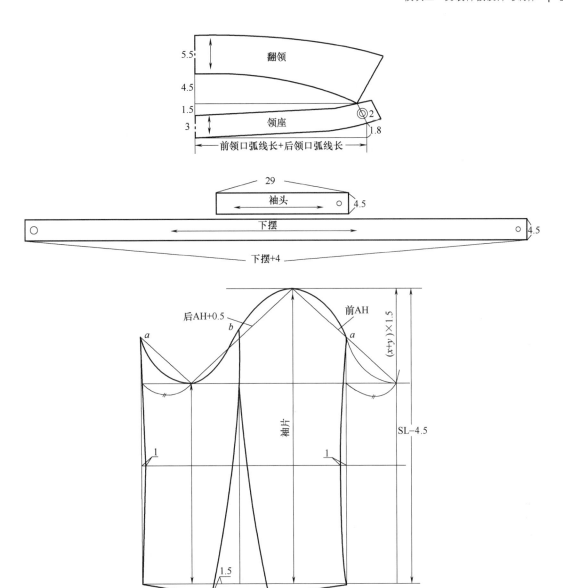

图11-3 结构制图

（3）按照款式图绘制领子。

（4）袖子结构设计中，注意吃势的控制和袖底弧线与衣身袖窿底弧线吻合。

2. 放缝（图11-4）：

（1）常规情况下，衣身分割线、肩缝、侧缝、袖缝的缝份为1～1.5cm；袖窿、袖山、领圈等弧线部位缝份为0.6～1cm；后中背缝缝份为1.5～2.5cm。

（2）下摆和袖头缝份为1cm。

（3）放缝时弧线部分的端角要保持与净缝线垂直。

3. 样板标注：样板标识的内容和方法同前，此处略。

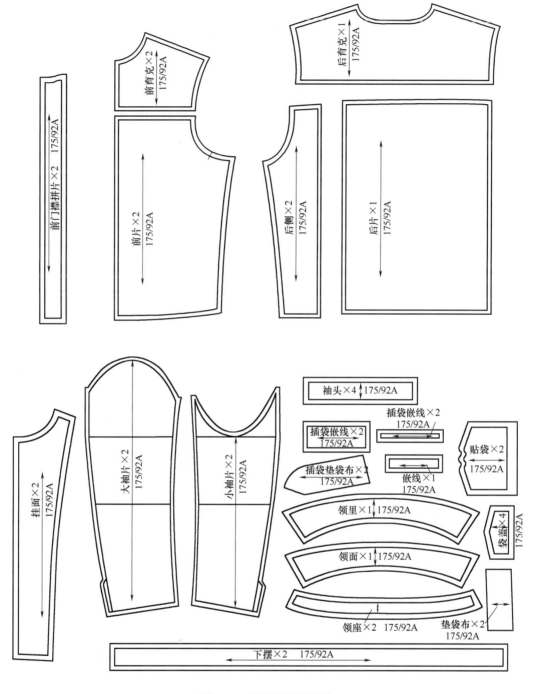

图11-4　面料样板放缝图

步骤二：里料样板制作（图11-5，内胆样板制作）

里布样板制作：里料样板在面样的基础上缩放，在各个拼缝处应加放一定的坐势量，以适应人体的运动而产生的面料的舒展量。

里料样板的缝份均为1cm，不包含坐缝量。

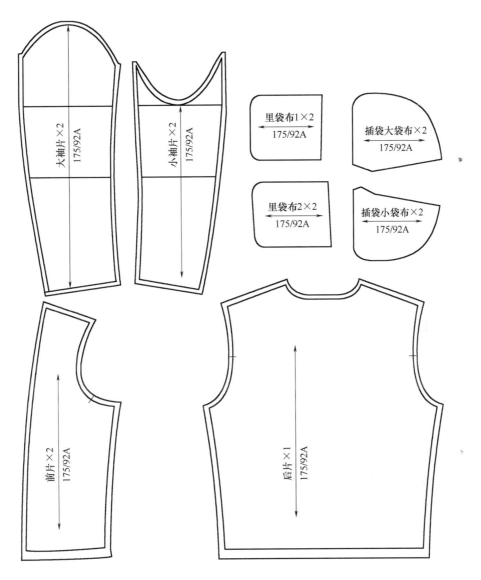

大袖片×2
175/92A

小袖片×2
175/92A

里袋布1×2
175/92A

插袋大袋布×2
175/92A

里袋布2×2
175/92A

插袋小袋布×2
175/92A

前片×2
175/92A

后片×1
175/92A

图11-5　里料样板放缝图

步骤三：衬料样板制作（图11-6）

配置要点：

（1）衬料样板在面样毛板的基础上制作，整片粘衬部位，粘料样板要比面样样板四周小0.3cm。

（2）常规情况下，挂面、领子、下摆、袋口、嵌线、袖口等部位需要粘衬。

（3）粘衬样板的丝缕一般同面料样极丝缕，在某些部位起加固作用。

步骤四：工艺样板制作（图11-7）

配置要点：工艺小样板的选择和制作要根据工艺生产的需要及流水线的编排情况决定。

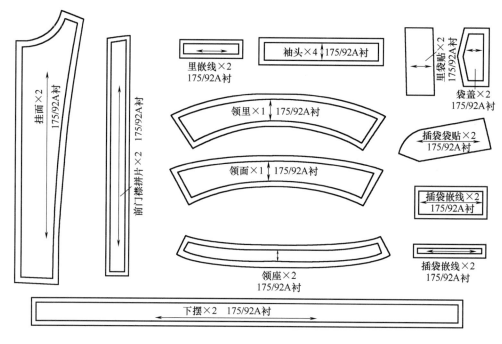

图11-6　衬料样板图

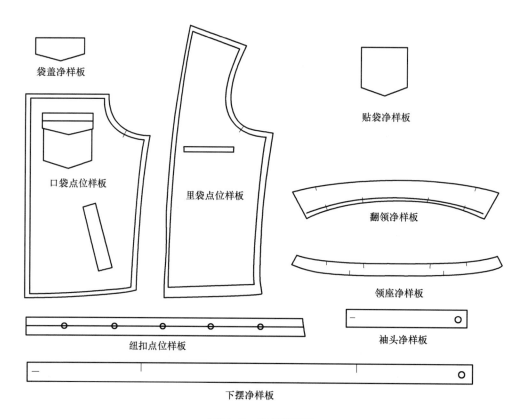

图11-7　工艺样板图

（1）领净样：划领净样在领子净样的基础上制作，在装领前领外止口已经合好，因此除领口边是毛样外，其余各边都是净缝。

（2）袋盖净样：袋盖净样除袋口边为毛缝外，其余三边是净缝。

（3）扣眼位样板：扣眼位样板是在衣服做完后用来确定扣眼位置的，因此止口边应该是净缝。

（4）领扣眼位样板：在做领前挖好，因此是毛缝。

任务三　初板确认

步骤一：坯样试制

1．排料裁剪：排料裁剪的要求同上，在此不再重复。图11-8为排料图。

2．坯样试制：

（1）夹克衫的质量技术标准：见表11-5。

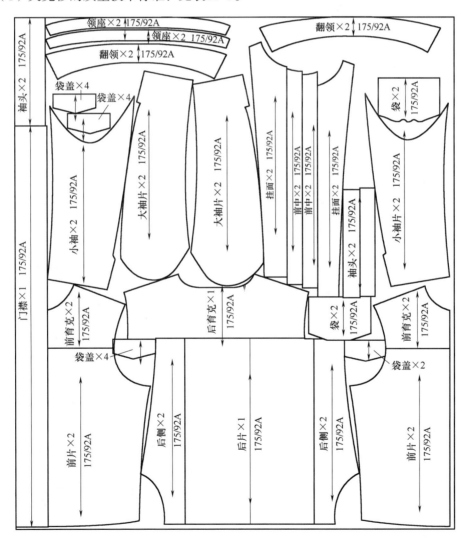

图11-8　排料图

表11-5 外观质量规定

	1	门襟平挺，左右两边下摆一致，无搅豁
前身	2	止口挺薄顺直，无起皱、反吐。宽窄相等，圆的应圆，方的应方，尖的应尖
	3	驳口平服顺直，左右两边长短一致，串口要直，左右领缺嘴相同
	4	胸部挺满、无皱、无泡。省缝顺直，高低一致，省尖无泡形，省缝与袋口进出左右相等
	5	袋盖与袋口大小适宜，双袋大小、高低、进出须一致
领子	6	领子平服，不爬领、荡领
	7	前领丝缕正直，领面松度适宜
肩	8	肩头平服，无皱裂形，肩逢顺直，吃势均匀
	9	肩头宽窄、左右一致，垫肩两边进出一致，里外相宜
袖子	10	两袖垂直，前后一致，长短相同。左右袖口大小一致
	11	袖窿圆顺，吃势均匀，前后无吊紧曲皱
	12	袖口平服齐整，装襻左右对称
后背	14	背部平服，背缝挺直，左右对称
	15	后背两边吃势要顺
摆缝	17	摆缝顺直平服，松紧适宜，腋下不能有下沉
下摆	18	下摆平服顺宽窄一致

（2）缝制工艺流程如图11-9所示。

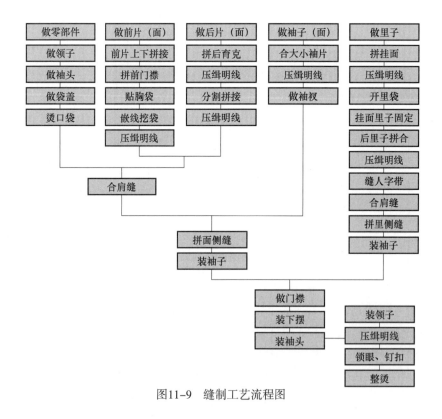

图11-9 缝制工艺流程图

步骤二：坯样试穿与样板修正

坯样确认和样板修正的方法和步骤同前，此处略。

任务四：系列样板

步骤一：档差与系列规格设计

根据国家号型标准中标准体号型的系列档差设计系列规格，见表11-6。

表11-6 系列规格及档差 单位：cm

规格＼部位	衣长	胸围	肩宽	袖长	袖口围	领围
M	68	116	48.8	58.5	26	
L	70	120	50	60	27	
XL	72	124	51.2	61.5	28	
档差	2	4	1.2	1.5	1	1

步骤二：推板

1. 后片推板：

（1）后育克推板：以分割线与后中线为坐标基准线，各部位推档量和档差分配说明见表11-7。

表11-7 后育克推档量与档差分配说明 单位：cm

代号	推档方向	推档量	档差分配说明
A	↕	0.35	由于AF近似等于袖窿深/2，而袖窿深档差为胸围档差/6，即0.67/2，取0.35
	↔	0	位于坐标基准线上，不推放
F	↕	0	位于坐标基准线上，不推放
	↔	0	位于坐标基准线上，不推放
C	↕	0.4	A点纵向推档量+领深推档量（领围档差/15），取0.4
	↔	0.2	领宽档差为领围档差/5，即1/5=0.2
E	↕	0.4	同C点纵向推档量
	↔	0.6	肩宽档差/2
G	↕	0	位于坐标基准线上，不推放
	↔	0.6	背宽推档量，因背宽以1.5胸围/10+定数计算，则为0.6

（2）后中推板：以后中线与胸围线为坐标基准线，各部位推档量和档差分配说明见表11-8。

表11-8　后中片推档量与档差分配说明　　　　单位：cm

代号	推档方向	推档量	档差分配说明
F	↕	0.35	由于*FI*近似等于*AI*/2，即1/2=0.5
F	↔	0	位于坐标基准线上，不推放
H	↕	0.35	同*F*点纵向推档量
H	↔	0.5	胸围推档量/2=胸围档差/4
E	↕	0	位于坐标基准线上，不推放
E	↔	0.5	胸围推档量/2=胸围档差/4
L	↕	1.3	衣长档差–袖窿深的推档量
L	↔	0	位于坐标基准线上，不推放
T	↕	1.3	同*L*点纵向推档量
T	↔	0.5	同*H*点横向推档量

（3）后侧推板：以分割线与胸围线为坐标基准线，各部位推档量和档差分配说明见表11-9。

表11-9　后侧片推档量与档差分配说明　　　　单位：cm

代号	推档方向	推档量	档差分配说明
H	↕	0.35	同后中片*H*点纵向推档量
H	↔	0	位于坐标基准线上，不推放
G	↕	0.35	同*H*点纵向推档量
G	↔	0.1	背宽横向推档量–后片H点的横向推档量
E	↕	0	位于坐标基准线上，不推放
E	↔	0	位于坐标基准线上，不推放
J	↕	0	位于坐标基准线上，不推放
J	↔	0.5	胸围档差/4–后中片*E*点推档量

续表

代号	推档方向	推档量	放缩说明
P	$\updownarrow$	1.3	同后中片L点纵向推档量
	$\leftrightarrow$	0.5	同J点横向推档量
T	$\updownarrow$	1.3	同P点纵向推档量
	$\leftrightarrow$	0	位于坐标基准线上，不推放

2. 前片推板（图11-10）

（1）前育克推板：以前中线分割线与育克分割线为坐标基准线，各部位推档量和档差分配说明见表11-10。

表11-10　推档量与档差分配说明（前育克）　　　　单位：cm

代号	推档方向	推档量	档差分配说明
B	$\updownarrow$	0.35	同后片A点纵向推档量
	$\leftrightarrow$	0.2	同后育克C点的横向推档量
C	$\updownarrow$	0.15	领深档差为颈围档差/5=0.2，因为B点纵向推档量为0.35，因此C点纵向推档量为0.5-0.2=0.15
	$\leftrightarrow$	0	位于坐标基准线上，不推放
E	$\updownarrow$	0.35	同后育克C点纵向推档量
	$\leftrightarrow$	0.6	同后育克C点横向推档量
F	$\updownarrow$	0	位于坐标基准线上，不推放
	$\leftrightarrow$	0	位于坐标基准线上，不推放
G	$\updownarrow$	0	位于坐标基准线上，不推放
	$\leftrightarrow$	0.6	同后育克G点横向推档量

（2）前片推板：以前止口线与胸围线为坐标基准线，各部位推档量和档差分配说明见表11-11。

（3）前门襟片推板：以前止口线与上口线为坐标基准线，各部位推档量和档差分配说明见表11-12。

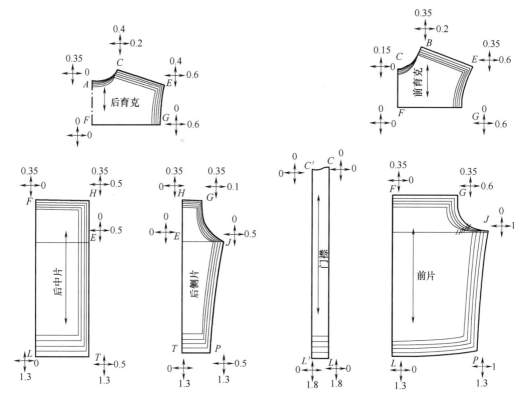

图11-10　前、后片推板图

表11-11　前片推档量与放缩说明（前片）　　　　　　单位：cm

代号	推档方向	推档量	档差分配说明
F	↕	0.35	同后中片F点的纵向推档量
	↔	0	位于坐标基准线上，不推放
L	↕	1.3	同后片L点的纵向推档量
	↔	0	位于坐标基准线上，不推放
G	↕	0.35	同F点的纵向推档量
	↔	0.6	同后育克G点的横向推档量
J	↕	0	位于坐标基准线上，不推放
	↔	1	胸围推档量（胸围档差/4）
P	↕	1.3	同L点的纵向推档量
	↔	1	同J点的横向推档量

表11-12　推档量与放缩说明（前门襟片）　　　　　　　　　　单位：cm

代号	推档方向	推档量	档差分配说明
C、C'	↕	0	位于坐标基准线上，不推放
	↔	0	位于坐标基准线上，不推放
L、L'	↕	1.8	衣长档差−领深推档量，即2−0.2=1.8
	↔	0	位于坐标基准线上，不推放

3．袖片推板（图11-11）

（1）大袖片推板：以袖中线与袖肥线为坐标基准线，各部位推档量和档差分配说明见表11-13。

表11-13　推档量与放缩说明（大袖片）　　　　　　　　　　单位：cm

代号	推档方向	推档量	档差分配说明
A	↕	0.4	前后袖窿深档差的平均值乘以60%，取0.4
	↔	0	位于坐标基准线上，不推放
B	↕	0.2	位于袖山高/2处，取0.2
	↔	0.4	袖窿门宽推档量/2
C	↕	0.2	位于袖山高的2/5处，取0.2
	↔	0.4	袖窿门宽推档量/2
E	↕	1.1	袖长档差−A点纵向推档量
	↔	0.4	同C点横向推档量
D	↕	1.1	同D点纵向推档量
	↔	0.1	袖口档差/2−D点横向推档量
G	↕	0.35	（E点纵向推档量−A点纵向推档量）/2
	↔	0.4	同C点横向推档量
F	↕	0.35	同G点纵向推档量
	↔	0.25	（B点横向推档量+D点纵向推档量）/2

（2）小袖片推板：以袖中线和袖肥线为坐标基准线，各部位推档量和档差分配说明见表11-14。

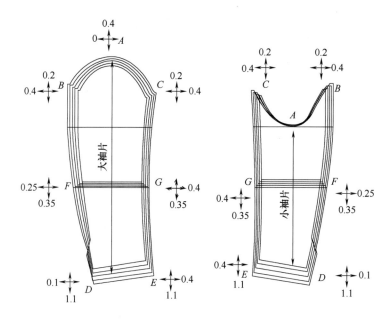

图11-11　袖子推板图

表11-14　推档量与档差分配说明（小袖片）　　　　　单位：cm

代号	推档方向	推档量	档差分配说明
A	↕	0	位于坐标基准线上，不推放
	↔	0	位于坐标基准线上，不推放
B	↕	0.2	同大袖片B点
	↔	0.4	同大袖片B点
C	↕	0.2	同大袖片C点
	↔	0.4	同大袖片C点
E	↕	1.1	同大袖片E点
	↔	0.4	同大袖片E点
D	↕	1.1	同大袖片D点
	↔	0.1	同大袖片D点
G	↕	0.35	同大袖片G点
	↔	0.4	同大袖片G点
F	↕	0.35	同大袖片F点
	↔	0.25	同大袖片F点

4．领子挂面及推板（图11-12）：

领子以领中线为坐标基准线，领围的档差为1cm，因此后中推0.5cm；挂面以止口线和领口为坐标基准，上侧横向推0.2cm，纵向推0.2cm，下摆推1.8cm；下摆克夫以一侧为基准线，单边推4cm（图11-12）。

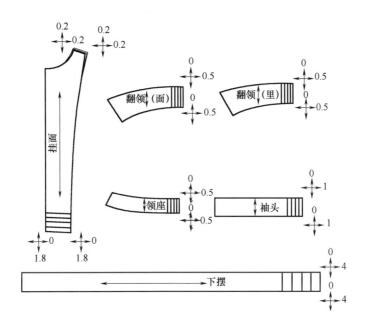

图11-12　领子、挂面及下摆推板图

【知识点11-1】皮革面料知识

真皮是人们为区别合成革而对天然皮革的一种习惯叫法；真皮就是皮革，它主要是由哺乳类动物皮加工而成。真皮种类繁多，品种多样，结构不同，品质各异，价格相等悬殊。因此，真皮既是所有天然皮革的统称，也是商品市场上一个含糊的标识。

一、猪皮

1．猪光面：普通猪光面是在猪皮表面经过不同制革工艺加工而成，先是在皮的表面上涂浆再上色，普通猪光面表面有光泽，毛孔排列很有规则，一般三个毛孔为一组呈三角形状，根据地区的不同和制革工艺的不同猪光面在品质上也有区别，这里不做详解，品质比较好的猪光面粒面较细，手感柔软。由于皮革工艺的不断改进，现在猪光面可以加工成多种不同品种的皮革：

（1）仿旧效果：仿旧效果主要是没有光泽，有些仿旧的皮上还可以有一些暗的图案。

（2）压纹效果：压纹效果是在皮的表面压上条纹、血筋纹等。

（3）荔枝纹效果：这种效果有时有点像粗粒面的牛皮效果，但与牛皮又有本质上的区别。荔枝纹的特点是皮比普通光面稍厚而且粒面粗犷。

（4）轻涂效果：这种皮的表面没有涂浆而是直接上不同的颜色，光泽比普通光面稍暗，这种皮手感比普通光面好，而且皮拿在手上有下垂的感觉。

（5）水洗效果：水洗效果的光面涂层也薄，与普通光面区别不是很大，其区别是比普通光面手感软。可以直接用水清洗衣服上的污渍。

（6）擦拭革：这种皮表层和底板的颜色各不相同，在做成成品后可以在衣服的外表用砂纸或其他原料在需要的地方进行擦拭，而使衣服变成另一种更为时尚的风格。

2. 猪头层绒面革：普通头层绒面革是在皮头层的反面经过加工而成的。绒面革的表面有短而细的绒头并且表面有一层方向感特别强的丝光，有时也能看到少部分毛孔。

头层绒面水洗革，这种皮革比普通绒面革手感更好，更富有弹性而且比普通绒面革有垂感。

头层绒面修饰革，这种修饰革是皮的正面或者反正进修饰加工的皮革。它可以做成印花、贴膜和油膜等品种。

印花一般是在绒面革光的一面进行加工成不同的花纹。

贴膜是在绒面革有绒的一面贴上一层膜，这种皮有一层特亮的光，是比较时尚的一种皮革，但它的缺点是透气性能不好。

油膜革是在有绒的一面滚上一层由三种油混合而成的一种原料。它可以加工成仿旧效果的油膜革，在遇到折叠或压皱时，会出现一些颜色变浅的折印属正常现象。

3. 猪二层绒面革：猪二层绒面革与头层绒面革有本质上的区别，它的绒面比头层绒面稍粗一些，并且能看到猪皮上的三角形毛孔。柔软度和拉力强度远不如头层绒面革，皮的开张也比头层小很多。二层绒面革也可以与头层绒面革一样加工成好多不同种类的修饰革，由于二层绒面价格更为廉价而不显服装的档次，所以在内销上很少用到这种皮革。

二、羊皮

1. 绵羊皮：绵羊皮的特点是皮板轻薄，手感柔软光滑而细腻，毛孔细小，无规则地分布均匀，呈扁圆形。绵羊皮在皮革服饰中是比较上档次的一种皮地原料。现在绵羊皮也打破了传统的风格，而加工成压纹、可洗、印花等好多不同种类的风格。

2. 山羊皮：山羊皮的结构比绵羊皮稍结实，所以拉力强度比绵羊皮好，由于皮表层比绵羊皮厚所以比绵羊皮耐磨。与绵羊皮的区别是，山羊皮粒面层较为粗糙，平滑度也不如绵羊皮，手感比绵羊皮也稍差。山羊皮现在可以做成好多不同风格的皮，如可洗仿旧皮，这种皮没有涂层，可以直接放入水中清洗，不脱色并且缩水率很小。再如腊膜革，这种皮是在皮的表面滚上一层油腊，这种皮在遇到折叠或压皱时，也会出现一些颜色变浅的折印，属正常现象。

三、牛皮

由于牛皮能达到一定的厚度和牢度，所以它主要用于皮具和皮鞋更多一些。牛皮的特点是毛孔细小，分布均匀紧密，革面丰满，皮板比其他皮更结实，手感坚实而富有有弹性。目前牛皮加工成不同风格的皮还不如猪皮和羊皮的品种多。

牛二层也用于服饰中，但一般是牛二层绒面革，它与猪二层的区别是：绒面纤维更粗糙，但没有毛孔。牛二层修饰革主要用于皮具上，它是在牛二层上加工成仿光面或仿旧效果，这种皮在鉴别上有一定的难度。

四、裘皮

裘皮服装从其用途可分为两类：一类是以御寒为目的的毛朝里穿服装；另一类是以装饰为主要用途的毛朝外穿裘皮服装（也叫翻毛裘皮服装）。

狐狸裘革：银狐毛的特点是毛比较长，一般有7~9cm；毛针长短不齐，并且比其他狐狸毛粗，毛面富有光泽。它的本色为灰色和黑色。

【知识点11-2】内胆设计

在男夹克中一般有内胆配置，可分为可以脱卸内胆和不可以脱卸内胆两种。可以脱卸的内胆通过拉链或纽扣与衣身挂面连接。基于这种配置形式，因此需要领贴设计，领贴与挂面连接要顺畅，这样才能保证装在挂面、领贴与挂面下的拉链顺畅。因为领贴呈弧形，故领贴的贴边在弧形状态下不能折光，因此领贴需要两层。

一、不能脱卸内胆的配制方法（图11-13~图11-15）

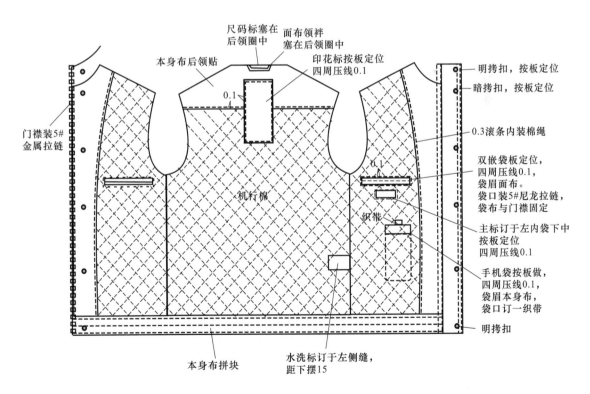

图11-13 不能脱卸内胆示意图

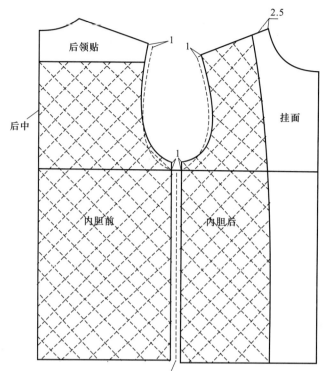

虚线表示面内胆前后片设计

图11-14　不能脱卸内胆示意图

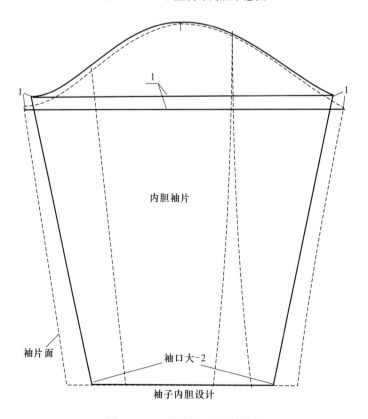

图11-15　不能脱卸内胆结构图

二、可以脱卸内胆的配制方法（图11-16）

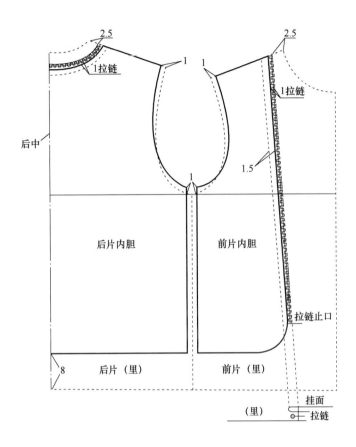

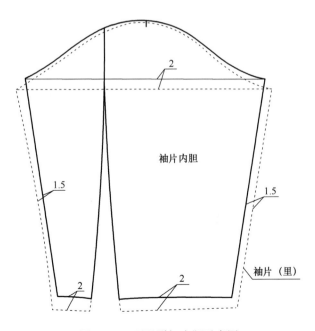

图11-16 可以脱卸内胆示意图

【知识点11-3】门襟设计

门襟即上衣的前胸部位的开口，它不仅使上衣穿脱方便，而且又是上衣的重要装饰部位。根据门襟的宽度和门襟扣子的排列特征，门襟可分为单排扣和双排扣。根据门襟的位置特征，门襟又可以分为正开襟、偏开襟和插肩开襟。门襟的形态与结构应与衣领直接相连，对上衣有明显的分割作用。门襟的形态与结构应与衣领的造型相协调。门襟的长短和位置应与大身呈一定的比例关系，左右对称，体现均衡美。除常规的单门襟和双门襟外，主要还有以下两种门襟形式：

一、拉链式门襟设计（图11-17、图11-18）

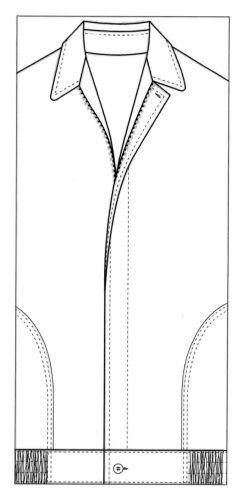

图11-17　拉链式门襟设计款式图

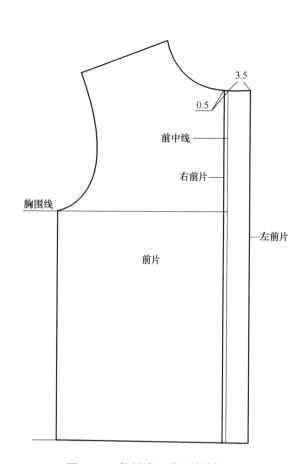

图11-18　拉链式门襟设计结构图

二、暗门襟设计（图11-19～图11-21）

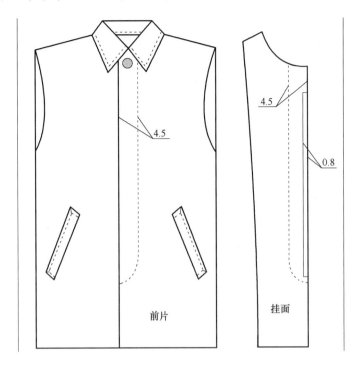

图11-19　暗门襟设计款式图

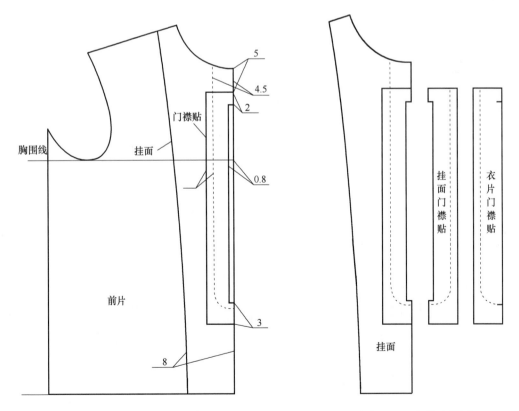

图11-20　暗襟设计结构图　　　　　图11-21　部位净样图

【知识点11-4】插肩袖设计

插肩袖的使用是仅次于装袖，它具有装袖所没有的合理性和优势。从构造上可以说，装袖是对上肢，而插肩袖是对上肢带设计的。插肩袖穿着方便，形式多样，有多种结构形式：一片袖、两片袖和三片袖结构都有。但结构原理却都是一致的，都依据于基本袖型的制图规则。

一、袖中线倾斜角的设计（图11-22）

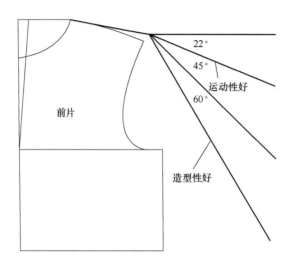

图11-22　不同袖中线倾斜角

二、袖山高与袖宽的设计（图11-23）
三、衣身与袖子分界线设计（图11-24）
四、插肩袖举例（图11-25～图11-27）

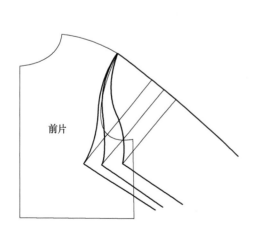

图11-23　相同袖中线倾斜角，不同的
袖山高与袖宽

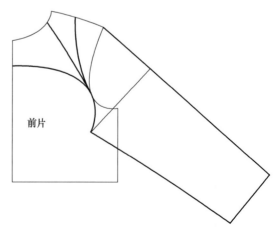

图11-24　不同的袖子与衣身

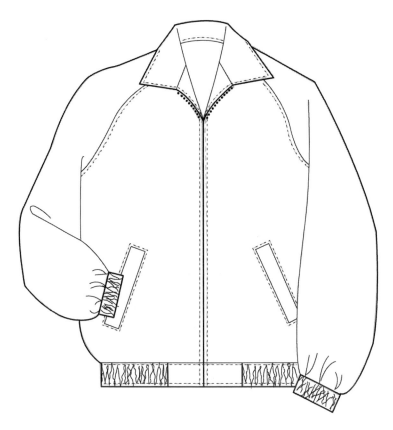

图11-25 插肩袖款式图

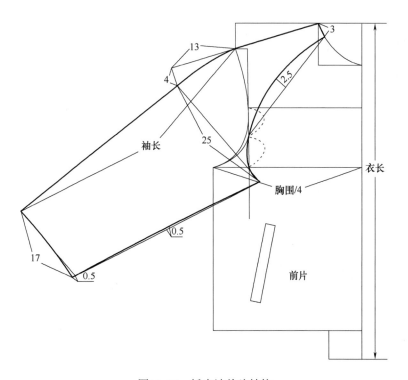

图11-26 插肩袖前片结构

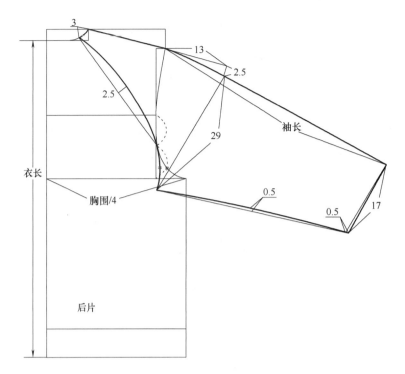

图11-27　插肩袖后片结构

项目十二　西服量身定制样板设计与制作

西服又称洋服也称西装。在广义上，顾名思义，"西洋"指"西方"，具体指欧洲或欧美，即西式的服装；在狭义上，人们多把20世纪初传入中国的有翻领和驳头、三个口袋、衣长遮住臀部的上衣称作西服或西装，把与之相配的前中开口，两侧和后臀部有裤兜的长裤称作西裤。

任务一　款式分析

量身定制西服，即根据人体特征以及款式效果、个人穿着喜好等特点对西服进行个性化的打样制作，具有较强的针对性和独立性。定制西服款式的确定一般有两种情况：一种是实物比照型，另一种为设计图稿（照片）型。无论哪一种类型其分析内容主要是款式的款型与风格、结构特点、工艺特点及所采用的面辅料性能。

步骤一：款式分析

该款式外廓型是H适体型【知识点12-1】，特征是平驳头，单排扣，前中钉纽扣2粒，左侧驳头插花眼1个，前片大袋左右各1个，袋型为双嵌线、装袋盖，左前片手巾袋1个，腰节处收腰省、肋省（腋下省），开侧衩。袖型为圆装二片袖，袖口开直衩，钉纽扣各3粒（图12-1）。

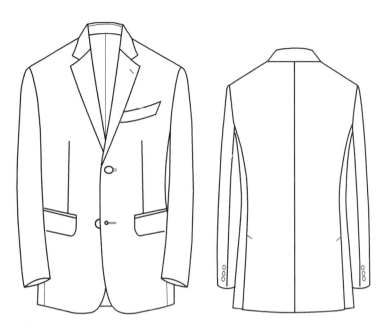

图12-1 平面款式图

适用原料有各种全毛或毛涤呢绒类等[知识点12-2]，所用辅料有里料、衬料和垫料[知识点12-3]。

步骤二：面料测试

面料取样和缩率测试方法同前，在此不再赘述。

步骤三：规格测量

定制西服重要的就是对人体尺寸的测量，简称量体，它是所有工作的基础。

量体[知识点12-4]也称量尺寸。量体前，首先请顾客选好衣料，选定款式，穿着衬衫，放松皮带，自然站立，正常呼吸。量体时，要随时询问顾客的习惯和爱好，如长度、宽度等，有无特殊要求并予以记录。西服上衣一般测量衣长、胸围（或腰围）、肩宽、袖长四个部位尺寸，胸围的放松度根据穿着习惯、季节和爱好加放。如遇凸肚体型，需加量腰围和肚围尺寸；如挺胸体或弓背体，可在腰部系上一条带子，前后成水平，分别测量前后腰节长度。颈部特粗或特细的，则要加量小肩宽度。量体必须仔细观察体型特征，挺胸、凸肚、弓背、凸臀、手臂弯度，均要从侧面观察。肩部则要从背面观察。要把这些体型特征和顾客要求均详细记录在定单上，作为裁剪和缝制时的依据。

1. 人体尺寸测量（表12-1）：

2. 主要部位规格允许偏差值（表12-2）：

3. 制板规格设计：通过测量人体，获得人体的净尺寸，再结合服装的款式特点和顾客的喜好设计成品规格和制板规格如下（表12-3）：

（1）衣长（后中长）：从人体的后颈点测量至臀围线下12cm左右的位置，测得衣长为76cm，假使在此面料已经预缩，而工艺的损耗率约为1cm，那么实际的制板衣长应为77cm。

表12-1　人体尺寸测量

量体规格尺寸表								
交货期		款式图						
姓名								
年龄								
身高								
体重								
职业								
电话								
面辅料说明								
	人体部位	人体尺寸	服装部位	成品规格		人体部位	人体尺寸	服装部位	成品规格
上装	颈围		领围		下装	腰围		腰围	
	胸围		胸围			臀围		臀围	
	总肩宽		肩宽			腰围高		裤长	
	背长		背长			上裆		上裆	
	全臂长		袖长			踝围		脚口围	
	腕围		袖口围			腹围		腹围	
备注说明：								

量体员：　　　　　　　　　量体日期：

表12-2　主要部位规格允许偏差值　　　　单位：cm

部位名称	允许偏差
衣长	±1
胸围	±2
肩宽	±0.6
袖长	±0.7

（2）袖长：测得全臂长为57cm，则袖长应为61cm左右（增加4~5cm的放量），然后再加上1cm的工艺损耗量，最终的制板规格为62cm。

（3）胸围：测得人体的净胸围为92cm，根据春秋装的松量配比原则加上16cm的松量，然后再增加1.5~2cm的工艺损耗量，最后的胸围规格为110cm左右。

（4）肩宽：测得人体的净肩宽为44.8cm，根据肩宽的放松量配比规律加上1.5~2cm的松量，最终的肩宽制板规格为46.5cm。

（5）袖口围：袖口的规格较难确定，为考虑穿脱的方便，一般袖口围尺寸为手掌围加上一定的松量（松量的大小视款式特点而定），此处设定西服的袖口围约为30cm。

表12-3 西服各部位规格 单位：cm

规格 \ 部位	衣长（L）	胸围（B）	肩宽（S）	袖长（SL）	袖口围（CW）
净体尺寸	76	92	44.8	57	15
成品规格	76	108	46.5	61	30
制板规格	77	110	46.5	62	30

任务二 初板设计

步骤一：面料样板制作

1. 结构设计【知识点12-5】（图12-2）：

结构设计要点：

（1）根据人体体型特点，前腰节应比后腰节低2~3cm。

（2）西装一般为较合体服装，应突出人体的体形特点。成衣的肩线应与人体肩形相吻合，制图时肩线应呈弧形。

（3）由于后片为无肩省造型，为吻合肩胛骨的突起，后肩线应设置0.6~0.8cm的吃势量。

（4）为了服装更加立体、饱满，制图中将部分的胸凸量转移至前中形成撇胸，撇胸量的大小与翻折点的位置高低有关。图中领宽的计算公式计算所得的领宽量已包含了撇胸量。

（5）腰省的确定并非固定的数值，应按照胸腰之间的差数做适当调整。制图时应重视各部位规格的进一步核对，特别是胸围、衣长、肩宽等关键部位的尺寸核对。

（6）在领子制图中，先在翻折线的右侧绘出如款式图的领子造型，然后以翻折线为对称轴对折，再绘出领子的后半部分。图中领子倒伏量的确定与翻折点的位置高低有关，翻折点位置越高，倒伏量越大。最后取领子的领弧线长度等于衣身的领口弧线长度，确定后领宽（一般为6.5cm左右），领子绘制完成。

（7）扣眼大一般比纽扣直径大0.3cm，以前中线为基准，扣眼比前中线偏出0.3cm。

圆摆男西服由于圆摆造型的原因，扣位一般都是从最后一粒扣位往上绘起，因此最后一粒扣位不是按前中线来确定扣位，其扣位离前止口线的距离与上一粒扣位相同。插花眼一般与驳口平行，距离止口边2cm。

（8）男西服手巾袋大一般为胸围/10，宽度为2.7~3cm。在男西服制图中，一般先制后片，再绘制前片，最后绘制侧片，侧片的胸围大等于胸围/2减去前、后片的胸围。男西服开衩，开衩贴边的宽度至少为4cm，一般上窄下宽，也可上下一致。

（9）袖子在衣身袖窿弧线上制图，袖山高取AH/3，男西装袖子的吃势量一般为2.5~4cm，其各段的吃势大小不是固定的，应根据面料厚薄、性能及服装的款式造型选择，再合理地分配到各段。袖子的前后偏袖量也可根据款式特点和自身的喜好做相应的调整。

2. 放缝与标注（图12-3）

（1）根据净样板放出毛缝，衣身样板的侧缝、肩缝、袖窿、领口、止口等一般放缝1cm，后中放缝2cm，下摆贴边宽一般为4cm。

（2）挂面一般在肩缝处宽4cm，止口处宽7~8cm。挂面除底摆贴边宽为4cm外，其余

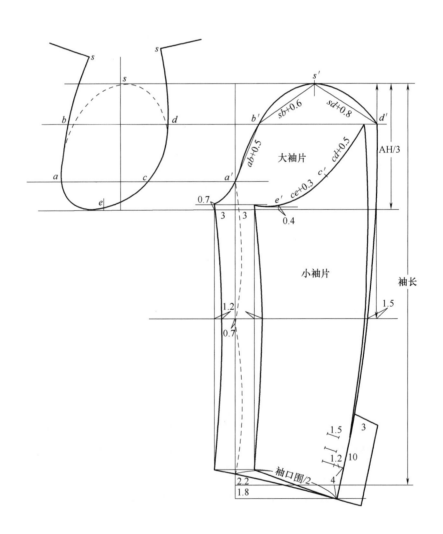

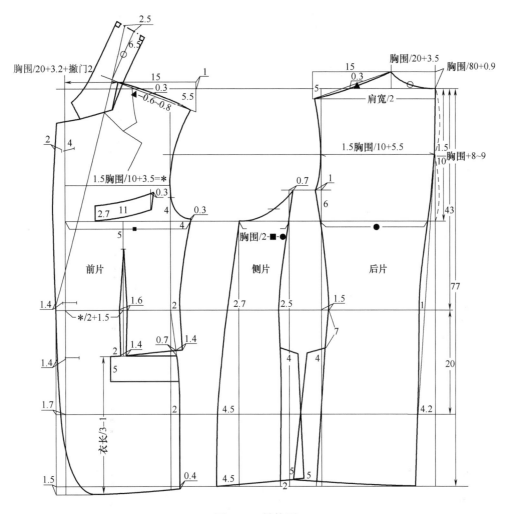

图12-2　结构图

各边放缝1cm。

（3）袖子的放缝同衣身，袖山弧线、内外侧拼缝放缝1cm，袖口贴边宽4cm。

（4）袋盖的上口放缝1.5cm，其余三周放缝1cm。

（5）口袋嵌线长为袋口大加4cm的缝份量，宽度一般为7cm；双嵌线袋如一个口袋用两根嵌线的话，其宽度一般为4cm。

（6）袋贴布的长度和宽度同袋嵌线，其丝缕方向和斜度应同口袋相呼应。

（7）手巾袋的上口对折，四周放缝1cm。

（8）男西服的领面需做处理，分上领和领座。上领和领座的拼合缝放缝0.6cm，翻领的领外口线和领角加入存量后四周放缝1cm，串口线放缝1cm；领座的串口线和领口线放缝1cm。

（9）男西服的领里材料为领底线，缝份加放形式有两种：一种为不放缝，即四周都不放缝，用三角针与领面绷住；另一种领角放缝，即在领角和串口线的前一部分是合缝

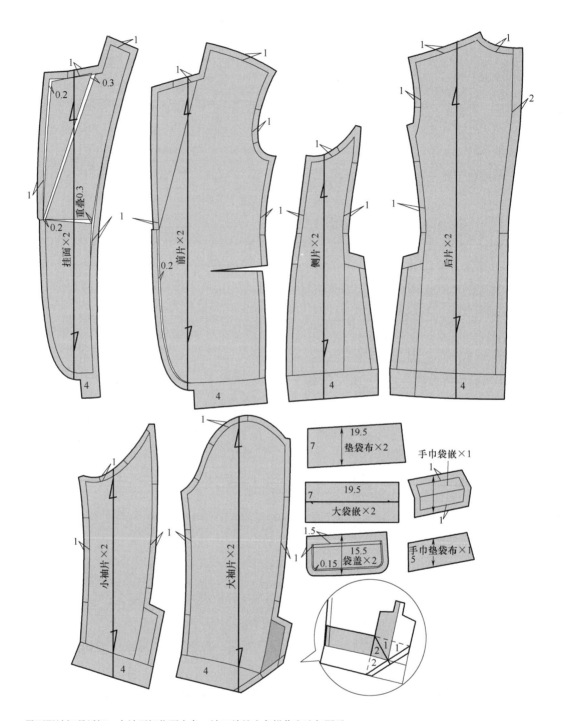

男西服袖衩是活衩，大袖开衩位要夹角，袖口放缝去角操作方法如图示。

● 止口线从驳头翻折点至下摆圆角先放出0.15～0.2 cm的止口坐势（俗称里外匀），然后再放缝1cm。

● 挂面在腰围线处重叠0.3cm；在翻折线上口切入0.3cm的翻折存势，下口切入0.2cm的翻折存势，驳头上下各放出0.2cm的存势至驳头止点。

● 袋盖三周放出0.15cm的存势。

● 领里在领外口线和领角处去掉0.2cm止口量；领面的外围线在领后中加入0.6cm、领角外加入0.4cm、领角线加入0.2cm的止口存量。

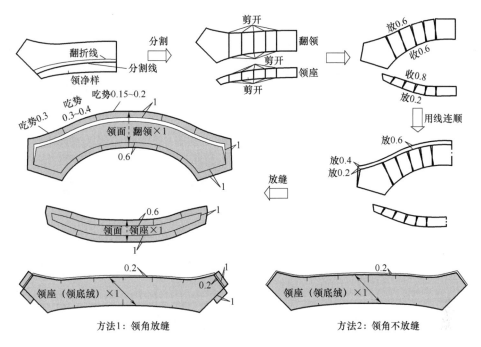

图12-3　放缝图

的，就需要放缝1cm。

上衣样板的放缝并不是一成不变的，其缝份的大小可以根据面料、工艺处理方法等的不同而做相应的变化。样板上应有的标识在女西装制板中已有提及，在此不再重复。

步骤二：里料样板制作（图12-4）

配置要点：

（1）后片的后中线放1.8cm的坐缝至腰围线；肩缝在肩点处放出0.7cm作为袖窿的松量；袖窿在肩缝处放0.5cm，至拼缝处放0.3cm的坐缝；侧拼缝上口放0.5cm的坐缝至腰节线；后中下摆在面料样板下摆净缝线的基础上下落1cm（即按毛板缩短3cm）；开衩的去掉量与放出量相等，开衩下摆处在面料样板下摆净缝线的基础上下落1.5cm，其中的0.5cm作为开衩位里料的吃势，以防开衩起吊。

（2）前片按挂面净缝线放出1cm，肩缝同后片在肩点处放出0.7cm；袖窿放量同后片；侧缝在袖窿处放0.2cm坐缝，腰线处收1cm（去掉部分腰省量）后，以下部分按侧缝放0.2cm的坐缝；下摆在侧缝处在面料样板下摆净缝线的基础上下落2.5cm。前片里料在胸围线上位置打褶，褶大一般为1~2cm（也有企业的板型褶大3~4cm），前片里料样板应将该褶量加上。男装里料下摆的处理方法同女外套一样有两种，具体见图8-5。

（3）后侧片下摆前侧在面料样板下摆净缝线的基础上下落2.5cm（为了与前片接顺），开衩一侧下落1.5cm（同后片）；袖窿前侧上提0.3cm，后侧上提0.4cm；后侧缝放0.2cm的坐缝。袋布样板宽度同嵌线、袋贴的宽度，长度一般要求袋布装好后比衣身下摆短3~4cm。当衣服较长时，袋布的长度一般为18~22cm即可。手巾袋布的长度应适当减短。

（4）里袋、笔袋和名片袋的嵌线长度均为袋口大加上4cm的缝份量，宽度一般为7cm；袋贴的长度和宽度同袋嵌，其丝缕方向和斜度应同口袋相呼应。里袋、笔袋和名片袋的嵌线可以用面料做，也可以用里料做。

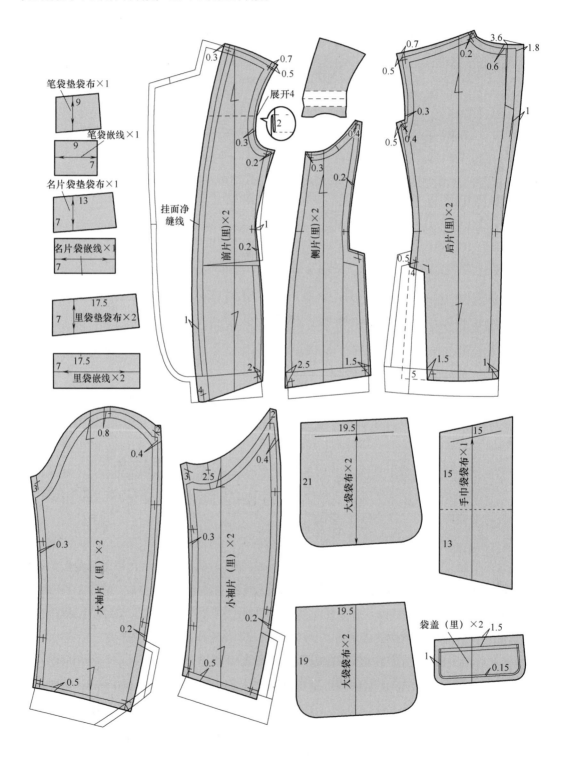

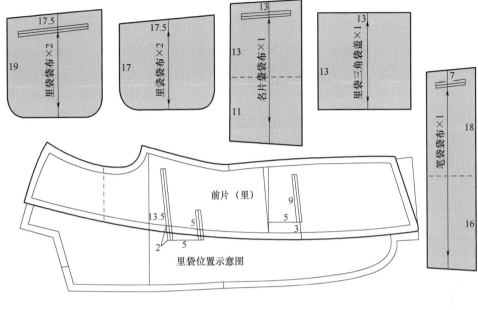

图12-4　里料样板图

（5）大袖片在袖山顶点加放0.8cm，小袖片袖底弧线处加放2.5cm；大小袖片在外侧袖缝线处上提2cm，在内侧袖缝线处上提3cm；内袖缝线放0.3cm的坐缝，外袖缝线上口放0.4cm、下口放0.2cm的坐缝；袖口在面料样板袖口净缝线的基础上下落0.5cm（即按毛板缩短3.5cm）。

（6）袋盖里在袋口边放缝1.5cm，其余三周先去掉0.15cm的袋盖面存势量，再放缝1cm。

里料样板不管采用何种做法，不管坐缝量放多少，除后中在领口部位缝份为3.6cm，缝合约8～10cm后转折改缝1cm，其余缝份都是1cm。同面料样板一样，样板上应做好必要的标识。

步骤三：衬料样板制作

1. 黏合衬配置（图12-5）：

（1）衬样在面料毛板的基础上配置，配置时为防止粘衬外铺，在过黏合机时粘在机器上以致机器损坏，所以衬样要比面料样板小0.2～0.3cm。

（2）西服前片一般整片粘衬，后片和后侧片下摆粘衬宽5cm，后片开衩处需粘衬。肩部和袖窿处粘衬视面料和款式特点选择，有时可不粘，用牵条代替。

（3）挂面、领面、领座、领底（有些企业的领底绒是整批先粘衬后再裁剪的）及袋盖面、嵌线（包括里袋、名片袋和笔袋的嵌线）需整片粘衬。

（4）所有的袋位都需要粘衬。大小袖片的袖口粘衬同后片衣身下摆，宽度为5cm，大袖片的袖山粘衬视具体情况选择，一般可不粘。大袖片袖衩须粘衬。

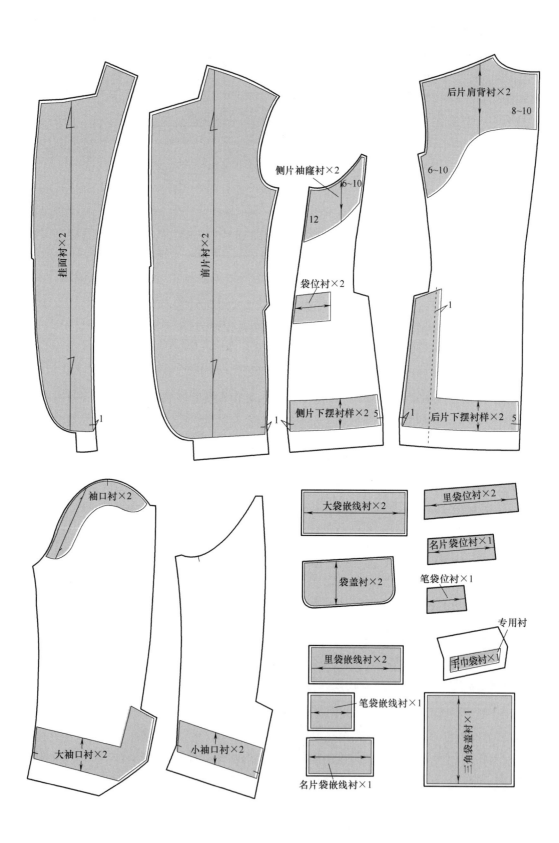

挂面衬×2

前片衬×2

侧片袖窿衬×2

6~10

12

袋位衬×2

侧片下摆衬样×2 5

后片肩背衬×2

8~10

6~10

1

1

后片下摆衬样×2 5

袖口衬×2

大袖口衬×2

小袖口衬×2

大袋嵌线衬×2

里袋位衬×2

名片袋位衬×1

笔袋位衬×1

袋盖衬×2

里袋嵌线衬×2

专用衬

手巾袋衬×1

笔袋嵌线衬×1

三角袋盖衬×1

名片袋嵌线衬×1

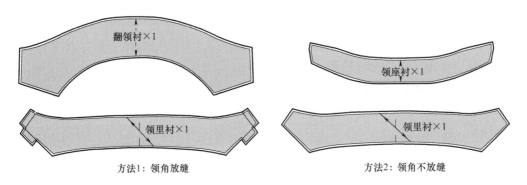

图12-5　黏合衬配置

（5）手巾袋按净样粘衬，粘衬用手巾袋专用衬。

（6）里袋的三角袋盖需粘衬。

2. 胸衬、弹袖衬的配置（图12-6）

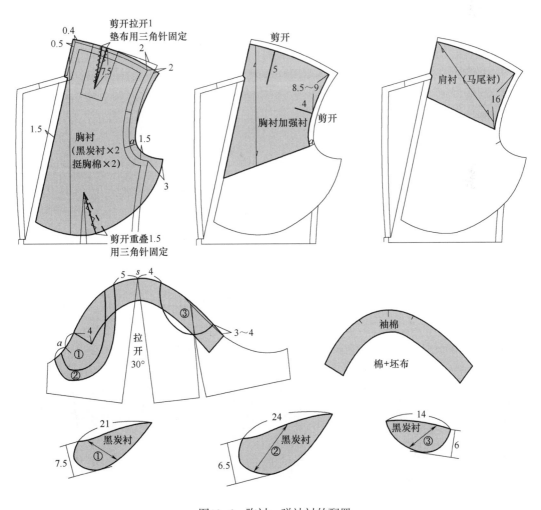

图12-6　胸衬、弹袖衬的配置

　　胸衬由胸衬（黑炭衬+挺胸衬棉）、胸衬加强衬（黑炭衬）和肩衬（马尾衬）三部分组成，缝合成完整的胸衬。

　　弹袖衬由袖棉条和黑炭衬组成。

步骤四：工艺小样板的制作（图12-7）

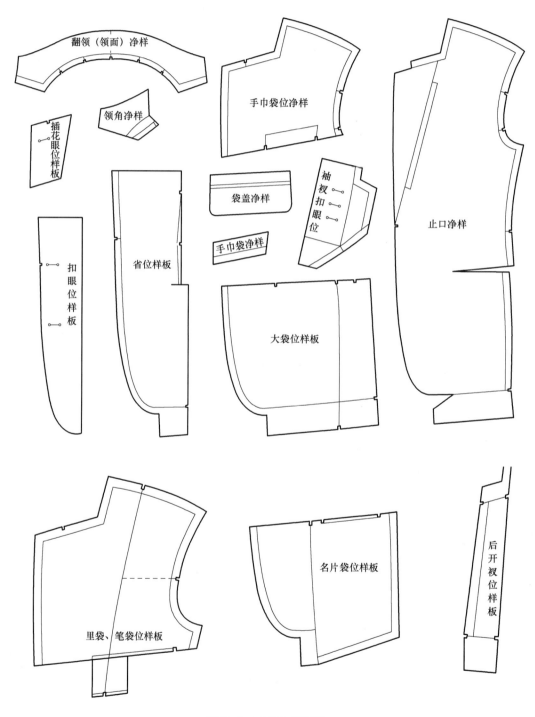

图12-7　工艺小样板图

配置要点：

（1）省位样板：用来确定省道的位置和大小，因为是头道工序，用时将样板的止口和下摆与衣片对齐，因此止口和下摆为毛缝。

（2）袋位样板：大袋位涉及前片和前侧片，工艺制作中挖口袋时前片和前侧片已经拼合，因此在做袋位样板时也应该将前片和前侧片拼合，下摆、侧缝和止口与衣片完全吻合，找出袋口位置和前片和前侧片的拼合缝，用剪口表示出来（也可用锥孔的方式）。手巾袋位样板直接取前片的上部分，然后在手巾袋的位置用剪口表示出来。里袋、笔袋及名片袋的袋位样板做法同上。

（3）领净样：领子在装领前领角和外止口已经合好，因此领面翻领净样的领角和外止口是净缝，领口和串口是毛缝。领角净样是翻领的领面和领座缝合后对比领角和串口造型用的，因此领角和串口线都是净缝，领口线是毛缝。

（4）止口净样：止口净样是在合止口之前修正止口用的，因此止口边是净缝。

（5）袋盖净样：袋盖净样除袋口边为毛缝外，其余三边是净缝。

（6）手巾袋净样：手巾袋净样除下口为毛缝外，其余三边是净缝。

（7）扣眼位、插花眼位样板：扣眼位和插花眼位样板是在衣服做完后用来确定扣眼位置的，因此止口边应该是净缝，扣眼大两侧做锥孔标记，做锥孔标记时注意应在实际的扣眼边进0.2cm。

（8）后开衩位样板：用来确定开衩位置，开衩止点用剪口表示。

（9）袖衩扣眼位样板：用来确定袖衩扣眼位的样板。由于袖衩扣眼是假眼（只是用来装饰，不开口），在做袖前应先将扣眼锁好，因此样板的各边都是毛边（带缝份）。

任务三 初样确认

步骤一：样衣制作（图12-8）

1. 定制西服的裁剪要点：准备裁剪的面料必须经喷水熨烫或蒸汽预缩处理。喷水要均匀，面要烫干，冷却后才能裁剪。裁剪必须严格按照定单记录的要求进行。如对顾客的体型和要求不明确或对个别尺寸有疑问，需及时与量体人员沟通。排料时，衣片的经纬向丝缕要准确，要保证裁片质量，不可片面节约。划粉要削薄。划线要轻、细、明，所划线条直线直，弧线要顺，清晰流畅，不可涂改。定制西服需预留一定放份，如前片的止口、领口、肩头、袖窿上部、摆缝；后片的领口、袖窿、背缝；小袖片的胖度、袖山上部等，以备放大或放小。裁剪刀口要整齐，衣片结构要准确，部位比例要协调，横直丝缕无偏差。西服成衣是否合体，造型是否美观时尚，裁剪师是一道关键环节。

2. 定样要点：定样专业术语称为"扎壳子"。扎壳子有毛壳和光壳两种。扎毛壳，先推门，做衬、复衬，然后将归拔好的后衣片与前片用手工临时缝接固定，扎上领衬，再把归拔好大袖片与小袖片临时缝接成袖型后装袖（男西服习惯只装左袖）、装垫肩、最后烫领头、驳头，烫平止口、底边及临时固定的各条缝，使之基本成型，成可试穿的衣样。

图12-8　样衣制作

扎光壳是在毛壳试样中出现的毛病经修正后再次定样。光壳与毛壳的不同之处在于：扎光壳时可以将前身完全做好，其他部位与扎毛壳完全相同。

扎壳子，虽然大部分是临时固定的假缝，但技术要求很高。定制西服的"推、归、拔"技术工艺主要应用在这个制作过程中。因此，扎壳子必须十分重视以下几点内容：

（1）所有衬布，包括棉布衬、麻布衬、黑炭衬、马尾衬等都必须落水预缩，晒干后才能裁衬使用。

（2）大身衬驳头部分，必须做"挖驳头"，驳头衬里口需直丝，挺胸衬与大身衬胸部大小必须一致，衬头做好后应用高温用力磨烫，使衬布粘合、平薄，胸部饱满圆顺，富有弹性，外肩翘势自然。衬头是支撑衣片的"骨骼"，不可马虎。

（3）垫肩需根据人体肩型决定其厚薄，高低肩体型，左右垫肩的厚度也需相应增减，以利补正体型。

（4）推门时"推、归、拔"工艺运用要恰到好处。经过推门的衣片应是：中腰丝缕（包括胸省）略向前呈弹形，吸势自然，大身丝缕微弹顺直，外肩翘势适宜，胸省尖无泡影，横直丝缕归正，胸部胖势圆顺、灵活、自然，大小高低完全与胸衬吻合，左右衣片一致；推门后必须将衣片完全冷却。

（5）复衬，衣片和衬头必须完全冷却才能复衬，切忌复"垫衬"，防止大身起壳。复衬是将衣片与衬头和润地复合在一起，使胸部立体形状固定化。复衬后的衣片按推门要求只能强化，不能减弱。复衬时把握针要直，过针要小，扎线要平，不可松紧。复衬得当与否，往往关系到成衣止口（门襟）的搅与豁。

（6）后衣片要根据体型和造型要求进行推归拔，背部两边横向丝缕不可倒挂，即敷上后袖窿牵带，防止回还。肩胛骨部位胖势要符合体型，中腰吸势自然，冷却后才能与前片缝接。

（7）归拔大袖片（胖势）要自然，大小袖片熨烫后缝接。

（8）领底衬翘势要适宜，斜丝角度要准确。

3. 假缝（扎壳）流程：前、后衣片经过归拔和复衬在还未缝制口袋之前（驳头可在试穿后再扎），先做一次假缝，这对定制西装来讲是十分必要的。虽说是假缝，却不能掉以轻心，一定要认真对待，才能在试穿时正确地看出各种缺点，然后逐一加以修改，制作出满意的西装。具体的流程如下：

（1）将复好衬头的前衣片按照净缝线钉，连同衬头一起折转前止口和下摆，用扎纱固定在大身上。

（2）把做好背缝的后片下摆折边折转定好，并按缝份折转摆缝和肩缝的边缘。

（3）把折好缝份的后衣片摆缝，分别与左、右前衣片的摆缝对齐线钉，用扎纱缝压。用同样的方法把前、后肩缝放在袖窿凳上缝合，缝合时，后肩势的中段要有层势。

（4）领子要斜丝软衬，按领子净样，后面放拼缝1.5cm，外口放1.5cm折缝，两片相合，中间缝一道。

（5）分开领衬中缝，外口按净样线折转，用扎纱固定，按领样烫好领子的翻折线。

（6）依大身领口粉线的里边，用倒扎针扎一道，使领口不易松开，然后把烫好领折线的领子沿着装领净线，较紧密地扎在领口。

（7）领子装上后，在驳口线上醮些水，放在袖窿凳上用熨斗煞折痕，折痕烫至串口线下6cm处。

（8）把两片大袖的正面相合，在袖肘处用熨斗归拔成型。

（9）把大袖的后袖缝按照净缝折好，与小袖片的线钉对齐，用扎纱正面缝合，袖口贴边也按线钉折转定好。

（10）把大袖前袖缝按照净缝线折转，盖着小袖缝压缝。缝时可在袖子中间放一把竹尺，以防止缝住下层。

（11）把袖山的边缘用扎纱细针迹地溜缝一圈，并按袖孔的大小，均匀抽缩扎纱，使袖山向内卷转。

（12）袖子扎上后，观察袖子的前后是否合适，一般以袖子盖住半只袋盖为宜，如果不合标准可拆掉重装。装好袖子后，肩端装好垫肩，再用零星软衬剪成大袋盖、手巾袋口和纽扣的形状，分别缝钉于前衣片上，以便在试样时有个全面的形象，达到较好的效果。

步骤二：试样修正

试样是将壳子经顾客试穿后检验其合适程度。试样一般由量体人员负责。一般试毛壳、光壳两次，特殊的可增加次数。其目的是修正衣服不合顾客体型或不符合要求之处。试样时要请顾客站立自然。试样人员要做到"两看两问"：一看衣服尺寸是否合适，问顾客是否满意；二看衣服是否合体，问顾客是否舒适。如出现尺寸不合适，或某部位不合体型，都要用划粉或大头针在衣服上作出标记。常用的标记符号有："++"表示放长或放大；"—"表示改短或改小；"+"表示人体凸出部位高峰点；"——"表示两片需要错位调正；"."表示某部位多余不平；"//"表示某部位有链形。作符号标记时分寸要准确，以免误导修改。如遇差异较大，应将原来临时固定的扎线拆掉，用大头针重新临时固定，直至符合要求，使顾客满意。如已为老顾客留下纸样的，应将原纸根据试样结果修正后保存，以便邮寄定制。

任务四　系列样板

步骤一：档差与系列规格设计

假如以本款制图西服的成品规格作为基准码尺寸，根据国家号型标准GB/T 1335.1—2008中的5·4系列档差进行系列规格设计，见表12-4。

表12-4　系列规格及档差　　　　单位：cm

部位 ＼ 成品规格 号型	170/88A	175/92A	180/96A	规格档差
领围				1
衣长（后中）	74	76	78	2
胸围	108	112	116	4
肩宽	45.3	46.5	47.7	1.2
背长	42	43	44	1
袖长	60.5	61	62.5	1.5
袖口围	29	30	31	1

步骤二：推板

1. 后片推板（图12-9）：以后中线为纵坐标基准线，以胸围线为横坐标基准线，各部位推档量与档差分配说明见表12-5。

2. 前片推板（图12-9）：以胸宽线为纵坐标基准线，以胸围线为横坐标基准线，各部位推档量和档差分配说明见表12-6。

3. 侧片推板：以肋省一边为纵坐标基准线，以胸围线为横坐标基准线，各部位推档量和档差分配说明见表12-7。

4. 大袖片推板（图12-10）：以前偏袖基线为纵坐标基准线，以袖山深线为横坐标基准线，各部位推档量和档差分配说明见表12-8。

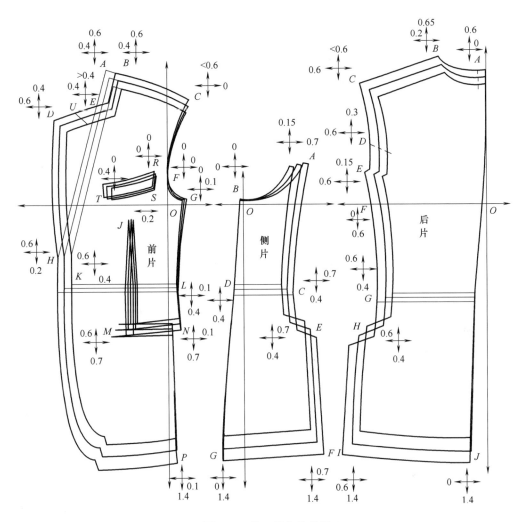

图12-9　前、后衣片推板

表12-5　后片推档量及档差分配说明　　　　　　　　　　单位：cm

代号	推档方向	推档量	档差分配说明
A	↕	0.65	袖窿深档差为胸围档差的1/6，等于0.67，推0.65
	↔	0	位于坐标基准线上，不推放
B	↕	0.7	领深档差约是领宽档差的1/4，推0.05
	↔	0.2	领宽档差为领围档差的1/5，等于0.2
C	↕	0.6	要求肩斜平行，角度一致，因此档差会略小于A点
	↔	0.6	肩宽档差/2

代号	推档方向	推档量	档差分配说明
D	↕	0.3	袖窿深档差的1/2，即A点档差的1/2，等于0.3
	↔	0.6	冲肩量保持相同，即背宽档差等于肩宽档差
E	↕	015	后山高是D点档差的1/2
	↔	0.6	同D点
F	↕	0	位于坐标基准线上，不推放
	↔	0.6	同D点
G	↕	0.35	背长档差1−袖窿深档差0.65，等于0.35
	↔	0.6	同F点
H	↕	0.35	同G点纵向推档量
	↔	0.6	同F点
I	↕	1.35	衣长档差2−袖窿深档差0.65，等于1.35
	↔	0.6	同F点
J	↕	1.35	同I点
	↔	0	位于坐标基准线上，不推放

表12-6　前片推档量及档差分配说明　　　　　　　　　单位：cm

代号	推档方向	推档量	档差分配说明
A	↕	0.65	袖窿深档差为胸围档差的1/6，等于0.67，推0.65
	↔	0.4	胸宽档差0.6−领宽档差0.2，等于0.4
B	↕	0.65	同A点
	↔	0.4	同A点
C	↕	0.6	要求肩斜平行，角度一致，因此档差会略小于B点
	↔	0	肩宽档差/2−肩宽档差/2
D	↕	0.4	本款比例约等于领深档差的2/3，等于0.4
	↔	0.6	冲肩量保持相同，即胸宽档差等于肩宽档差0.6

续表

代号	推档方向	推档量	档差分配说明
E	↕	0.45	同D点，考虑斜线平行关系，调整档差数据为0.45
	↔	0.4	同A点
F	↕	0	定数无变量
	↔	0	位于坐标基准线上，不推放
G	↕	0	位于坐标基准线上，不推放
	↔	0.1	胸宽档差/6
H	↕	0.2	应符合驳折线的角度平行，约0.2
	↔	0.6	胸宽档差等于胸围的1/6，等于0.67，推档值0.6
J	↕	0	接近胸围线，不推放
	↔	0.2	取手巾袋的档差的1/2
K	↕	0.35	同后片G点
	↔	0.6	同H点
L	↕	0.35	同K点
	↔	0.1	同G点
M	↕	0.55	在L点腰节档差量的基础上增加背长/5量0.2
	↔	0.6	同K点
N	↕	0.55	同M点
	↔	0.1	同G点
P	↕	1.35	同后片的J点
	↔	0.1	同G点
R	↕	0	手巾袋宽度为定数
	↔	0	距离纵坐标基准线为定数
T	↕	0	距离纵坐标基准线为定数
	↔	0.4	手巾袋档差等于胸围的1/10

表12-7　推档量及档差分配说明（侧片）　　　　　　　　　单位：cm

代号	推档方向	推档量	档差分配说明
A	↕	0.15	同后片的E点
	↔	0.7	胸围档差/4-胸宽档差-背宽档差-前片袖窿宽档差，即：1-0.6-0.6-0.1=0.7
B	↕	0	位于坐标基准线上，不推放
	↔	0	位于坐标基准线上，不推放
C	↕	0.35	同后片G点
	↔	0.7	同A点
D	↕	0.35	同C点
	↔	0	位于坐标基准线上，不推放
E	↕	0.35	同C点
	↔	0.7	同C点
F	↕	1.35	同后片J点
	↔	0.7	同C点
G	↕	1.35	同F点
	↔	0	位于坐标基准线上，不推放

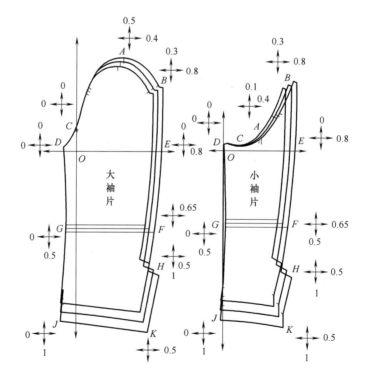

图12-10　袖片推板

表12-8 大袖片推档量及档差分配说明 单位：cm

代号	推档方向	推档量	档差分配说明
A	↕	0.5	衣片袖窿深档差的5/6
	↔	0.4	袖肥档差的1/2
B	↕	0.3	A点纵向差值的3/5
	↔	0.8	衣片袖窿宽档差0.7+0.1=0.8
C	↕	0	定值
	↔	0	位于坐标基准线上，不推放
D	↕	0	定值
	↔	0	定值
E	↕	0	位于坐标基准线上，不推放
	↔	0.8	同B点
F	↕	0.5	同G点
	↔	0.65	（E点横向档差+H点横向档差）/2
G	↕	0.5	J点纵向档差/2
	↔	0	定值
H	↕	1	同J点
	↔	0.5	袖口围档差
J	↕	1	袖长档差–袖山高档差，即1.5–0.5=1
	↔	0	定值
K	↕	1	同J点
	↔	0.5	袖口档差

5. 小袖片推板（图12-10）：以前偏袖基线为纵坐标基准线，以袖山深线为横坐标基准线，各部位推档量和档差分配说明见表12-9。

6. 零部件推板（图12-11）：

（1）领片：宽度不变，长度按每档"领围档差/2=0.5cm"进行推档，其中串口处推前片领宽的推档量0.2cm，后中推0.3cm。

表12-9 小袖片推档量及档差分配说明 单位：cm

代号	推档方向	推档量	档差分配说明
A	↕	0.1	档差以弧线圆顺为基准
A	↔	0.4	袖肥档差/2
B	↕	0.3	同大袖片B点
B	↔	0.8	同大袖片B点，衣片袖窿宽档差0.7+0.1=0.8
C	↕	0	位于坐标基准线上，不推放
C	↔	0	定值
D	↕	0	位于坐标基准线上，不推放
D	↔	0	位于坐标基准线上，不推放
E	↕	0	位于坐标基准线上，不推放
E	↔	0.8	同B点
F	↕	0.5	同G点
F	↔	0.65	同大袖片F点
G	↕	0.5	J点纵向档差/2
G	↔	0	定值
H	↕	1	同J点
H	↔	0.5	袖口档差
J	↕	1	袖长档差−袖山高档差，即1.5−0.5=1
J	↔	0	定值
K	↕	1	同J点
K	↔	0.5	袖口围档差

（2）袋盖、手巾袋、嵌线：宽度不变，长度按每档"胸围档差/10=0.4cm"进行推档。

（3）挂面：挂面宽度不变，下摆纵向推1.35cm，领口处纵向推0.4cm，驳角点横向不变，领角点横向推领宽推档量0.2cm；肩缝处纵向推袖窿深的推档量0.6cm，横向推领宽推档量0.2cm。

（4）前片里料：前片里料肩缝靠领口的点纵向推袖窿深的推档量0.65cm，横向推领

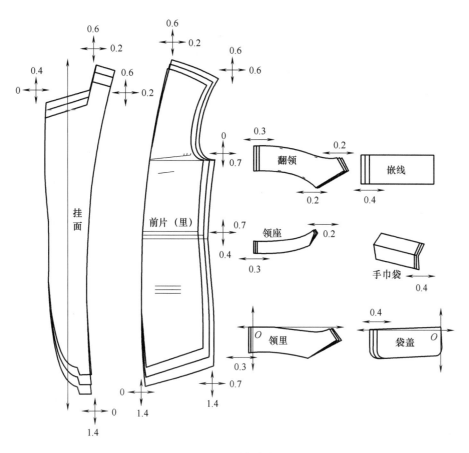

图12-11　零部件推板

宽推档量0.2cm，肩点纵向推袖窿深的推档量0.6cm，横向推肩宽推档量的1//2，即0.6cm；（前片胸宽的档差变化量）；腰节线纵向推0.35cm，靠前中的一边横向不变，靠侧缝的一边同腋下点，推0.7cm；下摆纵向推1.35cm，靠前中的一边横向不变，靠侧缝的一边同腋下点，推0.7cm；口袋推板参照前片面料样板推板。

【知识点12-1】西服概述

在当今国际服饰领域中，西服作为上流社会男性的标志性服饰，有着及其重要的社会地位，但追溯西服的历史，可发现西服最初只是西方渔民的工作服，在英文词汇里称为"Jacket"，短小简便的服装，直译中文为"夹克"。

18世纪，英国的产业革命和法国的资产阶级大革命爆发，加速了男装摆脱象征贵族身份的封建枷锁，朝着民主化的方向迈进。随着这种装饰过剩、刺绣繁复的贵族样式男装被抛弃，一种领子敞开、纽扣较少、穿脱方便，代表庶民阶级的革命者服装开始广为流行，特别是法国共和党人的长裤（长到脚面）装束，为男西装造型的形成起了重要的铺垫作用。

资产阶级革命的胜利者，虽不断用传统文化孕育着西装的演变，但这种影响贵族的衣饰装扮，最终又由贵族们逐步完善，并融合男礼服的特色形成了一种衡量其是否具有"绅士风度"的上流社会男装标准。就这样，到了19世纪，经过百余年的演变，一种由西方上流社会演绎的经典服装形成了：上衣下裤用相同面料制作构成套装，西服内着马甲，马甲内着衬衫、系领带。

1885年，一种没有燕尾的正式套装考乌兹套装（Cows）在英国出现，后称迪奈套装（Dinner），它可说是英国的塔士多礼服［图12-12（a）］。1886年，塔士多礼服（Tuxedo）诞生，在美国作为燕尾服的替代物成为晚间正式礼服。当中国处于戊戌变法时期，西方的塔士多礼服基本定型。塔士多礼服即为无尾礼服，简称西装。形制为单排一粒扣，缎面戗驳领，保持燕尾服的特点，无袋盖双嵌线挖袋，成为典型的美国风格，沿用至今［图12-12（b）］。1900年，出现了董事套装（Director's suit），也就是六粒戗驳领双排扣西装［图12-12（c）］，当时是英国爱德华七世在白天接见或聚会时，穿的一种半正式的黑色套装。1921年双排塔士多礼服出现［图12-12（d）］，即四粒枪驳领双排扣西装，款式多变，使塔士多家族逐渐壮大，并于1941年盛行，并开始形成了从便服到准礼服不同级别的服饰品种，如1940年出现钉有金属扣的运动型塔士多，1948年流行粗犷风格等。也就是说，从19世纪西服开始形成了一种比较规范的固定格式，之后就是在驳领、扣子、袋子、肩型、摆型等处进行风格的变化，详见男西装种类。

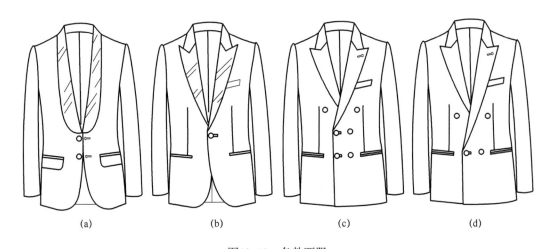

| (a) | (b) | (c) | (d) |

图12-12　各款西服

西装传入中国是在清朝末期，而西装真正为中国男士所接受并兴起一种时尚是改革开放以后的事情。由于西装的经典装束已成为一种上流社会的礼仪文化和现代物质生活形式，所以被世界所接受，在不同国度和民族间流行，并成为一种不需要翻译的国际礼仪语言。

一、西服按功能分类

1．日常正装：日常正装其整体结构采用三件套的基本形式，款式风格趋向礼服较严谨，颜色多用深色、深灰色，其色调稳重含蓄，面料采用高支的毛织物。纽扣多用高品质牛角扣或人工合成材料扣，制作工艺要求较高。因为日常正装作为工作和社交活动穿着的服饰，所以要体现稳重、干练、自信的风格特点。

2. 运动西装：运动西装其整体结构采用单排三粒扣套装形式，色彩多用深蓝色，但纯度较高，配浅色条格裤子，面料采用较疏松的毛织物。为增加运动气氛，纽扣多用金属扣，袖衩装饰扣以两粒为准。明贴袋、明线是其工艺的基本特点。在这种程式要求下的局部变化和普通西装相同，但是在风格上强调亲切、愉快、自然的趣味。因此，形成了运动西装从礼服到便装的程式。

运动西装另一个突出特点是它的社团性。它经常作为体育团体、俱乐部、公司职员的制服，其象征性主要是，不同的社团采用不同标志的徽章，通常设在左胸部或左臂上。

3. 休闲西装：休闲西装其整体结构较丰富形式多样，除保持普通西装的一般特点外，常常借用其他服饰的设计元素。重视着装者个性表现，追求造型上便于穿用和运动的机能性。颜色强调轻快、自由的气氛，面料采用大格子花呢、粗花呢以及灯芯绒、棉麻织物等。明贴兜、缉明线等非正统西服的工艺手段。

休闲西装中的猎装、骑马服和高尔夫服是比较有特点的。休闲风格的流行顺应了现代生活的理念，"回归自然"、"回归人性"到大自然中去寻找自我成了一种新的时尚。

二、按外廓型分类（图12-13）

西装廓型主要通过从背面观察西服的肩宽、胸围、腰围及摆围（臀围）四位一体的造型关系。无论流行的风格如何变化，西服的廓型都可以归纳在几种基本的廓型之内，在进行结构设计时，要细心体会，把握好造型，从而准确定出服装关键部位的制板尺寸。

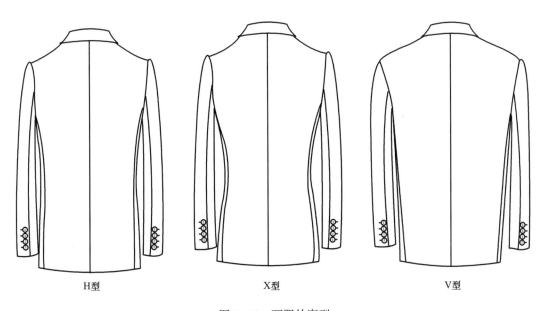

H型　　　　　　　　X型　　　　　　　　V型

图12-13　西服外廓型

1. H型：在西服中H型是指直身型即箱型，又称自然型。如图12-13所示，合体的自然肩型（或方形肩）配合适当的收腰和略大于胸围的下摆，形成了长方形的外轮廓，造型上较方正合体，较好地表现了男性体型特征和阳刚之美。

2. X型：指有明显收腰的合体型西服，最初流行于20世纪60～70年代。如图12-13所示，表现为肩部采用凹形肩或肩端微翘起的翘肩，配合明显的收腰，腰线比实际腰位提高并收紧，下摆略夸张地向外翘出，形成上宽、中紧缩、下放开的有明显造型特色的"X"造型，具有较强的怀古韵味。

3. V型：是指强调肩宽、背宽而在臀部和衣摆的余量收到最小限度，腰节线与X型相反，呈明显的降低状态。通常肩部的造型有平肩型（一般型）、翘肩型、圆肩型，在整体造型中使肩、腰、摆三位要构成一体，否则会出现不谐调的感觉。如图12-13所示，整体成"V"字造型，形成一种成熟、宽厚、洒脱的男士风度。

【知识点12-2】西服面料知识

要做一件理想的西服，除了需要精良的制板和缝纫工艺外，选择合适的面料也是重要的一环，用于西服的面料，无论是春秋装还是冬装、夏装，毛织物占多数。夏装采用薄型料子，也采用一部分与合成纤维的混纺。此外，也使用纯棉、麻、和丝绸。代表性面料如下：

一、华达呢

华达呢又名轧别丁，是经纬采用精梳毛纱双股线织造的纺织物，是一种斜纺纹路较细，但角度达63°的织物。按织物的组织结构区分有双面斜纹华达呢、单面斜纹华达呢和缎背华达呢等，属精纺呢绒中的中厚型织物。华达呢的特点是：呢身紧密厚实，呢面平整洁净，富有光泽、手感滑挺。

二、哔叽

哔叽一般采用精梳毛纱，斜纹组织，经纬密度大致相近。哔叽的品种规格较多，因重量不同分为厚、中厚、轻薄等哔叽，因外观风格不同分为光面、毛面、胖哔叽等。从外观上看，哔叽比华达呢平坦，纹路间隔比华达呢宽。哔叽表面可看到纬线，华达呢则看不见。一般哔叽的特点是呢面光洁、手感滑润、条干均匀、纹路清晰、有弹性。

三、花呢

花呢多采用较优质的羊毛为原料，一般经纬用双股纱，也有经双股纱、纬单股纱，还有经纬用三股纱或多股纱，纱支细度一般在20～70支之间。

花呢品种繁多，常见品种有：按所用原料不同有纯毛花呢、驼毛花呢、马海毛花呢、涤毛花呢、涤毛粘毛呢；按重量不同有薄花呢、中厚花呢、厚花呢；按组织结构不同有平纹、斜纹、方平及其变化组织和双层、小提花组织等；按外观形态不同有素花呢、格花呢、条花呢、点子花呢等；颜色一般有素色、混色、异色合股等。

制作西服比较经典的花呢是粗花呢，从前曾称苏格兰粗呢，原料采用黑色绵羊、切维奥特羊等苏格兰种羊毛，经纱一般为双股粗纱，纬纱为单纱，组织为平纹、斜纹、人字和格子等。

四、法兰绒

法兰绒又分为粗纺纱和精纺纱织成的两类，使用精纺纱织成的称为精纺法兰绒，组织为平纹或斜纹，双面起毛，颜色多为灰色。

五、麦尔登

采用美利奴羊毛纺织而成的粗纺纱织品，一般为斜纹或平纹组织，经过缩绒整理后手感柔软。薄型的麦尔登很像法兰绒，但质地更致密，适用制作春秋季西服。

六、波拉呢

适合制作夏季西服，它是由三股强捻精纺纱织造而成的平纹毛织物，手感滑爽，透气性好。

七、马海毛织物

同波拉呢一样是夏季西服主用面料，它是由安哥拉山羊毛织造而成，多为平纹织物，光泽感好，强度较好。

八、细斜纹棉布

一种著名的斜纹棉织物，组织结构为二上一下，染色采用匹染，适合做休闲运动西服。

九、灯芯绒

一种结实的竖条丝绒织物，条绒的形状呈现半圆形直条，似排列的细管子，具有强烈的肌理感，有粗条、细条之分，各有神韵，灯芯绒以素料为主，适用于休闲运动型西服。

十、绉条纹薄织物

经纬纱或其中之一采用纤度明显区别的纱织成的平纹织物，布面呈现排列不匀的凹凸条格，适用制作夏季西服。

十一、亚麻布

采用亚麻纱织造漂白的平纹织物，可织染成各种颜色用于高档夏季西服，用此类布料制成的西服质地结实，吸湿透气性好，但易起皱。

【知识点12-3】西服辅料知识

一、里料

里料是西服的衬里，它能增加西服的厚度，使西服挺括坚牢。西服有了里料除了能增加服装的保暖性能，并使穿脱时光滑方便，还能起到掩饰和保护衬料的作用，使西服内外都显得整洁美观。其作用归纳起来，主要有以下几点：

1. 使服装挺括、穿着舒适。

2. 改善面料手感，增强立体感。

3. 防止服装变形。

4. 对服装吸汗起到隔离作用。

5. 调节外衣与内衣之间的协调。

6. 防止透漏（主要指薄型面料）。

现在的里料普遍采用100%涤纶，高档的使用100%绦纶经纱和100%铜氨纤维纬纱，最高档的使用100%涤纶经纱和真丝纬纱制造的织物。主要的品种有：

（1）羽纱：羽纱是统称，它包括人丝羽纱、棉纬绫和棉线绫等品种，属绸缎中的斜纹组织，通常经向是有光人造丝，纬向用棉纱交织而成，绸面呈细斜纹，富有光泽，手感略硬而滑爽，质地坚牢，但缩水率较大。

（2）美丽绸：绸面起细斜纹，有光彩，反面稍暗，手感平滑，缩水率比羽纱小，但牢度不及羽纱，宜用于牢度一般而强调光滑的毛料西服。

（3）软缎：有交织软缎（桑蚕丝、人造丝交织）和人丝软缎（人造丝织成）两类，交织软缎质地柔软，缎面平滑光亮，人丝软缎质地较厚实，缎面平滑光亮。

（4）纺绸：又名电力纺，特点是柔软服贴，穿着舒服。

（5）袖里：普通西服使用与大身里子同样的材料，高档西服必须使用专用袖里。袖里的经纬纱都使用100%铜氨纤维的双纱。盛夏西服的里子均使用超细纱支。

二、衬布

衬布是以机织物、非织造布、编织物等为基布，采用（或不用）热塑性高分子化合物，经专门机械进行特殊整理加工，用于服装、鞋帽等内层起补强、挺括等作用的与面料黏合（或非黏合）的专门性服装辅料。

国家标准《BG 11392—89服装衬布产品标记的规定》中对衬布的解释是指服装加工中，为了显示服装造型设计的特性，应用于服装的各个部位内层的一种纺织材料。

衬布的使用方法因衬布种类而异。一般可分为粘贴和缝覆两种。粘贴适用于完全黏合型衬布和假黏合型（国内一般称为工艺黏合衬或临时黏合衬）衬布；缝覆多用于非黏合衬布或假黏合型衬布的固定。通过上述方法将衬布直接附于服装面料里侧，与面料形成一个结合体，关系密切而又协调。

衬布如果使用得当，其效果是其他任何辅料无法比拟的。当服装仅仅依靠样板、面料和设计裁剪技术而不能得到理想的表面曲线、形体和挺括性、悬垂性等要求时，衬布却可以弥补这方面的不足，发挥自身特有的效力，使服装创造出意想不到的效果。其作用可概括如下：

（1）赋予服装美好的曲线和形体。

（2）增强服装挺括性和弹性。

（3）改善服装悬垂性，增强立体感。

（4）防止服装变形，确保达到预期设计效果。

（5）对服装局部部位具有加固补强作用。

（6）增加服装的厚实感、丰满感和保温性。

（7）缓解缝制难度（主要指薄型面料及部分特种面料的缝制），提高缝制作业效率（速度）等。

衬的品种主要有以下几类：

（1）毛衬：毛衬是西服中最主要的衬布，主要用于前身衬，毛衬可以分为黑炭衬和马尾衬。黑炭衬是西服中最常用的衬布，无论是新工艺还是老工艺都在使用，并将之用于服装的主要部位。黑炭衬是用动物毛纤维（牦牛毛、山羊毛、人髮等）或毛混纱为纬纱、棉或混纺纱为经纱加工成基布，再经过特种整理加工而成。我国的黑炭衬生产技术是从印度引进的，因衬布呈灰黑色，故当时俗称为"黑炭衬"，一直延用至今。马尾衬又称马鬃衬，是用马尾毛作纬纱，棉或涤棉混纺纱为经纱织成基布，再经定形和树脂加工而成。近几年开发了马尾包芯纱，将马尾鬃用棉纱包覆并一根接一根连起来，幅宽不再受限制，但其价格较贵，一般仅用在高档西服上。

（2）黏合衬：20世纪50年代，随着各种新型合成树脂黏合剂的出现，一种以黏代缝的黏合衬布诞生了（我国是在20世纪70年代后期开始研发的）。它大大简化了服装加工工艺，提高了缝制工效，同时由于使用了黏合衬，对服装起到造型和保形作用，使服装更加美观、轻盈、舒适，大大提高了服装的服用性能和使用价值。

黏合衬按底布类别可以分为机织黏合衬、针织黏合衬和无纺黏合衬三大类，它们在西服新工艺中每每担任着主衬、补强衬、嵌条衬和双面衬等用途中的角色。机织黏合衬是以平纹或斜纹组织的纯棉或涤棉混纺或黏胶、涤黏交织等为底布的黏合衬。针织黏合衬是经编衬（衬纬经编为主）和纬编衬为底布的黏合衬。无纺黏合衬是由涤纶、锦纶、丙纶和黏胶纤维经梳理成网再经机械或化学成形而制成。

三、垫料

1. 胸绒：胸绒又称胸垫、胸衬为非织造布，经喂棉、梳理、成网、针刺、卷绕、蒸呢等程序而制成，具有重量轻、不散脱、保形性良好、回弹性良好、洗涤后不缩、保暖性好、透气性好、耐霉性好、手感好、使用方便、方向性要求低、经济实用等优点，主要用于西服的前胸部，使服装具有悬垂性好、立体感强、弹性好、挺括、丰满、保暖、造型美观、保形性好等优点。经常与毛衬、黏合衬等衬配合使用。

2. 领底呢：用于西服领里的专门材料，代替服装面料及其他材料用作领里，可使衣领平展，面里服贴、造型美观、弹性好，便于整理定型、洗涤后缩率小且不走形。

3. 肩棉：又称肩垫或垫肩，通常由棉花、合成纤维及平纹布组合而成，肩棉中使用的棉花以埃及棉为佳，肩棉应根据西服肩型的要求而改变自身的厚度和造型。肩棉应有弹性，不能因加工熨烫而变薄，也不能因长期服用而变形。

【知识点12-4】西服量体知识

测量步骤及方法见表12-10，具体示意见图12-14。

表12-10　量体步骤及方法

步骤	部位	方法
1	身高	从头顶向下量至脚底，是设计服装长度的依据
2	颈椎点高	从颈后第七颈椎骨向下量至脚底
3	衣长	从颈后第七颈椎骨向下量至所需长度
4	胸围	从腋下通过胸围最丰满处水平围量一周
5	腰围	在腰部最细处水平围量一周
6	臀围	在臀部最丰满处水平围量一周
7	颈围	在颈部喉结下2cm处围量一周
8	总肩宽	从左肩骨外端经过弧形的背部，水平量至右肩骨外端
9	袖长	从左肩骨外端至所需长度
10	全臂长	从肩骨外端量至腕凸处
11	腰节长	前腰节长从肩颈点经过胸高点量至腰部最细处，后腰节长从肩颈点经过背高量至腰部最细处
12	背长	从颈后第七颈椎骨向下量至腰部最细处
13	胸高	从肩颈点量至乳峰点
14	乳距	两乳峰点之间的距离
15	裙长	从腰口向下量至所需长度
16	腰围高	从腰部最细处向下量至脚底的长度
17	裤长	从腰口向下量至所需长度
18	上裆	从腰部最细处向下量至臀下弧沟处的高度
19	臀高	从腰部最细处向下量至臀部最丰满处的高度
20	下裆	从腿内侧的腿根处向下量至裤子所需长度

注　因故无法量到人体尺寸，可根据本人成品服装的实际尺寸测量。

【知识点12-5】西服结构设计知识

一、袖窿深确定原理（设B*为人体胸围尺寸，即为型）

如图12-15所示，从人体测量获得数据，人体的臂根围尺寸约等于0.39B*+5cm；人体的腋窝深尺寸约等于B*/6+5（腋高深是由人体第七颈椎骨点垂直量至腋窝根部的垂距），而袖窿结构主要来源于人体臂根部截面结构，近似卵状，俗称"棉手套"。这是合体西服袖窿所固有的造型，通常西服袖窿比人体的腋窝挖低3～6cm，即袖窿深等于B*/6+（8～11）。太高会卡紧臂根，腋下没有松动空间，太低则会降低袖与衣身的分离点，减少侧缝线和袖内缝线的长度，妨碍抬臂运动，造成机能性下降（注：为了减少袖窿深的档差数

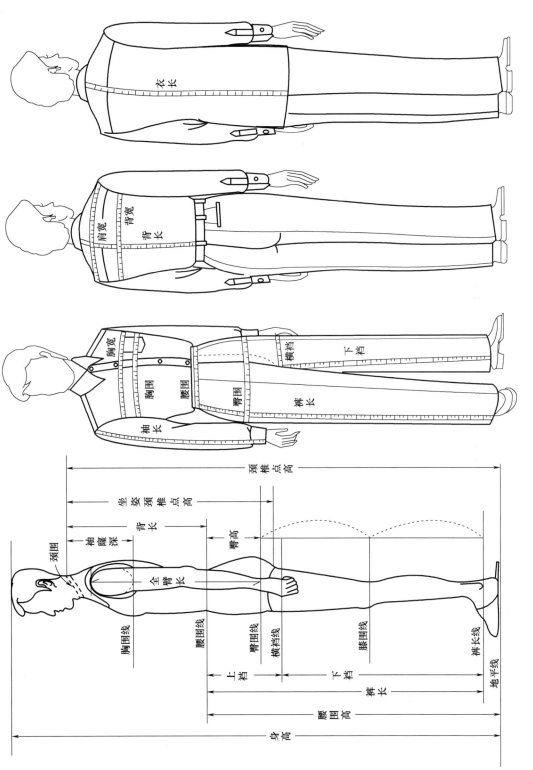

图12-14 西服量体示意图

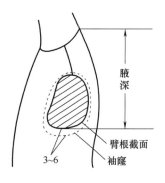

图12-15 男性人体袖窿图

值，符合服装自身的调节需要，企业里多采用公式"成品胸围/8+11cm"）。

二、开衩原理

男士西服背面的造型简洁明了，唯一的装饰是下摆处的开衩。欧洲式西服一般在背面下摆处设开衩，以增添纤长优雅之感。通常单排扣西服在背缝中央开衩，称背衩或中衩，而双排扣西服往往在两侧边开衩，称边衩，无衩的西服被视作典雅的传统式。西服的开衩原本并不是为了装饰，它是由骑马装衍生而来，骑马装为避免骑马时上装下摆阻碍活动而开衩。开衩的长度应在22～25cm才能达到既美观又不影响起坐之功效。开衩还必须注意衩两侧衣身的悬垂重量，人以自然的姿态站立时，应该不让开衩处张开，如若张开，则不是尺码太小，便是做工太差。另外，臀部较宽的人穿开边衩的西服可以改变视觉效果。开衩变化见图12-16。

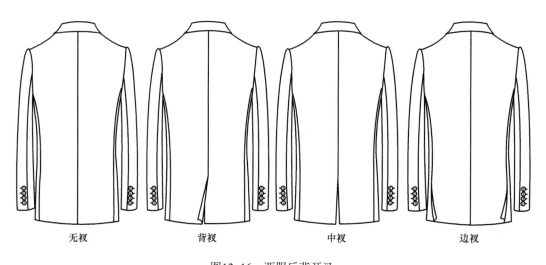

图12-16 西服后背开叉

三、撇门构成原理

撇门是服装专用名词术语，它专指前中心线（即叠门线）上端偏进的量，俗称撇势，是西服结构设计中的重要设计因素之一，在西服结构设计中运用撇门是为了达到服装结构上的平衡，同时将撇门功能融入到西服驳领结构中，在不破坏服装基本外形的情况下，达到服装合乎人体体型的需要，如图12-17（a）所示，从侧面观察，可以看到正常男子体形在胸部前中心线处自上而下呈斜坡形（略带有弧形）。如果用一根铅垂线作为参考基准线，则可发现前中心线与铅垂线形成一个角度，即胸坡度。如图12-17（b）所示，中年男子腹部（腰肚部位）显得越来越突出，腹部的凸出点超过了胸凸点，形成了肚坡度。

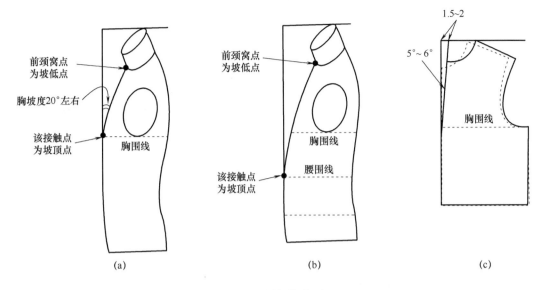

图12-17 撇门构成原理

由于坡度的存在，从而构成了服装前颈点类似省量的多余量，为了适应人体结构，使服装更加适体，采用了类似处理省道的处理方法：撇胸或撇肚。我们通常将撇点落在胸围线临近位置的撇胸，称为胸撇门；将撇点落在腹围线附近的撇肚称为肚撇门。

如果将男装的省道分为吸腰省和胸省，西服的胸省总以胸撇门的形式出现，正常体型男子的胸坡度为20°～22°，18世纪的欧洲男装结构的胸撇门数值与此相近，现代西服结构要兼顾外观形与适体性及动态的需要，将胸撇门数值设计成人体胸坡度的1/4，为5°～6°，转化成尺度为1.5～2cm。撇胸的作用除了满足人体胸坡度的体型以外，另一作用是用来调整前衣身小肩的宽度，同时可避免在结构设计时出现因横肩量小而造成前衣身小肩过小所形成的袖窿造型不美观的造型缺陷，见图12-17（c）。如果人体有撇肚量存在，则要在服装结构处设立肚省，而肚省则总是借助肚撇门和吸腰省加肚省而形成的。

四、前横开领尺寸构成原理

无论什么领子，都要依托人体的脖颈进行设计，特别是翻驳领，其结构相对其他领型来讲更为复杂，它包含了领座部分，翻领部分和驳头（衣片）部分共同组成领型，从结构上看驳领基点是构成领子斜度的关键。如图12-18所示，当驳折点恒定时，驳领基点越高驳折线越陡，离中心线角度越小；驳领基点越低，驳折线离中心线角度越大，常规西服标准要求能够露出衬衫领子2cm左右，即确定了驳领基点的位置。

当下领座值恒定时，驳领基点的高低会影响西服领宽的大小，如图12-19所示。当驳领基点高时，横开领D点紧靠衬衫领领根，西服因为与衬衫有里外层关系，所以领宽略大于衬衫领宽0.3～0.5cm即可，西服领宽=B*/20+2.9+（0.3～0.5）cm。"B*"表示人体净胸围。

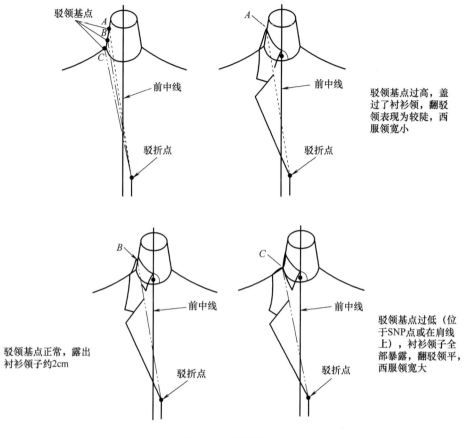

驳领基点过高，盖过了衬衫领，翻驳领表现为较陡，西服领宽小

驳领基点正常，露出衬衫领子约2cm

驳领基点过低（位于SNP点或在肩线上），衬衫领子全部暴露，翻驳领平，西服领宽大

图12-18　驳领基点

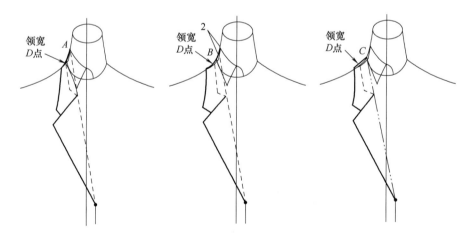

图12-19　领宽位置

当驳领基点压衬衫领低落2cm时，西服领宽N点则稍远离衬衫领宽，落于小肩线上，根据上述情况，领宽大于衬衫领宽1.5cm左右。即可采用公式：西服前领宽=$B^*/20+2.9+$（1.2～1.5）cm，为了方便使用转化为公式：成品胸围/20+3.2cm。

当驳领基点与肩领点重合时，西服领宽=衬衫领宽+西服领座宽。

五、肩斜度的构成原理

男性的肩部阔而平，肌肉较丰厚，肩头略前倾，整个肩膀俯视呈弓形状，锁骨弯曲度较大，肩部前中央表面呈双曲面状（图12-20）。人体肩斜度较女性平，在21°～23°之间（图12-21）。

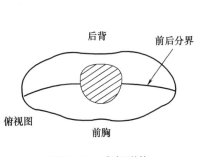

图12-20　肩部形状

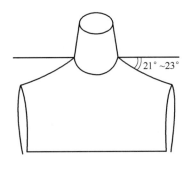

图12-21　人体肩斜

按照结构设计常规，不管什么款式的服装，其后肩缝的斜度总量小于前肩缝的斜度，一般合体式男上衣的肩斜度（不包含垫肩量）为后肩斜度18°（15∶5）；前肩斜度22°（15∶6），休闲宽松式的肩斜度更平一些，它们的肩斜差为2°～5°，这些都是由人体肩部形状的特征所决定的。

如图12-20所示，从俯视角度观察，人体的两肩端部具有向前弯曲的趋势，并呈一定的弓形状，并且肩部中央的厚度要远远地大于肩部两端的厚度。如果在肩部厚度的中间处设置一条分界线（即公共肩缝线）。然后，将肩部的表现在平面上展开，发现展开图中的后肩缝斜度必定小于前肩缝斜度。当肩部中央的厚度与肩部两端的厚度之差为一定时，肩部的弓形状越显著，其前、后肩缝的斜度差则越大，以上结构设计解释的出发点，无非是为了使成形后的服装肩缝能与人体肩部厚度的中央线完全重合。

肩部弓形所产生的肩斜差，仅仅是出于外观的考虑，与服装的结构无多大关系。因为无论肩斜差与实际偏离多远，只要前、后总的肩斜度不变就可以了。

在西服结构设计中，有时为了能使肩缝处的条格对准，有意将肩斜差设置为零，即前后肩缝斜度相等。有时为了达到肩部的特殊效果，甚至可以前后肩缝倒斜，即后肩缝斜度大于前肩缝斜度，当然增加后肩缝斜度是以减少前肩缝斜度为前提的。现在有些欧洲版高级西装的肩缝在颈肩点位置不变的情况下是向后偏斜的。这除了对条格容易外，更主要的是运用了造型设计中的视错效果，使西服肩部从视觉角度上更容易呈现水平状，达到良好的穿着效果。另外，西服中的撇门大小也会影响肩缝的斜度，撇门越大，前肩缝斜度越大。

六、小肩弧线的构成原理

肩线的造型走势主要是由西服的肩型来控制的。西服肩部的基本式样有四种（图

12-22）：一是自然肩型，即肩部不夸张，符合人体肩部走势，较合身，是一般西服都采用的肩型；二是垂肩型，整个肩部略显圆型，肩头下垂，休闲味浓重，是普通美式西服的主要肩型；三是方肩型，肩头稍微上翘，很适合耸肩的人穿着，能缓和和淡化耸肩的特征，给人一种柔和的印象；四是凹肩，肩头上翘，削肩的人穿着很适宜，其夸张肩型是鹅毛翘肩型，这是欧洲风格的典型肩型。

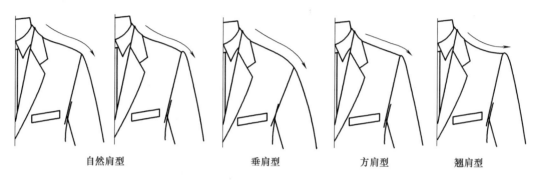

自然肩型　　　　　　垂肩型　　　　方肩型　　　　翘肩型

图12-22　人体肩型

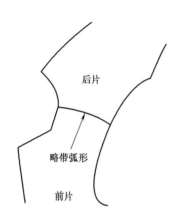

图12-23　肩线的弧形处理

以自然肩型为例，分析肩线造型特点。根据人体肩部弓形形状的分析可知，肩部厚度的中央线略带圆弧形。如以此中央线为分界线将肩部表面平面展开，则可得到图12-23所示的前后肩缝分别呈外突和内凹弧线形的平面结构，由此可见，西服肩线的弧形处理主要是为了满足人体肩部呈弓形的需要。

七、小肩线的长度设计原理

肩线的基本长度主要是由肩宽、领宽大小及肩斜所决定的，在领宽恒定大时，肩宽越宽，小肩线就越长，肩斜越斜，肩线就越长，但当西服小肩长度恒定时，从结构设计制图中可以看到后小肩缝略长于前小肩缝。这个长出的部分称后肩缝吃势，后肩缝吃势主要是用来通过后肩缝的收缩，使背部略微鼓起，以满足人体肩胛骨隆起及前肩部平挺的需要。其中，后肩缝收缩主要通过缝纫时的"吃缩"或熨烫中的"归拢"两种途径得以解决，面临缩量的多少则与人体体型、原料性能和工艺特征有着密不可分的关系，特别是面料的丝缕，密度及厚度，当工艺和人体特征一致时，丝缕越斜吃势量越大，密度越稀疏吃势量越大，厚度越厚吃势量越大，反之则小，一般控制在0.5～1cm之间，吃势量分配见图12-24。

八、肩棉抬肩量设计原理

为了塑造西服肩部的挺拔形态，塑造良好的精神面貌，西服肩部往往会增加垫肩设计，众所周知无论何种垫肩都是有厚度的，我们通常将位于外肩端的垫肩的最厚处称为垫

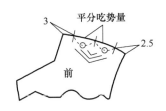
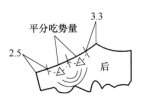

图12-24　吃势量分配

肩的高度H。垫肩一般是用棉花、腈伦或海棉等主材原料制造而成，这类垫肩在有重物压力（上装本身重量及其衬头、里子等，包括被熨烫施压后）与无重物压力两种情况下的高度是不一样的，我们把在有重物压力下的垫肩高度称为有效高度，可以通过测试获得垫肩有效高度，质量较好的垫肩，有效高度=（0.8～0.9）×垫肩高度，质量较差的：有效高度=0.5左右×垫肩高度。在西服的结构设计中，肩斜度必须考虑垫肩厚度，并应随着垫肩有效高度的增大而变平，如图12-25所示，假设垫肩的有效高度为h，新的肩斜度应比原肩斜度抬高改平0.7h，形成最终的肩斜度，常规20°以内。

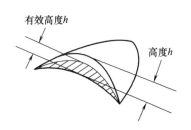
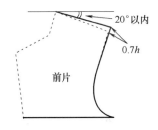

图12-25　肩棉抬肩量

九、袖窿宽设计构成原理

袖窿门宽度是由西服的胸围减去胸宽和背宽确定的，当胸围尺寸一定时，通常圆胖体表现出胸宽、背宽较正常体小，而胸与背之间的厚度则较厚，因而形成袖窿门较宽；反之，瘦扁体的胸、背宽都较宽，胸与背之间的厚度较薄，呈扁平状，因此形成袖窿门较窄，从整体造型考虑，当上述情况变化之外，还应考虑尺寸间的平衡关系，一般正常成人体可将袖窿最小保证在15cm左右，即袖窿宽最小量为"成品胸围/6-1cm"（不含省量）。

十、驳头止点的设计原理

驳头止点又称驳折点，必须在止口线上。西服翻驳领中，变化最简单，但对翻驳领结构影响最大的就是驳折点。驳折点在止口边上的上下移动，第一是确定驳领与衣身长度比例关系的关键；第二是确定扣数的关键，通常一粒扣的驳头止点最低的会在大袋位处，即腰节向下"背长/5+2cm"处，一般扣粒数越多的驳头止点就越偏上，确切定位可以根据纽扣颗粒的多少以及视觉比例关系进行调节，调节尺度以每颗扣距8～11cm较适宜；第三影响翻驳领的倾斜角度，搭门宽度变化，影响驳折点离中心线距离，也会影响翻驳领的倾斜角度，驳折点越高，纽扣数量越多，翻驳领倾斜角度越大，反之越小；第四影响驳头宽度，通常情况下驳折点越高，驳头宽度越小，见图12-26。

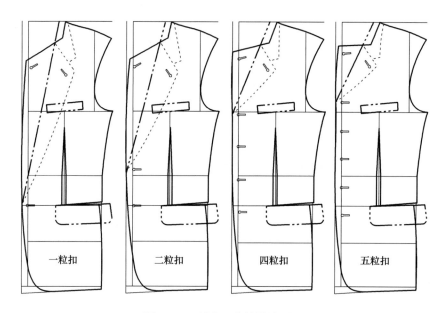

| 一粒扣 | 二粒扣 | 四粒扣 | 五粒扣 |

图12-26 驳头止点的设计原理

十一、下摆设计

如图12-27所示，西服的前摆转角可以分为方型转角、小圆型转角、大圆型转角和轻便雪橇型转角等式样。它的款式随着流行的变化而变化，19～20世纪前半叶的绅士服，多半采用方型转角式样，而现在，多数西服都采用圆型转角。方型转角的特点是线条简单明了，表现出直率的性格，适宜青年男士穿着。圆型转角的特点是线条刚柔结合，有一定的力度，青老年人皆宜。轻便雪橇型转角的特点是线条圆润流畅，造型简练，穿着随意。现代人西服款式设计时通常双排扣配方型转角，单排扣配圆型转角。

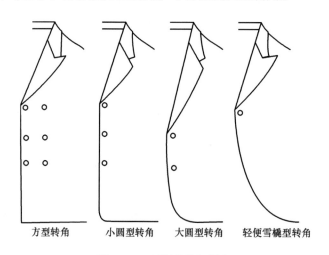

| 方型转角 | 小圆型转角 | 大圆型转角 | 轻便雪橇型转角 |

图12-27 西服的前摆转角

十二、翻驳领外廓型

翻驳领是由驳领和翻领在串口线上相接而形成的，由驳领和翻领廓型变化再组合的翻驳领更是造型繁多。用于西服类的主要有以下四种：平驳领、蟹钳领、戗驳领和披肩领（包括青果领），见图12-28。

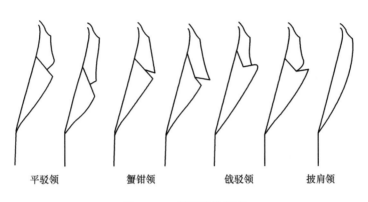

平驳领　　　　　蟹钳领　　　　　戗驳领　　　　　披肩领

图12-28　翻驳领外廓型

十三、前领深与串口线的结构设计

对于西服翻驳领而言，前领深尺寸的设置范围是基本不受限制的，它的基本位置如同一般其他服装的领深符合人体颈根围位置和造型的，如图12-29所示，但也可以高于颈根围位置，见图12-30，更可以向低处开深领深。直开领的变化直接反映在串口线的变化上，西服的串口线是驳领与翻领的分界线，是翻驳领重要的造型线之一，由于串口线是平面的切割线，因此，它的变化对领子立体成型影响不大，从而串口线可以做随意性较大的斜度变化、高度变化及斜度、高度两者结合变化，如图12-31所示，也可以做线条形状变化，或直线、或折线、或曲线。

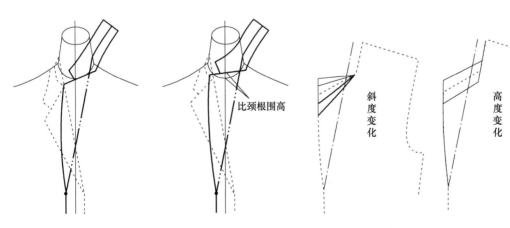

图12-29　串口线与人体　　图12-30　串口线高于人　　图12-31　串口线变化
　颈根围位置一致　　　　　体颈根围位置

十四、大袋的设计

男西服两腹侧大口袋，具备一定的功能性设计，但一般情况下不使用，其设计目的是为了保持外观的平衡。从男装造型美学的角度来观察，西服外部的造型设计在于不破坏人的整体气质和风度，因此，其外表所具有的功能性结构都未能发挥其应有的功能，造型设计的意义超越了功能性设计。西服口袋有两大类型，即嵌线袋和贴袋，一般比较正规的西服多采用嵌线袋，休闲西服多采用贴袋。袋盖的运用主要是为了避免常用口袋而使嵌线袋还口并显露袋里布见图12-32。

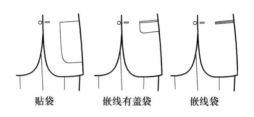

贴袋　　　　　嵌线有盖袋　　　　嵌线袋

图12-32　西服的口袋

十五、上装袋口后袋角略抬高的原因

在上装（男衬衫除外）的制板中，不管是胸袋（西服手巾袋）还是大袋，其袋口的后袋角（靠近袖窿及摆缝的一端）总要抬高0.8cm左右，原因如下：

第一，由于人体胸部的挺起，使上装位于胸部竖直方向处的部分被略带起，从而使上装的面料的纬向线在视觉上出现前高后低的状态，还有原料的悬垂性或多或少地影着袋口。因此，必须在制板时将袋口线后袋角处略抬高。对于挺胸凸肚者，后袋角抬高的程度应适当增加；对于平胸驼背者，应适当减少。

第二，为贴袋时，假如实际口袋与袋底相等，那么在视觉上就会产生上大下小的感觉，要使视觉得到平衡，袋底应比袋口大（一般2cm左右），为了使贴袋的形状保持美观，应将后袋角抬高。

第三，再从视觉平衡角度考虑，上装底摆呈起翘状，如果袋口线是水平状而没有起翘，就会形成袋口线与底摆线的视觉不平衡，感觉袋口线倒歪效果，为了达到视觉平衡效果，袋口线一般与底摆线平行，因此口袋线产生起翘，即袋口后袋角略抬高。

十六、肚省设计

标准人体肚腹部也有腹凸（图12-33），收省能使该处服装贴体。

十七、男西服通天省设计（图12-34）

男西服的腋下省道从袋口处延长并直通到底的作用主要有以下几个：

第一，调节腰省：由于袋口在工艺制作时要剖开，原来腰省下端的省尖变成了可以随意变化的空档，空档使腰省能够自如地调节，女装也同样适用。

第二，调节省尖处的不平服：由于袋口剖开，原来的腰省省尖和腋下省省尖消失，从

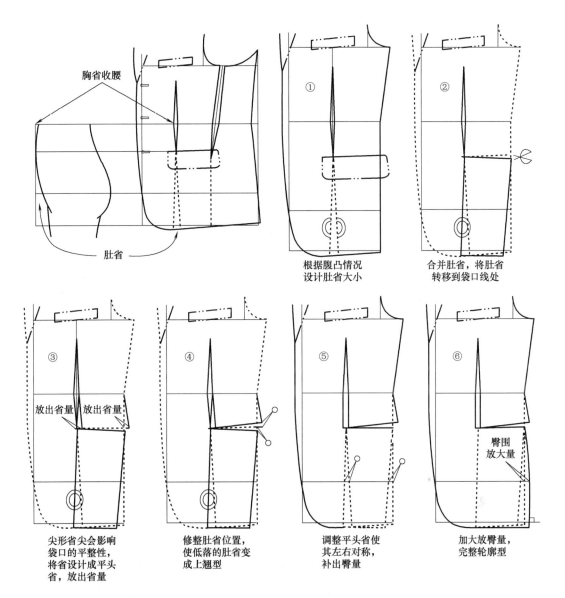

图12-33 西装的肚省设计

而使大袋处产生自然平服的效果。

第三，调节臀部大小：由于腋下省延长并直通到底，给臀围调节带来方便。

十八、袖山高设计

决定袖型的主要参数量袖山高与袖肥大，而在西服结构设计中袖山高尺寸的确定是决定袖子造型好坏的关键，袖山高最佳状态是要符合衣片拼装后穿着状态的袖窿深度，即可以通过测量法获得袖窿深。但实际操作中上述方法在实施的顺序上基本不可行，因此我们常会使用公式法来解决，袖山深的公式为"AH/3 ~ AH/3+1cm"，也有使用前袖窿深－2cm，也可使用图12-35所示的方法，来确定袖山高的尺寸。

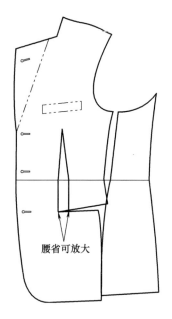
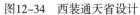

图12-34 西装通天省设计

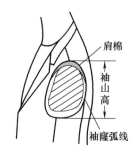

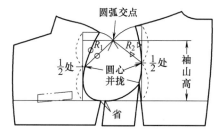

图12-35 袖山高设计

十九、袖弦尺寸设计

袖弦（袖山斜线）尺寸除了可以控制袖山高和袖肥外，主要还可控制袖山弧线的吃势量，它主要通过"±定数"数据的大小来控制袖山弧线吃势量的多少。通常规律是：当袖弦公式为"AH/2−1cm"时，袖山弧线=袖窿弧线，即吃势量=0；当袖弦公式为"AH/2−0.5cm"时，袖山弧线=袖窿弧线+1cm，即吃势量=1cm；当袖弦公式为"AH/2+0"时，袖山弧线=袖窿弧线+2cm，即吃势量=2cm；当袖弦公式为"AH/2+1cm"时，袖山弧线=袖窿弧线+4cm，即吃势量=4cm。通过上述情况分析，可得出以下结论：袖弦尺寸每增加0.1cm，袖山弧线增长0.2cm。若设计袖山吃势量数值为3.6cm，即可采用公式"AH/2−1cm+3.6cm/2=AH/2−1cm+1.8cm=AH/2+0.8cm"。

袖山吃势量：西服袖属于单独成体后与衣片组装的圆装袖型，为了使西服袖子在袖山头造型上显得圆顺、饱满、精神、挺拔，在结构和工艺制作中设计了袖山吃势量。吃势量是立体造型的需要，吃势量是指工艺缝制时使面料均匀缩拢但不打褶并产生立体状的工艺效果。通常西服袖山吃势量控制在2.5～4cm。

二十、影响袖山吃势量的因素

在西服袖结构设计中，袖山弧线比袖窿弧线大2.5～4cm，这是装袖所需的吃势量，此量用以形成袖山圆润地拱起伏在衣身袖窿的外围，使缝制形态更美观，并提供袖山处活动松量的作用。

但袖山吃量数值往往会受到以下相关因素的影响，其数值控制极其复杂。

第一，受AH数值影响：袖窿弧线AH越长，按比例推算，它所占的袖山吃势量也就越大。因此，在相同条件下，袖山吃势量与AH长成正比。

第二，受缝头倒向影响：袖窿缝份倒向将决定里外匀形式。如缝份倒向衣袖边，则表明衣袖处在外围圈，衣身处在里圈，这时就要求袖山吃势相对大一些；如缝份倒向衣身一边，则与上述情况刚好相反，要求袖山吃势量相对小些；如缝份为分缝工艺，则袖山吃势量大小介于前两者之间。因此，在相同条件下缝份倒向不同，袖山吃势量也不同。

第三，受袖山弧线曲率的影响：袖山弧线的曲率是指弧线的起伏度，在相同情况下，斜丝缕吃势量大于横丝缕吃势量，而横丝缕吃势量又大于直丝绺吃势量。袖山弧线的起伏会经过面料的不同丝缕方向，当曲率大时，经过斜丝的尺寸就多一些；吃势量就会大一些；当曲率小时，则处于横丝的尺寸多些，吃势量相对就小一些。袖山弧线的曲率经过面料不同丝缕，会影响到吃势量在袖山弧线上的具体分配。

第四，受面料的影响：袖山吃势量受面料影响是最直接的，在相同条件下，面料越厚，缝份里、外圈的长度差越大，里外匀要求越高，则需要的吃势量就越大；反之，面料越薄，吃势量就越小。在相同条件下，面料密度越稀疏，吃势量越大，面料密度越密，吃势量就越小。

第五，受垫肩厚度的影响。由于相对于袖窿线垫肩有些伸出且对袖子有一定的支撑力。在相同条件下，垫肩越厚、袖窿AH越大，吃势越大。

参 考 文 献

［1］白琴芳.最新女装构成技术［M］.上海：上海科学技术出版社，2002.

［2］陈丽华.服装材料学［M］.辽宁：辽宁美术出版社，2006.

［3］戴鸿.服装号型标准及其应用（第二版）［M］.北京：中国纺织出版社，2001.

［4］戴建国.男装结构设计［M］.浙江：浙江大学出版社，2008.

［5］戴永甫.服装裁剪新法—D式裁剪法［M］.安徽：安徽科学技术出版社，1987.

［6］冯翼.服装技术手册［M］.上海：上海科学技术文献出版社，2005.

［7］蒋锐.裙子设计与制作［M］.北京：金盾出版社，2001.

［8］蒋锡根.服装结构设计–服装母型裁剪法［M］.上海：上海科学技术出版社，1994.

［9］刘瑞璞，刘维和.女装纸样设计原理与技巧（第二版）［M］.北京：中国纺织出版社，2001.

［10］马芳，侯东昱.童装纸样设计［M］.北京：中国纺织出版社，2008.

［11］潘波.服装工业制板［M］.北京：中国纺织出版社，2000.

［12］彭立云，董微.针织服装设计与生产实训教程［M］.北京：中国纺织出版社，2008.

［13］杉山.男西服技术手册［M］.北京：中国纺织出版社，2002.

［14］王革辉.服装材料学［M］.北京：中国纺织出版社，2008.

［15］王益正.中国衣型结构—服装发明专利技术［M］.安徽：安徽科学技术出版社，2008.

［16］威妮弗雷德·奥尔德里奇.童装、婴儿装纸样设计［M］.姜蕾，译.北京：中国纺织出版社，2001.

［17］吴俊.男装童装结构设计与应用［M］.北京：中国纺织出版社，2001.

［18］吴清萍.经典男装工业制板［M］.北京：中国纺织出版社，2006.

［19］阎玉秀.童装设计裁剪与缝制工艺［M］.北京：中国纺织出版社，1997.

［20］张文斌.服装工艺学（结构设计分册）［M］.北京：中国纺织出版社，2002.

［21］张文斌.服装结构设计［M］.北京：中国纺织出版社出版，2006.

［22］章永红.女装结构设计（上）［M］.浙江：浙江大学出版社，2008.

［23］邹奉元.服装工业样板制作原理与技巧［M］.浙江：浙江大学出版社2006.

［24］周丽娅，周少华.服装结构设计.北京：中国纺织出版社，2002.

［25］卓开霞.女时装设计与技术［M］.上海：东华大学出版社，2008.

［26］朱远胜.面料与服装设计［M］.北京：中国纺织出版社，2008.

［27］中国标准出版社第一编辑室.服装工业常用标准汇编［M］.6版.北京：中国标准出版社，2009.